JN027021

新Aクラス
中学数学問題集

2年

6訂版

東邦大付属東邦中・高校講師 ——————— 市川　博規

桐朋中・高校教諭 ——————— 久保田顕二

駒場東邦中・高校教諭 ——————— 中村　直樹

玉川大学教授 ——————— 成川　康男

筑波大附属駒場中・高校元教諭 ——————— 深瀬　幹雄

芝浦工業大学教授 ——————— 牧下　英世

筑波大附属駒場中・高校副校長 ——————— 町田多加志

桐朋中・高校教諭 ——————— 矢島　弘

駒場東邦中・高校元教諭 ——————— 吉田　稔

共著

昇龍堂出版

(21-01)

まえがき

　この本は，中学生のみなさんが中学校の 3 年間で学習する数学のうち，2 年生の内容を効率よく学習できるようにまとめたものです。

　この本は，基本的に教科書にそった章立てで配列されていますので，教科書の内容を確認し，理解を深めるために使うことができます。また，教科書に書かれている基本的なことがらを理解したうえで，この問題集にあるいろいろな問題を解くことにより，しっかりとした数学の学力を身につけることができます。

　代数的な内容（数量）では，まず，文字式の計算方法，方程式や関数の考え方をきちんと理解しましょう。表現されている数式の内容や取り扱い方を理解しながら計算力を身につけることが大切です。また，複雑な文章題も，図やグラフをかいたり，文字を利用したりして挑戦してください。

　幾何的な内容（図形）では，図形の定義や性質を正確に理解しましょう。問題をいろいろな角度から筋道を立てて考えて，解いていく力を高めていきましょう。正解に到達する筋道はさまざまです。一つの考え方だけでなく，いくつかの解答を考えてみることも大切です。ひとつひとつ問題を着実に解き，理解を重ねることで，論理的な思考力を養うことができます。

　なお，この本は，中学校 2 年生の教育課程で学習するすべての内容をふくみ，みなさんのこれからの学習にぜひとも必要であると思われる発展的なことがらについても，あえて取りあげています。教科書にのっていなくても，まとめや例題で考え方を十分に学んで，問題を解くことができるように配慮してあります。それは，学習指導要領の範囲にとらわれることなく，A クラスの学力を効率的に身につけてほしいと考えたからです。

　みなさんの努力は必ず報われます。また，数学の難問を解いたときの達成感や充実感は，何ものにもまさる尊い経験です。長い道のりですが，あせらず，急がず，一歩一歩，着実に進んでいってください。そして，みなさん一人ひとりの才能が大きく開花することを切望いたします。

著　者

本書の使い方と特徴

　この問題集を自習する場合には，以下の特徴をふまえて，計画的・効果的に学習することを心がけてください。

　また，学校でこの問題集を使用する場合には，ご担当の先生がたの指示にしたがってください。

1．｜まとめ｜は，教科書で学習する基本事項や，その節で学ぶ基礎的なことがらを，簡潔にまとめてあります。教科書にない定理には，証明を示したものもあります。

2．基本問題 は，教科書やその節の内容が身についているかを確認するための問題です。

3．●例題● は，その分野の典型的な問題を精選してあります。解説で解法の要点を説明し，解答 や 証明 で，模範的な解答をていねいに示してあります。

4．演習問題 は，例題で学習した解法を確実に身につけるための問題です。やや難しい問題もありますが，じっくりと時間をかけて取り組むことにより，実力がつきます。

5．進んだ問題の解法 および 進んだ問題 は，やや高度な内容です。解法 で考え方・解き方の要点を説明し，解答 や 証明 で，模範的な解答をていねいに示してあります。

6．▶研究◀ は，数学に深い興味をもつみなさんのための問題で，発展的な内容です。

7．章の問題 は，その章全体の内容をふまえた総合問題です。まとめや復習に役立ててください。

8．**解答編** を別冊にしました。

基本問題の解答は，原則として （答）のみを示してあります。

演習問題の解答は，まず（答）を示し，続いて（解説）として，考え方や略解を示してあります。問題の解き方がわからないときや，答えの数値が合わないときには，略解を参考に確認してください。

進んだ問題の解答は，模範的な解答をていねいに示してあります。

9．（別解）は，解答とは異なる解き方です。

また，（参考）は，解答，別解とは異なる解き方などを簡単に示してあります。

さまざまな解法を知ることで，柔軟な考え方を養うことができます。

10．（注）は，まとめの説明を補ったり，くわしく説明したりしています。

また，解答をわかりやすく理解するための補足や，まちがいやすいポイントについての注意点も示してあります。

目次

式の計算

1…単項式と多項式

1 式

(1) 数や文字について，乗法だけでつくられている式を**単項式**という。

（例） $2a$, $\dfrac{1}{3}x$, $0.5y$, $-4x^2y$, 5

(2) 単項式の和で表されている式を**多項式**という。

（例） $2a+3b$, $-2x^2-3x+4$ 〔$=(-2x^2)+(-3x)+4$〕

2 項と係数

(1) 多項式を構成する各単項式を**項**といい，数だけの項を**定数項**という。

（例） $3x^2-2x-4$ の項は $3x^2$, $-2x$, -4 で，-4 は定数項

(2) 多項式の各項（定数項を除く）の数の部分を，符号をふくめて，その文字の**係数**という。

（例） $-2x^2+3x-4$ で，x^2, x の係数はそれぞれ -2, 3

3 次数

(1) 単項式でかけ合わされている文字の個数を，**単項式の次数**という。

（例） $2a$ の次数は 1, $-4x^2y$ の次数は 3

(2) 多項式では，各項の次数のうちで最も高い（大きい）次数を，その**多項式の次数**という。次数が n である式を **n 次式**という。

（例） x^3-2x^2+3x は 3 次式， $x^3+2x^2y-xy^3$ は 4 次式

4 同類項 文字の部分がまったく同じである項を，**同類項**という。

（例） $2x^3$ と $-5x^3$, $-3a^2b$ と $\dfrac{1}{2}a^2b$

注 x^2 と x^3 は，文字は同じでも次数が異なるので，同類項ではない。

◯基本問題◯

1. 次の単項式の係数と次数をいえ。

(1) $-3x^2$ (2) $-\dfrac{1}{4}a^2b$ (3) $0.5pq^2r^3$

2. 次の多項式の項とその係数，および多項式の次数をいえ。

(1) $2a-3b+4c$ (2) $-\dfrac{1}{2}x^2+2x$ (3) $x^2+\dfrac{1}{3}xy-3y^2$

3. 次の単項式のうちで，同類項はどれとどれか。

(1) a, $-2b$, $3a$, $-b$ (2) $3a^2$, 1, $2a$, -3, $-a$, a^2

(3) xyz^2, $-\dfrac{1}{2}x^2yz$, $0.5xy^2z$, $-2x^2yz$, $3xy^2z^2$

●**例題1**● 次の多項式は a について何次式か。また，b について何次式か。
$$a^4-3a^3b+5a^2b^2-7ab^3$$

(解説) $a^4-3a^3b+5a^2b^2-7ab^3$ は 4 次式であるが，文字が 2 種類以上ふくまれている式では，その中の特定の文字について係数や次数を考えることがある。

　たとえば，文字 a についてだけ考えるとき，b は数字とみなす。

$$a^4-3a^3b+5a^2b^2-7ab^3=a^4-3b\cdot a^3+5b^2\cdot a^2-7b^3\cdot a$$
$$a について \longrightarrow \quad 4次 \quad\quad 3次 \quad\quad 2次 \quad\quad 1次$$

このとき，a^4 の係数は 1，a^3 の係数は $-3b$，a^2 の係数は $5b^2$，a の係数は $-7b^3$ である。
また，文字 b についてだけ考えると，

$$a^4-3a^3b+5a^2b^2-7ab^3=-7a\cdot b^3+5a^2\cdot b^2-3a^3\cdot b \quad + \quad a^4$$
$$b について \longrightarrow \quad\quad 3次 \quad\quad 2次 \quad\quad 1次 \quad 定数項$$

(解答) a について 4 次式，b について 3 次式

注 解説の $-3b\cdot a^3$ は $-3b\times a^3$ の意味である。

演習問題

4. 次の多項式は，〔 〕の中に示された文字について何次式か。

(1) $2a^2-3ab+b^2$ 〔a〕   (2) $5x^3y+x^2y^2-3xy^3+y^4$ 〔y〕

(3) $ax^2+bxy+cy^2$ 〔a〕   (4) $px^2+qyz+ry^2+xz$ 〔z〕

(5) $6x^2y-3x^3y^2z-2x^2y^4z^2$ 〔x と y〕

2…単項式・多項式の加法・減法

---

1 **単項式の加法・減法**
　　同類項について，係数の和または差を求め，求めた和または差を係数
　とする項をつくる。
　　（例）　$3a^2b+5a^2b=(3+5)a^2b=8a^2b$　　分配法則を利用する
　　　　　　$3a^2b-5a^2b=(3-5)a^2b=-2a^2b$

2 **多項式の加法・減法**
　　分配法則を利用してかっこをはずし，同類項をまとめて計算する。

● 基本問題 ●

5. 次の計算をせよ。
(1) $3a-5a$　　　　　　　　　　(2) $-2x+6x$
(3) $-5y-2y$　　　　　　　　　(4) $4p+p$
(5) $2ab+5ab$　　　　　　　　(6) $-3xy+2xy$

6. 次の計算をせよ。
(1) $x+4x-3x$　　　　　　　　(2) $-3m+2m-5m$
(3) $0.3t-1.2t+2.1t$　　　　　(4) $0.4a-0.3b-a+3b$
(5) $\dfrac{1}{2}\ell-\dfrac{1}{3}\ell-\dfrac{1}{6}\ell$　　　　　　(6) $x-\dfrac{2}{3}y+\dfrac{2}{3}x+y$

7. 次の式のかっこをはずせ。
(1) $2a+(3b+4c)$　　　　　　(2) $5x+(3y-2z)$
(3) $3\ell-(2m+n)$　　　　　　(4) $4p-(2q-5r)$
(5) $-0.3xy+(-1.5x-2.4y)$　(6) $-\dfrac{1}{2}a^2-\left(-ab+\dfrac{1}{3}b^2\right)$

8. 次の計算をせよ。
(1) $(3a-6b)+(5a+2b)$　　　(2) $(a+5b)+(3a-2b)$
(3) $(4x+3y)-(2x+y)$　　　　(4) $(2a-b)+(-a+2b)$
(5) $(0.3x-2.1y)-(1.2x-0.7y)$　(6) $\left(-\dfrac{1}{2}x+\dfrac{2}{3}y\right)-\left(-\dfrac{1}{3}x-\dfrac{1}{2}y\right)$

●**例題2**● 次の左の式に右の式を加えよ。また，左の式から右の式をひけ。

(1) $2a-3b$,　$-a+3b$

(2) $3x-2z$,　$4x-7y-z$

解説 多項式に多項式を加えたり，ひいたりするときは，かっこをつけて計算する。

解答 (1) $(2a-3b)+(-a+3b)=2a-3b-a+3b=a$

$(2a-3b)-(-a+3b)=2a-3b+a-3b=3a-6b$

（答）和 a, 差 $3a-6b$

(2) $(3x-2z)+(4x-7y-z)=3x-2z+4x-7y-z=7x-7y-3z$

$(3x-2z)-(4x-7y-z)=3x-2z-4x+7y+z=-x+7y-z$

（答）和 $7x-7y-3z$, 差 $-x+7y-z$

別解 (1)
$$\begin{array}{r} 2a-3b \\ +)\ -a+3b \\ \hline a \end{array}$$ ………（答）
$$\begin{array}{r} 2a-3b \\ -)\ -a+3b \\ \hline 3a-6b \end{array}$$ ………（答）

(2)
$$\begin{array}{r} 3x\quad -2z \\ +)\ 4x-7y-\ z \\ \hline 7x-7y-3z \end{array}$$ ………（答）
$$\begin{array}{r} 3x\quad -2z \\ -)\ 4x-7y-\ z \\ \hline -x+7y-\ z \end{array}$$ ………（答）

注 別解のように，同類項を縦にそろえて計算する方法がある。ただし，(2)のように，同類項がないところは，その部分をあけて同類項を縦にそろえる。

参考 計算方法を2通り示したが，どちらの方法で計算してもよい。

演習問題

9. 次の左の式に右の式を加えよ。また，左の式から右の式をひけ。

(1) $2x-y$,　$6x-4y$　　(2) $3a-2b+4c$,　$-a+2b-3c$

(3) x^2+2,　$-3x^2-4x+1$　　(4) $2x^2-5xy+4y^2$,　$-4y^2-2xy+x^2$

10. 次の左の式に右の式を加えよ。また，左の式から右の式をひけ。

(1) $0.3a+0.2b$,　$0.4a-0.1b$　　(2) $-x-0.1y$,　$-3.5x+1.4y$

(3) $\frac{1}{2}x-y$,　$\frac{3}{4}x+\frac{1}{2}y$　　(4) $\frac{3}{4}a^2-\frac{3}{2}a$,　$\frac{2}{3}a^2-\frac{5}{4}a$

11. 次の計算をせよ。

(1)
$$\begin{array}{r} 3a+2b \\ +)\ 4a-\ b \\ \hline \end{array}$$
(2)
$$\begin{array}{r} 4x-2y+3 \\ +)\ -x+3y-5 \\ \hline \end{array}$$
(3)
$$\begin{array}{r} x^2-4x+3 \\ +)\ -2x^2+3x-7 \\ \hline \end{array}$$

(4)
$$\begin{array}{r} y+5z \\ -)\ 3y-2z \\ \hline \end{array}$$
(5)
$$\begin{array}{r} 2\ell+\ m-3n \\ -)\ \ell-5m+3n \\ \hline \end{array}$$
(6)
$$\begin{array}{r} x^2\quad +2 \\ -)\ -3x^2-2x+1 \\ \hline \end{array}$$

12. 次の計算をせよ。

(1) $7a-b-(3a-2b)$ (2) $2x-3y-(3x+y)$

(3) $(5a-4b+3)-(6a-3b)$ (4) $(-2x-3y)+(7x+3y-6)$

(5) $(0.8m-0.3n+0.6)+(0.4+0.8n-0.6m)$

(6) $y^2-4y-(-0.6-0.8y+0.5y^2)$

13. 次の計算をせよ。

(1) $\left(\dfrac{1}{3}a+b\right)+\left(\dfrac{1}{6}a-\dfrac{7}{6}b\right)$ (2) $\left(3a-\dfrac{1}{2}b\right)-\left(9a+\dfrac{5}{6}b\right)$

(3) $\left(\dfrac{1}{2}x-\dfrac{1}{3}y\right)+\left(-\dfrac{1}{4}x+\dfrac{1}{5}y\right)$ (4) $\left(\dfrac{5}{8}x-\dfrac{3}{4}y\right)-\left(\dfrac{1}{3}y-\dfrac{3}{4}x\right)$

14. 次の計算をせよ。

(1) $(3a+4b)+(6a-b)-(2a+7b)$ (2) $-(x-3y)-(5y+3x)+(2x-y)$

(3) $(x^2-2x+3)+(2x^2-x-3)-(3x^2+4x+1)$

(4) $(2a^2+1)-(0.2a-0.3)-(0.1a^2+0.4)+(-3a^2+0.2a-1)$

(5) $\left(\dfrac{5}{3}a^2-\dfrac{1}{2}a\right)-\left(\dfrac{1}{4}a^2+\dfrac{2}{3}a\right)-\left(a^2-\dfrac{4}{5}a\right)$

●**例題3**● 次の計算をせよ。
$$2x-\{y-(3x-5y)\}$$

(解説) 2種類以上のかっこがあるときは，内側の小かっこからはずして計算する。

(解答) $2x-\{y-(3x-5y)\}=2x-(y-3x+5y)=2x-(-3x+6y)$
$$=2x+3x-6y=5x-6y \cdots\cdots(答)$$

(参考) 外側の中かっこからはずしても結果は同じである。
$$2x-\{y-(3x-5y)\}=2x-y+(3x-5y)=2x-y+3x-5y=5x-6y$$

演習問題

15. 次の計算をせよ。

(1) $5x+3y-\{4y-(x+6y)\}$ (2) $-\{a-3b-(b-2a)\}$

(3) $(3x-6y)-\{(x-4y)-(2x-y)+5y\}$

(4) $2a-[0.2b-\{-0.3c-(-0.2a-c)-0.5a\}]$

(5) $\dfrac{2}{3}y+\left\{\dfrac{3}{2}x-\left(-\dfrac{1}{3}x+\dfrac{1}{4}y\right)\right\}+\dfrac{1}{6}x$

●**例題4**● 次の計算をせよ。

(1) $4(2x+y)-5(x-y)$　　　　(2) $(8x+6y)\div2+(9x-12y)\div(-3)$

（解説）(1)では，分配法則 $a(b+c)=ab+ac$ を利用して，かっこをはずしてから同類項をまとめる。(2)では，$(a+b)\div c=a\div c+b\div c$ を利用する。

（解答）(1) $4(2x+y)-5(x-y)$　　　　　　　(2) $(8x+6y)\div2+(9x-12y)\div(-3)$
$=8x+4y-5x+5y=3x+9y$ ……(答)　　　$=4x+3y-3x+4y=x+7y$ ……(答)

演習問題

16. 次の計算をせよ。

(1) $8(x+y)-5(x-y)$　　　　(2) $(6x-6y)\div3-(4x+8y)\div4$

(3) $2(5x-y)-6(x-3y)$　　　　(4) $-2(2a-b)-3(-3a+5b)$

(5) $-3(2x-y)+2(4x-3y)-6x$

(6) $(15x+20y)\div(-5)-(14x-7y)\div(-7)$

17. 次の計算をせよ。

(1) $-4(0.1a-0.6b+0.1)+0.3(2a-7b)$

(2) $0.2x+0.4y-\{0.4x-(0.1x-0.9y)\}\div3$

(3) $0.6a+2\{0.3a-(0.2a+0.1b)\}-0.2(a-2b)$

(4) $2\{-0.4(x-2y)-(-x+1.2y)\div2\}-(-0.2x+0.1y)$

●**例題5**● 次の計算をせよ。

(1) $\dfrac{3x+y}{2}-\dfrac{x-4y}{3}$　　　　(2) $\dfrac{1}{6}(2x-3y)-\dfrac{3}{4}(-x-2y)$

（解説）通分し，かっこをはずしてから，同類項をまとめる。

（解答）(1) $\dfrac{3x+y}{2}-\dfrac{x-4y}{3}$　　　　(2) $\dfrac{1}{6}(2x-3y)-\dfrac{3}{4}(-x-2y)$

$=\dfrac{3(3x+y)}{6}-\dfrac{2(x-4y)}{6}$ ……(*)　$=\dfrac{2(2x-3y)}{12}-\dfrac{9(-x-2y)}{12}$

$=\dfrac{3(3x+y)-2(x-4y)}{6}$　　　　$=\dfrac{2(2x-3y)-9(-x-2y)}{12}$

$=\dfrac{9x+3y-2x+8y}{6}$　　　　$=\dfrac{4x-6y+9x+18y}{12}$

$=\dfrac{7x+11y}{6}$ ………(答)　　　$=\dfrac{13x+12y}{12}$ ………(答)

別解 (2) $\dfrac{1}{6}(2x-3y)-\dfrac{3}{4}(-x-2y)=\dfrac{1}{3}x-\dfrac{1}{2}y+\dfrac{3}{4}x+\dfrac{3}{2}y$

$$=\dfrac{4}{12}x+\dfrac{9}{12}x-\dfrac{1}{2}y+\dfrac{3}{2}y$$

$$=\dfrac{13}{12}x+y \cdots\cdots(答)$$

注 かっこをはずすときは，符号をまちがわないように注意する。

注 (1)では，なれてきたら，(＊)の行を省略してすぐに，

$$\dfrac{3x+y}{2}-\dfrac{x-4y}{3}=\boxed{\dfrac{3(3x+y)-2(x-4y)}{6}}$$

と変形できるようにしたい。

演習問題

18. 次の計算をせよ。

(1) $\dfrac{x-y}{2}+\dfrac{2x+y}{3}$　　　　　(2) $\dfrac{2x-3y}{3}-\dfrac{3x-2y}{5}$

(3) $\dfrac{a+4b}{2}-\dfrac{a-3b}{4}$　　　　　(4) $\dfrac{1}{3}(3a-b)-\dfrac{1}{4}(3a-2b)$

(5) $\dfrac{2a-5b}{2}+\dfrac{2a-2b}{3}-\dfrac{a-2b}{6}$　　(6) $x-\dfrac{2x-3y}{6}+\dfrac{x-2y}{4}$

(7) $\dfrac{5x-3y}{6}+(9x-3y)\div(-30)-\dfrac{x+2y}{15}$

(8) $\dfrac{1}{3}(3a-b)+b-\dfrac{1}{7}(a+7b)-a$

(9) $\dfrac{2x-3y+5}{4}-\dfrac{-x+5y-2}{3}-x+y$

(10) $0.3(a-3b)-2(0.3a+0.1b-0.8)+0.1(2a+b-3)$

19. 次の式の値を求めよ。

(1) $a=2$，$b=-3$ のとき，$3(-2a+b)-(4a-5b)$

(2) $a=-3$，$b=6$ のとき，$\dfrac{2}{3}(5a-3b)-\dfrac{3}{2}\left(2a-\dfrac{4}{9}b\right)$

20. $A=-2x+y+3$，$B=x+3y-4$，$C=x-2y-1$ のとき，次の式を計算せよ。

(1) $A+B+C$

(2) $A+2B-3C$

(3) $-2\{3A-2(A-C)\}-B$

3…単項式の乗法・除法

<u>1</u>　**指数法則**

m, n を正の整数とするとき,

$$a^m \times a^n = a^{m+n} \qquad (a^m)^n = a^{mn}$$

$$(ab)^m = a^m b^m \qquad \left(\frac{a}{b}\right)^m = \frac{a^m}{b^m} \text{ (ただし, } b \neq 0\text{)}$$

$a \neq 0$ のとき,

$$a^m \div a^n = \frac{a^m}{a^n} = \begin{cases} a^{m-n} & (m > n \text{ のとき}) \\ 1 & (m = n \text{ のとき}) \\ \dfrac{1}{a^{n-m}} & (m < n \text{ のとき}) \end{cases}$$

（例）　$a^5 \div a^3 = a^2 \qquad a^5 \div a^5 = 1 \qquad a^3 \div a^5 = \dfrac{1}{a^{5-3}} = \dfrac{1}{a^2}$

<u>2</u>　**単項式の乗法**

　まず, 係数どうしの積と, 同じ文字どうしの積をそれぞれ求める。つぎに, 求めた2つの積をかけ合わせる。

<u>3</u>　**単項式の除法**

　数の除法と同様に, 逆数をかけて計算する。

$$a \div b = a \times \frac{1}{b} = \frac{a}{b} \text{ (ただし, } b \neq 0\text{)}$$

基本問題

21. 次の計算をせよ。

(1)　$a^5 \times a^4$ 　　　　(2)　$x \times x^6$ 　　　　(3)　$k^2 \times k \times k^3$

(4)　$b \times b^3 \times b^2 \times b^4$ 　　(5)　$(t^2)^5$ 　　　(6)　$(2a)^4$

(7)　$(x^2 y^3)^2$ 　　(8)　$(-2a^2 b)^3$ 　　(9)　$\left(\dfrac{x}{3}\right)^4$ 　　(10)　$\left(\dfrac{-a}{b}\right)^2$

22. 次の計算をせよ。

(1)　$a^5 \div a^2$ 　　　　(2)　$x^2 \div x^5$ 　　　　(3)　$x^4 \div x^4$

(4)　$\dfrac{a^4}{a^2}$ 　　　　　(5)　$\dfrac{x^3}{x^8}$ 　　　　　(6)　$\dfrac{(-a)^2}{-a^2}$

●**例題6**● 次の計算をせよ。

(1) $3x \times (-2x)^3$　　　　　　(2) $2a^2 \times (-9b)^2 \times \left(-\dfrac{2}{9}a^3b\right)$

(**解説**) 乗法はどの順に計算しても結果は同じであるから，係数は係数どうし，文字は同じ文字どうしに分けて計算する。単項式の乗法では，単項式の累乗があるときは，先に累乗を計算し，つぎに係数どうしの積と，同じ文字どうしの積をかけ合わせる。

(**解答**) (1) $3x \times (-2x)^3$

$\quad = 3x \times (-8x^3)$

$\quad = 3 \times (-8) \times x \times x^3$

$\quad = -24x^4 \cdots\cdots\cdots$(答)

(2) $2a^2 \times (-9b)^2 \times \left(-\dfrac{2}{9}a^3b\right)$

$\quad = 2a^2 \times 81b^2 \times \left(-\dfrac{2}{9}a^3b\right)$

$\quad = 2 \times 81 \times \left(-\dfrac{2}{9}\right) \times a^2 \times a^3 \times b^2 \times b$

$\quad = -36a^5b^3 \cdots\cdots\cdots$(答)

(**参考**) (2)で $2 \times 9^2 \times \left(-\dfrac{2}{9}\right) \times a^2 \times a^3 \times b^2 \times b = -2^2 \times 9 \times a^5 \times b^3$ のように，係数を計算するときにも指数法則を利用してよい。

演習問題

23. 次の計算をせよ。

(1) $5x^2 \times 8xy^3$

(2) $3ab^2 \times (-2a^3)$

(3) $-6x^2y \times (-xy^4)$

(4) $x^2 \times y \times y^3 \times x$

(5) $-3x^2y \times (-2y^2) \times (-x)$

(6) $18x^3y \times 5xy^3 \times 2x^2y^5 \times \dfrac{1}{9}x^2y$

24. 次の計算をせよ。

(1) $(-a)^2 \times 8a$

(2) $(-n)^2 \times (-n^2)$

(3) $(2xy)^3 \times (-x^2y)^3$

(4) $(-3p)^3 \times (-pq^2)^2$

(5) $(-ab^2)^4 \times (-2a^2b)^3$

(6) $(-4xy)^3 \times 3xy^2 \times (-x^2y)^2$

25. 次の計算をせよ。

(1) $\left(\dfrac{1}{2}x\right)^2 \times (-3x)^3$

(2) $\left(\dfrac{x}{3}\right)^4 \times \left(-\dfrac{3x}{2}\right)^3$

(3) $\left(-\dfrac{ab}{2}\right)^2 \times (-3a^2b)^2$

(4) $-\left(\dfrac{2a^2b}{5}\right)^3 \times \left(-\dfrac{5ab^3}{4}\right)^2$

(5) $\dfrac{1}{2}x^2y \times \left(-\dfrac{2}{3}xy\right)^2 \times (-36x)$

(6) $\left(-\dfrac{pq}{2}\right)^3 \times 4pq^2 \times (-pq^2)^2$

●**例題7**● 次の計算をせよ。

(1) $(-15a^2b)\div 3ab$

(2) $24x^3y^4\div(-2xy)^2\div(-3y^3)$

(3) $\dfrac{3}{4}a^5b^3\div\dfrac{6}{7}a^2b^3\times(-2ab)$

(解説) 除法は，数の除法と同様に，逆数をかけて計算する。また，(2)のように，単項式の累乗があるときは，先に累乗を計算する。

(解答) (1) $(-15a^2b)\div 3ab=(-15a^2b)\times\dfrac{1}{3ab}=-5a$ ………(答)

(2) $24x^3y^4\div(-2xy)^2\div(-3y^3)=24x^3y^4\div 4x^2y^2\div(-3y^3)$

$=24x^3y^4\times\dfrac{1}{4x^2y^2}\times\left(-\dfrac{1}{3y^3}\right)=-\dfrac{24}{4\times3}\times\dfrac{x^3}{x^2}\times\dfrac{y^4}{y^2\times y^3}=-\dfrac{2x}{y}$ ………(答)

(3) $\dfrac{3}{4}a^5b^3\div\dfrac{6}{7}a^2b^3\times(-2ab)=\dfrac{3a^5b^3}{4}\times\dfrac{7}{6a^2b^3}\times(-2ab)$

$=-\dfrac{3\times7\times2}{4\times6}\times\dfrac{a^5\times a}{a^2}\times\dfrac{b^3\times b}{b^3}=-\dfrac{7}{4}a^4b$ ………(答)

演習問題

26. 次の計算をせよ。

(1) $-21a^3b^2\div(-3a^2b)$

(2) $8ab^2\div(-4a^2b)$

(3) $(-9a^2b)^3\div(3a^3b)^2$

(4) $\left(-\dfrac{2}{5}xy^2\right)^2\div\left(\dfrac{3}{5}xyz\right)^2$

(5) $(-6a^3b^2)^2\div\left(\dfrac{1}{4}b\right)^2\div(-2a)^3$

(6) $\left(\dfrac{y^2}{x^3}\right)^2\div\left(-\dfrac{y}{x^2}\right)^3\div\left(-\dfrac{x^2}{y^3}\right)$

27. 次の計算をせよ。

(1) $(-x^2)^3\div(-2x)^4\times(4x)^2$

(2) $14ab\times(-5ab^2)\div(-35a^2b)$

(3) $\dfrac{5}{6}a^3\div\left(-\dfrac{2}{3}a^2b^3\right)\times(-4b^3)^2$

(4) $\left(-\dfrac{1}{4}xy^3\right)^2\times\dfrac{1}{8}x^3y^2\div\left(-\dfrac{1}{4}xy\right)^5$

(5) $(-3xy^2)^3\div 9x^4y^3\times(-2xy)^3$

(6) $\dfrac{49}{8}a^2b^3\div\left(-\dfrac{7}{2}ab^2\right)^3\times\left(-\dfrac{1}{2}a^2b\right)^2$

28. 次の計算をせよ。

(1) $(-x^2)^3+(2x^3)^2$

(2) $-8x^5\div(4x)^2+2x^2\times\left(-\dfrac{1}{4}x\right)$

(3) $xy\times(-3x)^3-15x^5y\div(-3x)$

(4) $-4x^4y^2\div 2x^3y-\left(-\dfrac{2}{3}xy\right)^2\div\dfrac{2}{3}xy$

4 … 式の計算の利用

●**例題8**● 2つの正の整数 A，B を，それぞれ7で割ったときの余りが等しいとき，$A-B$ は7で割りきれることを説明せよ。

(解説) 正の整数 A を7で割ったときの商を m，余りを r とすると，
$A=7m+r$（r は $0 \leqq r \leqq 6$ を満たす整数）である。正の整数 B についても同様に考える。

(解答) 2つの正の整数 A，B を7で割ったときの商をそれぞれ m，n（m，n は整数），等しい余りを r（r は $0 \leqq r \leqq 6$ を満たす整数）とすると
$$A=7m+r$$
$$B=7n+r$$
と表すことができる。このとき
$$\begin{aligned} A-B&=(7m+r)-(7n+r)\\ &=7m+r-7n-r\\ &=7m-7n\\ &=7(m-n) \end{aligned}$$
m，n は整数であるから，$m-n$ は整数である。
したがって，$A-B$ は7の倍数である。
ゆえに，$A-B$ は7で割りきれる。

演習問題

29. 2つの正の整数 A，B を5で割ったときの余りは，それぞれ3，1である。$2A+B$ を5で割ったときの余りを求めよ。

30. 半径 r m の円の半径を1m長くしたとき，円周は何m長くなるか。ただし，円周率を π とする。

31. 連続する2つの奇数の和は，4の倍数であることを説明せよ。

32. 3けたの正の整数で，百の位の数と一の位の数を入れかえてできる3けたの整数と，もとの整数の差は99で割りきれることを説明せよ。

33. 3けたの正の整数 N のそれぞれの位の数の和が9の倍数であるとき，N は9の倍数であることを説明せよ。

34. 正の整数 N を6で割ると，商が a で余りが4である。N を3で割ったときの商と余りを求めよ。

●**例題9**●　底辺の長さが a，高さが h の三角形の面積を S とすると，

$$S=\frac{1}{2}ah$$

である。この等式を利用して，底辺の長さ a，面積 S がわかっているとき，高さ h を求める式をつくれ。

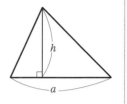

（**解説**）　$S=\frac{1}{2}ah$ を h についての方程式と考え，h を a と S を使った式で表す。

（**解答**）

$$S=\frac{1}{2}ah$$

両辺に 2 をかけて　　　　$2S=ah$

左辺と右辺を入れかえて　$ah=2S$

両辺を a で割って　　　　$h=\dfrac{2S}{a}$　　　　　　　　　　（答）$h=\dfrac{2S}{a}$

（**注**）　この解答のように，等式 $S=\frac{1}{2}ah$ の両辺に同じ数（同じ文字）をかけたり，同じ数で割ったり，移項したりして $h=\boxed{}$ の形を導くことを，**h について解く**という。

　演習問題

35. 次の等式を，〔　〕の中に示された文字について解け。ただし，使われている文字は 0 ではないとする。

(1) $\ell=a+b+c$　〔c〕　　　(2) $V=abc$　〔c〕　　　(3) $\ell=2(a+b)$　〔b〕

(4) $y=\dfrac{9}{5}x+32$　〔x〕　　　(5) $P=1+nr$　〔r〕　　　(6) $a^2+4ah-S=0$　〔h〕

(7) $\dfrac{x}{a}+\dfrac{y}{b}=1$　〔y〕　　　(8) $S=\dfrac{(a+b)h}{2}$　〔b〕

36. $3x-2y=x+4y$ のとき，次の問いに答えよ。ただし，$y\neq0$ とする。

(1) x について解け。　　　　　　　(2) $\dfrac{x}{2x+y}$ の値を求めよ。

37. $2y-x=x+4y+3a$ かつ $3(x-y)=2(x-y+a)$ のとき，次の問いに答えよ。ただし，$a\neq0$ とする。

(1) $x+y$，$x-y$ を a を使って表せ。

(2) $\dfrac{x-y}{3x+y}$ の値を求めよ。

●**例題10**● 次の問いに答えよ。

(1) $2a=3b$ のとき，$a:b$ を求めよ。

(2) $x:y=3:5$，$y:z=2:1$ のとき，$x:z$ を求めよ。

(3) $a:b=7:4$ のとき，$(2a+b):(2a-b)$ を求めよ。

(4) $(a+b):(a-b)=4:3$ のとき，$a:b$ を求めよ。

(**解説**) $a:b=c:d$ のとき，$\dfrac{a}{b}=\dfrac{c}{d}$，$ad=bc$ が成り立つ。

(3) $a:b=7:4$ より $a=7k$，$b=4k$ （$k\neq0$）と表されることを利用する。

(**解答**) (1) $2a=3b$ より

$$a=\frac{3}{2}b$$

ゆえに $a:b=\dfrac{3}{2}b:b$

$$=3:2 \quad\cdots\cdots\cdots(答)$$

(2) $x:y=3:5$ より $\dfrac{x}{y}=\dfrac{3}{5}$ ……①

$y:z=2:1$ より $\dfrac{y}{z}=\dfrac{2}{1}$ ……②

①，②の辺々をかけて

$$\frac{x}{y}\times\frac{y}{z}=\frac{3}{5}\times\frac{2}{1} \qquad \frac{x}{z}=\frac{6}{5}$$

ゆえに $x:z=6:5$ ………(答)

(3) $a:b=7:4$ より

$$a=7k, \quad b=4k \quad (k\neq0)$$

と表すことができる。

ゆえに $(2a+b):(2a-b)$

$$=(2\times7k+4k):(2\times7k-4k)$$

$$=18k:10k$$

$$=9:5 \quad\cdots\cdots\cdots(答)$$

(4) $(a+b):(a-b)=4:3$ より

$$3(a+b)=4(a-b)$$

$$3a+3b=4a-4b$$

$$-a=-7b$$

$$a=7b$$

ゆえに $a:b=7b:b$

$$=7:1 \quad\cdots\cdots\cdots(答)$$

(**参考**) (2)は，$x:y=3:5=6:10$，$y:z=2:1=10:5$ より，$x:z=6:5$ と求めてもよい。

(**注**) (2)のように，2つの等式があるとき，左辺は左辺どうし，右辺は右辺どうしでかける
ことを**辺々をかける**という。

演習問題

38. 次の問いに答えよ。

(1) $x:z=3:7$，$y:z=2:5$ のとき，$x:y$ を求めよ。

(2) $x:y=6:5$，$y:z=7:2$ のとき，$x:z$ を求めよ。

(3) $(2a-b):(a+b)=3:2$ のとき，$a:b$ を求めよ。

39. $x:5=y:3$ のとき，次の比において，比の値を求めよ。

(1) $x:y$　　　　(2) $(x+y):(x-y)$　　　　(3) $(x^2-y^2):(x^2+y^2)$

進んだ問題の解法 ||||||||||||||||||||||||||||||||||||||||||||||||||||||||||||||||||

||||| **問題1**　右の4けたの整数の計算において，2か所の A
には同じ数がはいる。同様に，2か所の B，C，D にも
それぞれ同じ数がはいる。このとき，□に適する数は何
か。理由をあげて求めよ。

$$\begin{array}{r} A\,B\,C\,D \\ +)\ B\,C\,D\,A \\ \hline \square\,6\,3\,1 \end{array}$$

解法　A，B には1以上9以下の整数，C，D には0以上9以下の整数がはいることに着
目して，和の式で成り立つ性質を調べる。

解答　A，B，C，D にはいる数をそれぞれ a，b，c，d（a，b，c，d は $1 \leqq a \leqq 9$，
$1 \leqq b \leqq 9$，$0 \leqq c \leqq 9$，$0 \leqq d \leqq 9$ を満たす整数）とすると，加えられる数 N は

$$N = 1000a + 100b + 10c + d$$

と表すことができる。また，加える数 N' は

$$N' = 1000b + 100c + 10d + a$$

と表すことができる。

よって　$N + N' = (1000a + 100b + 10c + d) + (1000b + 100c + 10d + a)$
$$= 1001a + 1100b + 110c + 11d$$
$$= 11(91a + 100b + 10c + d) \quad \cdots\cdots ①$$

①で，a，b，c，d は整数であるから，$91a + 100b + 10c + d$ は整数である。
よって，$N + N'$ は11の倍数である。

$a + b \geqq 2$ であるから，$N + N'$ は 2631，3631，4631，5631，6631，7631，8631，
9631 が考えられる。このうち11の倍数になるのは4631のみである。

ゆえに，□に適する数は4である。

注　なお，加えられる数 N は 1330，2239，3148 の3通りである。

|||||| 進んだ問題 ||||||

40. 2178を4倍すると8712となり，数字の順序がもとの整数の逆になる。同
様にして，9倍すると数字の順序がもとの整数の逆になる4けたの正の整数 X
を求めたい。次の □ には適する式を，（　）には適する正の整数を入れよ。

(1)　X の千の位の数を a，百の位の数を b，十の位の数を c，一の位の数を d
とおくとき，X を a，b，c，d を使って表すと，$X =$ ［　　　　　　　］

(2)　9倍しても4けたの整数であることから，$a = (\quad)$
また，数字の順序がもとの整数の逆になることから，$d = (\quad)$

(3)　c を b の式で表すと，$c =$ ［　　　　　　　］

(4)　(3)で求めた式から b，c の値を求めて，$X = (\quad)$

1章の問題

1 次の計算をせよ。

(1) $(4a-3b-3c)+(-6a+5b-4c)$

(2) $\left(\dfrac{1}{2}x+\dfrac{3}{2}y-\dfrac{5}{3}z\right)-\left(z-\dfrac{1}{2}x-\dfrac{2}{3}y\right)$

(3) $a^2+2a-\left\{\dfrac{1}{2}a^2-\left(\dfrac{1}{3}a^2+\dfrac{3}{2}a\right)\right\}$

(4) $4x-\{2x-(-3x+2y+3)+4y\}-(3y-7x-5)$

2 次の計算をせよ。

(1) $0.2(a-2b)-4(0.3a-0.1b)$

(2) $4(0.1x-0.2y+0.3z)-0.3(x+z)+0.2(x-5y)$

(3) $6\left(\dfrac{1}{3}a-b\right)-\dfrac{1}{2}(2a-4b)$

(4) $(12x-24y)\div6-\dfrac{x-5y}{4}$

(5) $\dfrac{2a+b}{3}-\dfrac{a-4b}{6}-b$

(6) $\dfrac{2x+y}{6}-\dfrac{2x-y}{10}-(2x+2y)\div(-30)$

(7) $\dfrac{x-3y}{2}-\dfrac{4(x-2y)}{3}-\dfrac{5x-y}{6}$

(8) $\dfrac{3a-4b}{2}+2\left\{\dfrac{a+b}{3}-\left(\dfrac{b-a}{2}-2b\right)\right\}$

3 次の計算をせよ。

(1) $(-2a^2)^3\times(-4a^3)$

(2) $(-15a^3b^2)\div(-5ab^2)^2$

(3) $-xy^2\div\left(-\dfrac{1}{2}xy\right)^2\times(-xy)^3$

(4) $\dfrac{1}{2}x^2\times(-y)^3\times(-3x^2)\div\left(-\dfrac{3}{4}xy^2\right)$

(5) $(-7x^3y)^2\div\left(-\dfrac{7}{5}xy^3\right)^3\times x\times(-y)^5$

(6) $(-5x^4y)\div\left\{\left(-\dfrac{5}{2}x^2y\right)^2\div(-x^2y)\right\}$

(7) $(6ab^2)^2\times\left(-\dfrac{1}{3ab^2}\right)\div\left(-\dfrac{b}{a}\right)^2$

(4) 次の計算をせよ。

(1) $(-x^2)^5+(3x^5)^2$

(2) $2y^2\times(-3y)^3-16y^7\div(-4y^2)$

(3) $2a^3b-(-9a^4b^2)^2\div(-3a^5b^3)$

(4) $a\times(-2x)^2+4a^3\times(2x^2)^3\div(-2ax^2)^2$

(5) $3x^2y+5x^3\times16y\div\{2\times(-4x)\}$

(5) 次の □ にあてはまる式を入れよ。

(1) $\boxed{}-4x-5y+z=3x-y-5z$

(2) $2p^2-3pq+4q^2-(\boxed{})=3p^2-2pq-q^2$

(3) $\dfrac{15x-3y}{2}+\boxed{}=\dfrac{23x-5y}{3}$

(4) $x^2y^3\div(-2xy^4)\times(\boxed{})=-x^3$

(6) $A=3x-2y+5$, $B=8x-4y-3$, $C=6x+8y+4$ のとき，次の式を計算せよ。

(1) $A-B-C$ (2) $3A+3B-7C-\{B+2(A-2C)\}$

(7) 次の式の値を求めよ。

(1) $x=3$, $y=-4$ のとき，$(x^2-2xy+3y^2)-(x^2+2xy-3y^2)$

(2) $a=-3$, $b=5$ のとき，$(-2a^2)^2\times4b^5\div(-10ab)^3$

(3) $a=3$, $b=-2$, $c=4$ のとき，

$$2a+b+\frac{1}{2}(-2a-4b+6c)-\frac{1}{3}(a-6b+3c)$$

(8) x は3の倍数，y は3で割ると1余る数，z は3で割ると2余る数である。このとき，次の数を3で割ると，余りはいくつになるか。理由をあげて求めよ。

(1) $x+y+z$ (2) $3x+2y+z$ (3) $x^2+2y-3z$

(9) 3つの数 a, b, c について，次の①，②が成り立っている。

  ① $a>c$ ② b は a, c の平均に等しい。

(1) a, b, c の間に成り立つ関係を表すように，次の □ にあてはまる式を入れよ。

  (i) $a+c=\boxed{}$ (ii) $b-c=\boxed{}$

(2) $a=2b$ のとき，c の値を求めよ。

(3) a, c が正の偶数で，$b=4$ のとき，a, c の値を求めよ。

⑩ 右の図で，図1と図2の影の部分
の面積は等しいことを説明せよ。

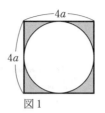

図1

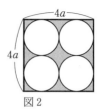

図2

⑪ 次の等式を，〔 〕の中に示された文字について解け。ただし，使われて
いる文字は正の数とする。

(1) $V = \dfrac{1}{3}\pi r^2 h$ 〔h〕

(2) $S = 2(ab + bc + ca)$ 〔a〕

⑫ 百の位の数が x，十の位の数が y，一の位の数が z である3けたの正の整
数 A がある。整数 A の百の位の数と十の位の数を入れかえてできる3けたの
正の整数を B とする。

(1) $A - B$ は9の倍数であることを説明せよ。

(2) $A + B$ が5の倍数であるとき，z の値をすべて求めよ。

(3) $A + B$ が11の倍数になるのはどのようなときか。

⑬ 連続する3つの奇数の和を P とする。次の □ にあてはまる数または式
を入れよ。

　連続する3つの奇数のうち最小の数を $2n+1$（n は整数）とするとき，
$P = \boxed{(ア)}$ と表され，P は必ず $\boxed{(イ)}$ の倍数である。

　$100 < P < 400$ のとき，P が整数の2乗となるのは，$P = \boxed{(ウ)}$ のときで
ある。

⑭ 2つの容器 A，B がある。容器 A には濃度 a％ の食塩水が 100g，容器 B
には濃度 b％ の食塩水が 100g はいっている。容器 A から 10g 取り出し容器
B に移してよくかき混ぜ，その後 B から 10g 取り出し A に移してよくかき混
ぜたところ，容器 A，B の食塩水の濃度はそれぞれ a'％，b'％ となった。

(1) a'，b' をそれぞれ a，b の式で表せ。

(2) $a' : b' = 1 : 2$ のとき，$a : b$ を求めよ。

2章

連立方程式

1…連立2元1次方程式

1　**2元1次方程式**

(1)　文字を2つふくむ1次方程式を**2元1次方程式**という。

　　(例)　$x+2y=3$,　$3a-4b=-1$

(2)　2元1次方程式を成り立たせる文字の値の組を**2元1次方程式の解**という。

　　(例)　$x=1$, $y=1$ は $x+2y=3$ の解の1つである。

2　**連立2元1次方程式**

(1)　同じ文字についての2つの2元1次方程式を組にしたものを，**連立2元1次方程式**または**連立方程式**という。

　　(例)　$\begin{cases} x+2y=3 \\ 2x+5y=5 \end{cases}$

(2)　2つの2元1次方程式を同時に成り立たせる文字の値の組を**連立方程式の解**という。また，解を求めることを**連立方程式を解く**という。

　　(例)　$\begin{cases} x=5 \\ y=-1 \end{cases}$ は，連立方程式 $\begin{cases} x+2y=3 \\ 2x+5y=5 \end{cases}$ の解である。

3　**連立2元1次方程式の解き方**

　　2つの2元1次方程式から1つの文字を消去して，他の文字についての1元1次方程式を導き，それを解く。

　　文字を消去する方法として，消去する文字を他の文字で表して代入する**代入法**と，消去する文字の係数をそろえて加減する**加減法**がある。

注　x, y についての2つの2元1次方程式から，y をふくまない方程式，すなわち x についての1元1次方程式を導くことを，**y を消去する**という。

⚫基本問題⚫

1. x, y を 10 以下の正の整数とするとき，次の問いに答えよ。

(1) 2 元 1 次方程式 $x-y=3$ ……① の解をすべて求めよ。

(2) 2 元 1 次方程式 $2x-y=10$ ……② の解をすべて求めよ。

(3) 2 元 1 次方程式①，②を同時に満たす x, y の値の組を求めよ。

⚫例題1⚫ 次の連立方程式を，代入法または加減法で解け。

(1) $\begin{cases} y=3x+5 \\ 2x+3y=4 \end{cases}$　　　　(2) $\begin{cases} 3x+4y=2 \\ 5x-2y=12 \end{cases}$

(解説) 1つの文字を消去する方法には，代入法と加減法がある。どちらを利用するかは，問題の方程式の形や係数を見て決める。(1)は代入法，(2)は加減法を利用する。

(解答) (1) $\begin{cases} y=3x+5 & \cdots\cdots① \\ 2x+3y=4 & \cdots\cdots② \end{cases}$

①を②に代入して

$2x+3(3x+5)=4$

$2x+9x+15=4$

$11x=-11$

$x=-1$ ……③

③を①に代入して

$y=3\times(-1)+5=2$

(答) $\begin{cases} x=-1 \\ y=2 \end{cases}$

(2) $\begin{cases} 3x+4y=2 & \cdots\cdots① \\ 5x-2y=12 & \cdots\cdots② \end{cases}$

$\begin{array}{rr} ① & 3x+4y=2 \\ ②\times2 & +)\ 10x-4y=24 \\ \hline & 13x=26 \end{array}$

$x=2$ ……③

③を①に代入して

$3\times2+4y=2$

$4y=-4$

$y=-1$

(答) $\begin{cases} x=2 \\ y=-1 \end{cases}$

(参考) (2)で，y の値を求めるときに，x の値を求めるときと同様に，①×5−②×3を計算して x を消去してもよい。

(参考) たとえば，(1)の答えを，$x=-1$, $y=2$ や $(x, y)=(-1, 2)$ と書いてもよい。

演習問題

2. 次の連立方程式を，代入法で解け。

(1) $\begin{cases} x=y-3 \\ y=2x+1 \end{cases}$　　(2) $\begin{cases} y=2x-8 \\ 3x+2y=5 \end{cases}$　　(3) $\begin{cases} 2x+y=7 \\ x=2y+6 \end{cases}$

(4) $\begin{cases} 5y=6x+16 \\ 18x+5y=-8 \end{cases}$　　(5) $\begin{cases} 2y=7x-3 \\ 3x+4y=11 \end{cases}$　　(6) $\begin{cases} x-y=12 \\ 2x+5y=-11 \end{cases}$

3. 次の連立方程式を，加減法で解け。

(1) $\begin{cases} x-2y=-3 \\ x+y=3 \end{cases}$　　(2) $\begin{cases} 7x-4y=2 \\ 3x+4y=-22 \end{cases}$　　(3) $\begin{cases} 3x-2y=-9 \\ 2x+y=8 \end{cases}$

(4) $\begin{cases} 2x-y=-25 \\ 3x+4y=23 \end{cases}$　　(5) $\begin{cases} 2x+3y=2 \\ x+4y=-4 \end{cases}$　　(6) $\begin{cases} 3x-4y=1 \\ 5x-2y=11 \end{cases}$

4. 次の連立方程式を，代入法または加減法で解け。

(1) $\begin{cases} y=3x+5 \\ 5x+2y=-1 \end{cases}$　　(2) $\begin{cases} 4x+3y=7 \\ 2x+3y=17 \end{cases}$　　(3) $\begin{cases} 3x+2y=-5 \\ 5x-6y=1 \end{cases}$

(4) $\begin{cases} 6a-5b=8 \\ 3a-4b=1 \end{cases}$　　(5) $\begin{cases} 3x-y+6=0 \\ x+y=2 \end{cases}$　　(6) $\begin{cases} a-2b=0 \\ 2a+b-5=0 \end{cases}$

(7) $\begin{cases} 2x-5y=5 \\ 3x+10y=4 \end{cases}$　　(8) $\begin{cases} 2x+3y-8=0 \\ 7x+6y-1=0 \end{cases}$　　(9) $\begin{cases} 4x+3y+9=0 \\ 12x+5y-1=0 \end{cases}$

●**例題2**● 　次の連立方程式を解け。

(1) $\begin{cases} 3x-4y=10 \\ 2x+3y=18 \end{cases}$　　(2) $\begin{cases} \dfrac{1}{3}x-\dfrac{5}{6}y=9 \\ 0.6x+y=1.2 \end{cases}$

（**解説**） (1) 片方の式のみに数をかけても文字の係数がそろわない場合は，両方の式に適当な数をかけて係数をそろえる。

(2) 係数が分数または小数のときは，両辺に適当な数をかけて係数を整数になおしてから解く。

（**解答**） (1) $\begin{cases} 3x-4y=10 & \cdots\cdots① \\ 2x+3y=18 & \cdots\cdots② \end{cases}$

①×2　　　$6x-\ 8y=\ \ 20$
②×3　$-)\ 6x+\ 9y=\ \ 54$
$\qquad\qquad\qquad -17y=-34$
$\qquad\qquad\qquad\qquad y=2\ \cdots\cdots③$

③を②に代入して
$\qquad 2x+3\times2=18$
$\qquad 2x=12$
$\qquad x=6$

（答）$\begin{cases} x=6 \\ y=2 \end{cases}$

(2) $\begin{cases} \dfrac{1}{3}x-\dfrac{5}{6}y=9 & \cdots\cdots① \\ 0.6x+y=1.2 & \cdots\cdots② \end{cases}$

①×6　　　$2x-5y=54$　$\cdots\cdots③$
②×10　　$6x+10y=12$　$\cdots\cdots④$
③×2　　　$4x-10y=108$
④　　$+)\ \ 6x+10y=\ \ 12$
$\qquad\qquad 10x\qquad\ =120$
$\qquad\qquad\qquad x=12\ \cdots\cdots⑤$

⑤を③に代入して
$\qquad 2\times12-5y=54$　　$-5y=30$
$\qquad y=-6$

（答）$\begin{cases} x=12 \\ y=-6 \end{cases}$

注 (1)で，加減法の計算をするとき，「①×2−②×3」と書き，縦書きの計算を書いてもよい。また，なれてきたら「①×2−②×3 より −17y=−34，y=2」のように書き，縦書きの計算を省略してもよい。

演習問題

5. 次の連立方程式を解け。

(1) $\begin{cases} 3x+2y=1 \\ 2x-3y=5 \end{cases}$ 　(2) $\begin{cases} 4x-3y=-2 \\ 3x-2y=1 \end{cases}$ 　(3) $\begin{cases} 7x+2y=11 \\ 4x-3y=27 \end{cases}$

(4) $\begin{cases} 4x+3y=5 \\ 5x+4y=-1 \end{cases}$ 　(5) $\begin{cases} 5x+3y=-1 \\ 3x-7y=17 \end{cases}$ 　(6) $\begin{cases} 5x-3y=16 \\ 6x+9y=-6 \end{cases}$

6. 次の連立方程式を解け。

(1) $\begin{cases} 2x+3y=-5 \\ \dfrac{x}{2}-\dfrac{y}{3}=2 \end{cases}$ 　(2) $\begin{cases} 8x+9y=4 \\ \dfrac{4}{3}x+2y=1 \end{cases}$ 　(3) $\begin{cases} \dfrac{2}{3}x-2y=-8 \\ y=-\dfrac{1}{3}x \end{cases}$

(4) $\begin{cases} \dfrac{x}{2}-\dfrac{y}{4}=1 \\ \dfrac{x}{3}+\dfrac{y}{2}=2 \end{cases}$ 　(5) $\begin{cases} \dfrac{1}{4}x-\dfrac{2}{3}y=-\dfrac{1}{2} \\ \dfrac{1}{2}x-\dfrac{1}{6}y=\dfrac{3}{4} \end{cases}$ 　(6) $\begin{cases} \dfrac{1}{6}x+\dfrac{4}{9}y=\dfrac{2}{9} \\ \dfrac{5}{12}x-\dfrac{8}{3}y=\dfrac{3}{2} \end{cases}$

7. 次の連立方程式を解け。

(1) $\begin{cases} 0.3x-0.2y=1.9 \\ 0.2x+0.1y=0.8 \end{cases}$ 　(2) $\begin{cases} \dfrac{1}{3}x-y=1.2 \\ 0.2x-0.3y=0 \end{cases}$ 　(3) $\begin{cases} \dfrac{1}{4}x-\dfrac{5}{6}y=2 \\ 0.05x+0.04y=0.4 \end{cases}$

8. 次の連立方程式を解け。

(1) $\begin{cases} 4(x+y)-7y=26 \\ 5x-3(x-3y)=-8 \end{cases}$ 　(2) $\begin{cases} 2(x-y)-3(2x+y)=1 \\ 3(x-2y)+4y=5 \end{cases}$

(3) $\begin{cases} 4x-1=\dfrac{1-2y}{3} \\ \dfrac{x+6}{5}-\dfrac{3}{4}y=\dfrac{2x-y}{2} \end{cases}$ 　(4) $\begin{cases} \dfrac{x}{2}-\dfrac{y}{3}=2 \\ \dfrac{x+y}{2}-\dfrac{x-3y}{5}=9 \end{cases}$

(5) $\begin{cases} \dfrac{x-1}{2}-\dfrac{y+2}{4}=-\dfrac{9}{4} \\ \dfrac{1}{5}\left(\dfrac{1}{2}x-\dfrac{3}{2}y\right)=-3 \end{cases}$ 　(6) $\begin{cases} \dfrac{x+1}{3}-\dfrac{3y+1}{2}=\dfrac{2x-3y}{5} \\ \dfrac{3x-2y}{4}-\dfrac{x-4y}{3}=\dfrac{5}{9} \end{cases}$

●**例題3**●　連立方程式 $3x-y=18x+2y=-8$ を解け。

解説　$A=B=C$ と $\begin{cases}A=B\\B=C\end{cases}$ または $\begin{cases}A=B\\A=C\end{cases}$ または $\begin{cases}A=C\\B=C\end{cases}$ は，同じ内容の連立方程式である。

解答　$3x-y=18x+2y=-8$ より $\begin{cases}3x-y=-8 & \cdots\cdots\cdots① \\ 18x+2y=-8 & \cdots\cdots\cdots②\end{cases}$

②より　　　　$9x+y=-4$ $\cdots\cdots\cdots③$

①＋③より　$12x=-12$　　ゆえに　$x=-1$ $\cdots\cdots\cdots④$

④を③に代入して　$9\times(-1)+y=-4$　　ゆえに　$y=5$

（答）$\begin{cases}x=-1\\y=5\end{cases}$

演習問題

9. 次の連立方程式を解け。

(1)　$x+3y=-2x-3y=1$　　　　(2)　$2x-5y=4x+7y+25=9$

(3)　$-2x+3y=3x-5y+4=-y$　　(4)　$2x+9y+15=x-y=4x+2y-9$

●**例題4**●　連立方程式 $\begin{cases}ax+2by=1\\-2ax+by=3\end{cases}$ の解は $\begin{cases}x=-3\\y=4\end{cases}$ である。a, b の値を求めよ。

解説　連立方程式の解とは，連立方程式を成り立たせる文字の値の組のことである。したがって，連立方程式 $\begin{cases}ax+2by=1\\-2ax+by=3\end{cases}$ に解 $\begin{cases}x=-3\\y=4\end{cases}$ を代入したとき，a, b についての連立方程式が成り立つ。

解答　連立方程式 $\begin{cases}ax+2by=1\\-2ax+by=3\end{cases}$ の解が $\begin{cases}x=-3\\y=4\end{cases}$ であるから，代入して，

$\begin{cases}a\times(-3)+2b\times4=1\\-2a\times(-3)+b\times4=3\end{cases}$　　よって　$\begin{cases}-3a+8b=1 & \cdots\cdots\cdots① \\ 6a+4b=3 & \cdots\cdots\cdots②\end{cases}$

①×2＋② より　　$20b=5$　　　　ゆえに　$b=\dfrac{1}{4}$　　　　$\cdots\cdots\cdots③$

③を①に代入して　$-3a+8\times\dfrac{1}{4}=1$　　ゆえに　$a=\dfrac{1}{3}$

（答）$a=\dfrac{1}{3}$, $b=\dfrac{1}{4}$

演習問題

10. 連立方程式 $\begin{cases} ax+by=5 \\ ax-by=-1 \end{cases}$ の解は $\begin{cases} x=2 \\ y=-1 \end{cases}$ である。$a,\ b$ の値を求めよ。

11. 連立方程式 $\begin{cases} ax+y=7 \\ x-y=9 \end{cases}$ の解は $\begin{cases} x=4 \\ y=b \end{cases}$ である。$a,\ b$ の値を求めよ。

12. $x,\ y$ についての連立方程式 $\begin{cases} 4x-3y=6 \\ ax-y=3a \end{cases}$ の解は，方程式 $5x+3y=3$ を満たす。a の値を求めよ。

13. 次の2つの $x,\ y$ についての連立方程式の解が同じになるように，$a,\ b$ の値を定めよ。

$$\begin{cases} ax+y=4 \\ x+2y=6 \end{cases} \qquad \begin{cases} 2x-y=2 \\ x+by=-2 \end{cases}$$

進んだ問題の解法

||||問題1 連立方程式 $\begin{cases} \dfrac{3}{x}+\dfrac{2}{y}=9 & \cdots\cdots① \\[2mm] \dfrac{4}{x}+\dfrac{3}{y}=13 & \cdots\cdots② \end{cases}$ を解け。

解法 おきかえを考える。$\dfrac{1}{x},\ \dfrac{1}{y}$ をそれぞれ1つの未知数と考えて，$\dfrac{1}{x}=a,\ \dfrac{1}{y}=b$ とおくと，問題で与えられた連立方程式は $\begin{cases} 3a+2b=9 \\ 4a+3b=13 \end{cases}$ となる。この連立方程式を解いて $a,\ b$ の値を求め，それらの値から $x,\ y$ の値を求める。

解答 $\dfrac{1}{x}=a,\ \dfrac{1}{y}=b$ とおくと，①，②より

$$\begin{cases} 3a+2b=9 & \cdots\cdots③ \\ 4a+3b=13 & \cdots\cdots④ \end{cases}$$

③×3−④×2より $a=1$ ………⑤

⑤を③に代入して $3\times1+2b=9$ $b=3$

よって $\dfrac{1}{x}=1,\ \dfrac{1}{y}=3$ ゆえに $x=1,\ y=\dfrac{1}{3}$ （答）$\begin{cases} x=1 \\ y=\dfrac{1}{3} \end{cases}$

||||||**進んだ問題**||||||

14. 次の連立方程式を解け。

(1) $\begin{cases} \dfrac{3}{x}+\dfrac{2}{y}=17 \\ \dfrac{4}{x}-\dfrac{5}{y}=-8 \end{cases}$ (2) $\begin{cases} \dfrac{1}{x+2}+\dfrac{1}{y}=2 \\ \dfrac{3}{x+2}-\dfrac{2}{y}=1 \end{cases}$ (3) $\begin{cases} \dfrac{3}{x+y}+\dfrac{2}{x-y}=-1 \\ \dfrac{9}{x+y}-\dfrac{5}{x-y}=-14 \end{cases}$

進んだ問題の解法 ||||||||||||||||||||||||||||||||||||||||||||||||||||||||||||||||||||||||

> ||||||**問題2** x, y, z が連立方程式 $\begin{cases} 3x-4y-z=0 \\ x-2y+z=0 \end{cases}$ を満たすとき，次の問い
>
> に答えよ。ただし，x, y, z は 0 ではないとする。
> (1) x, y を z の式で表せ。
> (2) $x:y:z$ を求めよ。

解法 3つの文字 x, y, z をふくむ1次方程式（このような方程式を**3元1次方程式**という）が2つ与えられている。

(1)では，z を定数とみなして，与えられた連立方程式を x, y についての連立2元1次方程式と考えて解く。(2)は，(1)の結果を利用して $x:y:z$ を求める。

解答 (1) 与えられた方程式を，z を定数とみなして，次のように変形する。

$$\begin{cases} 3x-4y=z & \cdots\cdots\cdots① \\ x-2y=-z & \cdots\cdots\cdots② \end{cases}$$

①－②×2 より $x=3z \cdots\cdots\cdots③$
③を②に代入して $3z-2y=-z$
$$y=2z \qquad\qquad (答)\ x=3z,\ y=2z$$

(2) (1)の結果より
$$x:y:z=3z:2z:z=3:2:1 \qquad (答)\ x:y:z=3:2:1$$

注 (2) $x:y:z$ を求めるとき，どの文字を定数とみなしても結果は同じになる。連立方程式が解きやすいように，定数とみなす文字を選ぶ。

||||||**進んだ問題**||||||

15. x, y, z が次の連立方程式を満たすとき，$x:y:z$ を求めよ。ただし，x, y, z は 0 ではないとする。

(1) $\begin{cases} 2x+y-5z=0 \\ x-2y-10z=0 \end{cases}$ (2) $\begin{cases} x-4y=z \\ 2x+2y-3z=0 \end{cases}$ (3) $\begin{cases} x+2y-3z=0 \\ 5x-6y+7z=0 \end{cases}$

2…連立方程式の応用

> 1 連立方程式を利用して文章題を解く手順
> ① 文章をよく読んで，図や表を使って問題の内容を理解する。求める
> 数量（未知数）と与えられている数量（既知数）を確認する。
> ② 求める数量，または求める数量に関係のある数量を，未知数 x，y
> とする。
> ③ 問題にある数量の間の関係を，x，y を使って連立方程式で表す。
> （単位をそろえる）
> ④ 連立方程式を解く。
> ⑤ 求めた解が問題に適しているかどうかを吟味して，答えとする。

（基本問題）

16. 連立方程式を利用して，次の問いに答えよ。

(1) 2つの数がある。その和は 28 で，差は 18 である。2つの数を求めよ。

(2) 愛さん，恵さん2人の所持金の合計は 3200 円で，愛さんの所持金は恵さ
んの所持金の2倍より 400 円少ない。2人の所持金をそれぞれ求めよ。

(3) 鉛筆3本と消しゴム2個の代金は 500 円，鉛筆4本と消しゴム5個の代金
は 830 円である。鉛筆1本と消しゴム1個の値段をそれぞれ求めよ。

(4) 卵が6個はいっているパック A と 10 個はいっているパック B を合わせて
12 パック買い，卵の個数がちょうど 100 個になるようにしたい。A，B をそ
れぞれ何パック買えばよいか。

(5) 現在，母と子の年齢の和は 52 である。5年前には，母の年齢は子の年齢
の6倍であった。現在の母と子の年齢をそれぞれ求めよ。

(6) 2つの商品 A，B は定価では A のほうが B より 300 円高いが，セールの
日に A は定価の 20 % 引き，B は定価の 5 % 引きにしたので，同じ値段になっ
た。商品 A，B の定価をそれぞれ求めよ。

(7) 2つの容器 A，B に，合わせて 85L の水がはいっている。容器 A の水の
量を容器 B の水の量の4倍にするには，B から水を 5L とって A に入れれ
ばよいことがわかっている。容器 A，B にはそれぞれ何 L の水がはいって
いるか。

●**例題5**● 十の位の数が 4 である 3 けたの正の整数がある。その整数の各位の数の和は 16 である。十の位の数をそのままにして，百の位の数と一の位の数を入れかえてできる 3 けたの整数は，もとの整数より 396 小さくなる。もとの正の整数を求めよ。

（解説） 百の位，十の位，一の位の数が，それぞれ a，b，c である 3 けたの正の整数は，$100a+10b+c$ と表すことができる。ただし，a，b，c は $1\leqq a\leqq9$，$0\leqq b\leqq9$，$0\leqq c\leqq9$ を満たす整数である。

（解答） もとの正の整数の百の位の数を x，一の位の数を y とすると，x，y は $1\leqq x\leqq9$，$1\leqq y\leqq9$ を満たす整数である。

$$\begin{cases} x+4+y=16 & \cdots\cdots\cdots① \\ 100y+40+x=(100x+40+y)-396 & \cdots\cdots\cdots② \end{cases}$$

①より $\qquad x+y=12 \qquad\cdots\cdots\cdots③$

②より $\qquad 99x-99y=396$

両辺を 99 で割って $\quad x-y=4 \qquad\cdots\cdots\cdots④$

③＋④ より $\qquad 2x=16 \qquad x=8 \cdots\cdots\cdots⑤$

⑤を③に代入して $\quad 8+y=12 \qquad y=4$

$x=8$，$y=4$ は $1\leqq x\leqq9$，$1\leqq y\leqq9$ を満たす整数であるから，問題に適する。

ゆえに，求める正の整数は 844

（答） 844

演習問題

17. 大小 2 つの正の整数がある。小さい数の 2 倍に大きい数を加えると 23 になり，大きい数を小さい数で割ると商が 5 で余りが 2 となる。2 つの正の整数をそれぞれ求めよ。

18. 一の位の数と，十の位の数が等しい 3 けたの正の整数がある。その整数の各位の数の和は 17 であり，百の位の数と一の位の数を入れかえてできる 3 けたの整数は，もとの整数より 198 小さくなる。もとの正の整数を求めよ。

19. 春子さんと夏子さんが，2 つの正の整数の差の計算問題を解いた。春子さんは，ひかれる数を 10 倍して計算したために答えが 7287 になった。また，夏子さんは，ひく数の一の位の数を見落として 1 けた小さい数とし，さらに差を和として計算したために答えが 851 になった。

⑴ ひく数の一の位の数を求めよ。

⑵ この計算問題の正しい答えを求めよ。

●**例題6**● ある牛肉には，100gあたりたんぱく質19gと脂肪21gがふくまれている。また，ある牛乳には，100gあたりたんぱく質3gと脂肪3gがふくまれている。これらの牛肉と牛乳から，合わせてたんぱく質23.8g，脂肪25.2gだけをとるには，それぞれ何gが必要か。

解説 問題の内容を表にすると，右のようになる。関係式をつくるとき，このような表をつくるとよい。

なお，この表は100gあたりのたんぱく質と脂肪の重さを表していることに注意する。

	たんぱく質	脂肪
牛肉	19g	21g
牛乳	3g	3g

解答 牛肉 xg，牛乳 yg が必要であるとすると

$$\begin{cases} 19\times\dfrac{x}{100}+3\times\dfrac{y}{100}=23.8 & \cdots\cdots①\\ 21\times\dfrac{x}{100}+3\times\dfrac{y}{100}=25.2 & \cdots\cdots② \end{cases}$$

①より $\quad 19x+3y=2380 \quad\cdots\cdots③$

②より $\quad 21x+3y=2520 \quad\cdots\cdots④$

④−③より $\quad 2x=140$

$\quad x=70 \quad\cdots\cdots⑤$

⑤を③に代入して $\quad 19\times70+3y=2380$

$\quad y=350$

牛肉70g，牛乳350gとすると，問題に適する。

（答）牛肉 70g，牛乳 350g

別解 牛肉 $100x$g，牛乳 $100y$g が必要であるとすると

$$\begin{cases} 19x+3y=23.8 & \cdots\cdots①\\ 21x+3y=25.2 & \cdots\cdots② \end{cases}$$

②−①より $\quad 2x=1.4$

$\quad x=0.7 \quad\cdots\cdots③$

③を①に代入して $\quad 19\times0.7+3y=23.8$

$\quad y=3.5 \quad\cdots\cdots④$

③，④より，牛肉は $\quad 100\times0.7=70$（g）

牛乳は $\quad 100\times3.5=350$（g）

これらの値は問題に適する。 （答）牛肉 70g，牛乳 350g

注 別解のように，未知数を $100x$g，$100y$g とおくと，計算がしやすい。

演習問題

20. ある店のメニューには，カレー
ライスの重さが 420 g，摂取でき
るエネルギーが 810 kcal と表示
されている。重さとエネルギーに

食品名	ごはん	カレー
食品 100 g から摂取できる エネルギー（kcal）	150	250

右の表の関係があるとき，ごはんとカレーの重さはそれぞれ何 g か。

21. 真ちゅうは銅と亜鉛の合金である。ある真ちゅう 19 cm³ の重さをはかった
ら，155.8 g であった。銅 1 cm³，亜鉛 1 cm³ の重さをそれぞれ 8.9 g，7 g とす
るとき，この真ちゅうにふくまれている銅と亜鉛の重さはそれぞれ何 g か。

22. 30 分番組と 60 分番組をそれぞれ何本か録画したところ，125 GB になった
ので，30 分番組は $\frac{1}{8}$ の容量に，60 分番組は $\frac{1}{4}$ の容量になるように画質を落
としたところ，25 GB のディスクにちょうどおさまった。25 GB のディスクに
は通常の画質でちょうど 180 分録画できる。30 分番組と 60 分番組をそれぞれ
何本録画したか。

注 GB とは情報量を表す単位。G（ギガ）は 1 B（バイト）の約 10 億倍である。

●**例題7**● 250 g の食塩水 A と 150 g の食塩水 B がある。食塩水 A と B を
すべて混ぜると濃度 10.2 ％ の食塩水ができる。また，食塩水 A から 100
g を取り出し，代わりに水 100 g を加えて混ぜると，食塩水 B の濃度と等
しくなる。もとの食塩水 A，B の濃度をそれぞれ求めよ。

解説 食塩水の問題では，ふくまれる食塩の重さに着目して考えるとよい。濃度 a ％ の
食塩水 M g にふくまれる食塩の重さは $\left(M \times \dfrac{a}{100}\right)$ g である。

解答 もとの食塩水 A，B の濃度をそれぞれ x ％，y ％ とすると，ふくまれる食塩の重さ

より
$$\begin{cases} 250 \times \dfrac{x}{100} + 150 \times \dfrac{y}{100} = (250+150) \times \dfrac{10.2}{100} & \cdots\cdots\text{①} \\ (250-100) \times \dfrac{x}{100} = (250-100+100) \times \dfrac{y}{100} & \cdots\cdots\text{②} \end{cases}$$

①より　$25x + 15y = 408$ ………③　　②より　$3x - 5y = 0$ ………④

③＋④×3 より　$34x = 408$　　$x = 12$ ………⑤

⑤を④に代入して　$3 \times 12 - 5y = 0$　　$y = 7.2$

これらの値は問題に適する。　　　　　（答）食塩水 A 12 ％，食塩水 B 7.2 ％

（別解） もとの食塩水 A，B にふくまれる食塩の重さをそれぞれ x g，y g とする。

すべてを混ぜたときの食塩水の濃度と，もう 1 つの混ぜ方をした後のそれぞれの食塩水の濃度について考えると

$$\begin{cases} \dfrac{x+y}{250+150}=\dfrac{10.2}{100} & \cdots\cdots\text{①} \\ \dfrac{250-100}{250}\times x\times\dfrac{1}{250}=y\times\dfrac{1}{150} & \cdots\cdots\text{②} \end{cases}$$

①より　　　　　　　$x+y=40.8$　$\cdots\cdots$③

②より　　　　　　　$9x-25y=0$　$\cdots\cdots$④

③×9－④ より　　$34y=367.2$

　　　　　　　　　　$y=10.8$　$\cdots\cdots$⑤

⑤を③に代入して　$x+10.8=40.8$

　　　　　　　　　　$x=30$

よって，もとの食塩水 A の濃度は　$\dfrac{30}{250}\times100=12$（％）

もとの食塩水 B の濃度は　$\dfrac{10.8}{150}\times100=7.2$（％）

これらの値は問題に適する。

（答）　食塩水 A 12 ％，食塩水 B 7.2 ％

注　未知数は，必ずしも求める数量にする必要はない。方程式のつくりやすさや，計算のしやすさなどに着目して，未知数を決めればよい。

演習問題

23. 濃度 4 ％ の食塩水 100 g に濃度 6 ％ と 8 ％ の食塩水を加えて，濃度 7 ％ の食塩水を 1000 g つくりたい。濃度 6 ％ と 8 ％ の食塩水をそれぞれ何 g 加えればよいか。

24. 容器 A，B には食塩水がはいっている。容器 A から 100 g，容器 B から 200 g を取り出して混ぜると濃度 7 ％ の食塩水ができ，A から 200 g，B から 150 g を取り出して混ぜ，さらに食塩を 50 g 入れると濃度 18 ％ の食塩水ができる。このとき，容器 A，B の食塩水の濃度をそれぞれ求めよ。

25. ある中学校の新入生は，昨年は男女合わせて 160 人であった。今年は，昨年より男子は 25 ％，女子は 15 ％ それぞれ増加したが，増加した人数は男女とも同じであった。今年の男子と女子の新入生はそれぞれ何人か。

26. 数学のテストで，70点以上をとった生徒は男子生徒の65％，女子生徒の45％であり，その人数は女子が男子より66人少なかった。また，70点以上の生徒は70点未満の生徒より52人多かった。テストを受けた生徒は何人か。

27. 昨年の囲碁クラブの部員数は30人であった。今年の1年生は昨年の1年生の部員数の2倍入部し，今年の3年生は昨年の3年生の$\dfrac{3}{2}$の人数となった。

その結果，今年の部員数は昨年の部員数と変わらなかった。また，昨年の1，2年生で退部した人はいなかった。今年の2年生の部員数は何人か。

28. 1箱1200円のみかんと，1箱1600円のりんごを何箱か仕入れて78000円支払った。これをすべて売ったところ13200円の利益があった。みかんとりんごをそれぞれ何箱ずつ仕入れたか。ただし，みかんの利益は仕入れ値の2割，りんごの利益は仕入れ値の1割5分である。

29. ある店で，オレンジ10箱を仕入れ，その運送料として6000円支払った。オレンジの1割が売れ残ってもかかった費用の2割の利益があるように，1個64円の定価をつけたところ，実際に売れ残ったのは125個であったので，かかった費用の2割5分の利益があった。オレンジ1箱の仕入れ値と実際に売れたオレンジの個数を求めよ。

●**例題8**●　長さ362mの貨物列車が，鉄橋を渡りはじめてから渡り終わるまでに85秒かかった。また，長さ254mの急行列車が，貨物列車の2倍の速さで同じ鉄橋を渡りはじめてから渡り終わるまでに38秒かかった。このとき，鉄橋の長さと貨物列車の速さ（秒速）を求めよ。

(解説) 鉄橋を渡りはじめてから渡り終わるまでに列車が進む道のりは，
（鉄橋の長さ）＋（列車の長さ）である。

(解答) 鉄橋の長さをxm，貨物列車の速さを秒速ymとする。
急行列車の速さは秒速$2y$mと表されるから，鉄橋を渡りはじめてから渡り終わるまでにそれぞれの列車が進んだ道のりを考えると

$$\begin{cases} x+362=85y & \cdots\cdots\cdots① \\ x+254=38\times 2y & \cdots\cdots\cdots② \end{cases}$$

①－②より　　　　　$108=9y$　　　　　$y=12$ $\cdots\cdots\cdots③$
③を①に代入して　$x+362=85\times 12$　　$x=658$
これらの値は問題に適する。　　　　　　（答）　鉄橋 658m，貨物列車 秒速 12m

演習問題

30. 秋子さんは A 町から峠をこえて 18km 離れた B 町まで行った。A 町から峠までは時速 2km，峠から B 町までは時速 5km で歩き，合計 6 時間かかった。A 町から峠までの道のりを求めよ。

31. 兄は自動車で旅行する計画をたてた。一般道を時速 40km，高速道路を時速 80km で走るとすると，2 時間 30 分かかる。また，一般道ではガソリン 1L あたり 10km，高速道路ではガソリン 1L あたり 12km 走るとすると，ガソリンは全部で 12L 必要である。兄は一般道と高速道路の道のりをそれぞれ何 km として計画をたてたか。

32. 右の図は，僚さんの家と中学校，高校，図書館を結ぶ道路と道のりを示したものである。家から中学校，図書館を経て家にもどるまでの道のりは 4km である。

　僚さんが，時速 4km で歩いて家と図書館を往復するのにかかる時間と，時速 14km で自転車に乗って家から中学校，高校，図書館を経て家にもどるまでにかかる時間は同じである。どちらの場合も，遠まわりはしないものとして，僚さんの家から中学校までの道のりと，僚さんの家から図書館までの道のりをそれぞれ求めよ。

33. 東西にのびた直線の道路上に，西から順に 3 地点 P，Q，R がある。P 地点から Q 地点までの距離は 120m，Q 地点から R 地点までの距離は 930m である。A，B，C の 3 人がそれぞれ P 地点，Q 地点，R 地点を車で同時に出発した。A は秒速 xm，B は秒速 ym でともに東に向かった。C は西に向かい，その速さは A と B の速さの平均であった。A は出発後 30 秒で B に追いつき，B に追いついてからさらに 5 秒後に C に出会った。x，y の値を求めよ。

34. ある川にそって，30km 離れている A 町と B 町の間を往復する定期便の船がある。この船の上りに要する時間は，下りに要する時間の 1.5 倍で，AB 間を往復するのに要する時間は 2 時間である。このとき，川の流れの速さ（時速）を求めよ。ただし，静水時での船の速さと，川の流れの速さは一定である。

▶研究◀ 連立3元1次方程式

1　**連立3元1次方程式**

　文字を3つふくむ1次方程式を**3元1次方程式**といい，同じ文字について
の，3つの3元1次方程式を組にしたものを**連立3元1次方程式**という。
また，3つの3元1次方程式を同時に成り立たせる文字の値の組を**連立方
程式の解**といい，解を求めることを**連立方程式を解く**という。

2　**連立3元1次方程式の解き方**

①　3つの3元1次方程式から2つずつ組み合わせて1つの文字を消去し，
　連立2元1次方程式を導く。

②　この連立2元1次方程式を解いて2つの文字の値を求め，与えられた
　方程式の1つに代入して残りの文字の値を求める。

▶**研究1**◀　次の連立方程式を解け。

(1) $\begin{cases} 2x+y-z=5 & \cdots\cdots① \\ 3x-2y+z=-2 & \cdots\cdots② \\ x+3y+2z=5 & \cdots\cdots③ \end{cases}$　　(2) $\begin{cases} x+y=1 & \cdots\cdots① \\ y+z=2 & \cdots\cdots② \\ z+x=3 & \cdots\cdots③ \end{cases}$

◀**解説**▶　(1) 3つの文字のうち，まず1つの文字を消去して，連立2元1次方程式を導く。
　たとえば，①と②，①と③を組み合わせて，①＋② や ①×2＋③ により z を消去する
　と，x, y についての連立2元1次方程式ができる。
　(2) ①，②より x, z を y の式で表し③に代入してもよいが，ここでは式の特徴より
　①＋②＋③ を計算する。

◀**解答**▷　(1)　①＋② より
$$\begin{array}{r} 2x+\ y-z=\ \ 5 \\ +)\ \ 3x-2y+z=-2 \\ \hline 5x-\ y\ \ \ \ =\ \ 3 \quad\cdots\cdots④ \end{array}$$

　　　　　①×2＋③ より
$$\begin{array}{r} 4x+2y-2z=10 \\ +)\ \ x+3y+2z=\ 5 \\ \hline 5x+5y\ \ \ \ =15 \end{array}$$
$$x+y=3 \quad\cdots\cdots⑤$$

④＋⑤ より　　　　$6x=6$　　　$x=1$ $\cdots\cdots⑥$

⑥を⑤に代入して　　$1+y=3$　　　$y=2$ $\cdots\cdots⑦$

⑥，⑦を②に代入して　$3\times1-2\times2+z=-2$　　　$z=-1$

（答）$\begin{cases} x=1 \\ y=2 \\ z=-1 \end{cases}$

(2)　①＋②＋③ より　$2x+2y+2z=6$

　　　　　　　　　$x+y+z=3$ ………④

　④－① より　$z=2$

　④－② より　$x=1$

　④－③ より　$y=0$

(答)　$\begin{cases} x=1 \\ y=0 \\ z=2 \end{cases}$

注　(1)で，はじめに消去する文字は x でも y でもよい。連立方程式の形や係数を見て計算しやすいように消去する文字を選ぶ。

▶**研究問題**◀

35．次の連立方程式を解け。

(1)　$\begin{cases} 2x+y=0 \\ 3x-2z=-3 \\ x-y+2z=9 \end{cases}$
　　　(2)　$\begin{cases} x-y+4z=-1 \\ 2x+4y-3z=-3 \\ 3x-2y+2z=5 \end{cases}$

(3)　$\begin{cases} x+y=-1 \\ y+z=6 \\ z+x=1 \end{cases}$
　　　(4)　$\begin{cases} x+2y+3z=1 \\ 2x+3y+z=1 \\ 3x+y+2z=1 \end{cases}$

36．次の2つの連立方程式が同じ解をもつように，a，b，c の値を定めよ。

(ア)　$\begin{cases} x+y+z=6 \\ 2x-y+3z=9 \\ 5x+2y-3z=0 \end{cases}$
　　　(イ)　$\begin{cases} ax-by+cz=2 \\ ax+by-cz=10 \\ ax+by+cz=22 \end{cases}$

▶**研究2**◀　赤い袋には，あめ玉3個，チョコレート2個，ガム1枚がはいっている。白い袋には，あめ玉2個，チョコレート3個，ガム4枚がはいっている。また，青い袋には，あめ玉5個，チョコレート1個，ガム3枚がはいっている。

　　赤，白，青のいずれかの袋を1つずつもっている子どもたち全員が，袋の中身の全部を1つの箱に入れた。箱の中には，あめ玉が29個，チョコレートが23個，ガムが29枚はいっていた。赤い袋，白い袋，青い袋をもっていた子どもは，それぞれ何人いたか。

◀**解説**▶　あめ玉，チョコレート，ガムのそれぞれの総数について，連立方程式をつくる。

〈解答〉 赤い袋, 白い袋, 青い袋をもっていた子どもの人数をそれぞれ x 人, y 人, z 人

とすると $\begin{cases} 3x+2y+5z=29 & \cdots\cdots\cdots① \\ 2x+3y+z=23 & \cdots\cdots\cdots② \\ x+4y+3z=29 & \cdots\cdots\cdots③ \end{cases}$

③×3−① より
$$
\begin{array}{r}
3x+12y+9z=87 \\
-)\ 3x+\ 2y+5z=29 \\
\hline
10y+4z=58
\end{array}
$$
$$5y+2z=29 \qquad\qquad \cdots\cdots\cdots④$$

③×2−② より
$$
\begin{array}{r}
2x+8y+6z=58 \\
-)\ 2x+3y+\ z=23 \\
\hline
5y+5z=35
\end{array}
$$
$$\qquad\qquad\qquad \cdots\cdots\cdots⑤$$

⑤−④ より　　　　　　$3z=6$　　　　　$z=2 \cdots\cdots⑥$

⑥を④に代入して　　$5y+2\times2=29$　　　$y=5 \cdots\cdots⑦$

⑥, ⑦を③に代入して　$x+4\times5+3\times2=29$　　　$x=3$

これらの値は自然数であるから, 問題に適する。

(答) 赤い袋 3 人, 白い袋 5 人, 青い袋 2 人

▶研究問題◀

37. 3けたの正の整数 N がある。N の各位の数の和は 9 で, 十の位の数と一の位の数の和は百の位の数の 2 倍に等しい。また, 百の位の数と一の位の数を入れかえてできる 3 けたの整数は, N より 99 小さい。正の整数 N を求めよ。

38. 定員 2 名に対して, 立候補者 A, B, C の 3 名で選挙を行った。その結果, 有効投票数は 2584 票で, 当選者は A, B となった。B の得票数は C の得票数より 52 票多かったが, もし A の得票数の 5% が C に移ったとすれば, B は C と 2 票の差で落選したという。A, B, C それぞれの得票数を求めよ。

39. P, Q, R の 3 人が水族館に行った。P はバス代を, Q は入場料を, R は昼食代をそれぞれ 3 人分払った。その後, この費用を平等に負担するために, Q は P に 300 円, R に 780 円払った。バス代は昼食代の半額と入場料の和に等しかった。1 人分のバス代, 入場料, 昼食代はそれぞれいくらか。

40. ある遊園地で, 入園開始数十分前から行列ができはじめて, 行列に加わる人数は 1 分につき一定の割合で増えていく。入り口を 1 つにすると, 入園を開始してから 20 分で行列はなくなるが, 入り口を 2 つにすると, 8 分で行列がなくなる。入り口を 3 つにすると, 何分で行列がなくなるか。ただし, どの入り口も 1 分間に入園できる人数はすべて等しい。

2章の問題

1 次の連立方程式を解け。

(1) $\begin{cases} 3x+5y=-11 \\ 2(x-5)=y \end{cases}$

(2) $\begin{cases} 2x-3y=9 \\ 5x+4y=11 \end{cases}$

(3) $\begin{cases} 4a+5b+11=0 \\ 2a=b+19 \end{cases}$

(4) $\begin{cases} 8x-3y-8=0 \\ 10x+9y-27=0 \end{cases}$

(5) $\begin{cases} 4x+5y=5-6x \\ x-3y+4=-5y \end{cases}$

(6) $\begin{cases} 2(x+y)+7y+13=0 \\ 3x-5(x-y)+15=0 \end{cases}$

2 次の連立方程式を解け。

(1) $\begin{cases} x+2y=-1 \\ y-\dfrac{1-2x}{3}=0 \end{cases}$

(2) $\begin{cases} \dfrac{2}{5}x-\dfrac{1}{3}y=\dfrac{3}{5} \\ \dfrac{3x+y}{6}=-1 \end{cases}$

(3) $\begin{cases} 0.4x-0.5y=0 \\ 1.2x+y=10 \end{cases}$

(4) $\begin{cases} \dfrac{1}{5}(2x+1)-\dfrac{1}{6}y=\dfrac{1}{3} \\ 0.1(0.2y-0.3x)=0.02 \end{cases}$

(5) $\begin{cases} \dfrac{3x+2y}{4}-\dfrac{x-y}{6}=\dfrac{25}{36} \\ 0.6x+0.9y=0.875 \end{cases}$

(6) $\begin{cases} \dfrac{1}{4}(x+3y+1)=\dfrac{1}{2}x-2 \\ 3x-(x-2y)=4+y \end{cases}$

(7) $\begin{cases} \dfrac{x-2y}{3}+\dfrac{x+5y}{4}=7 \\ -\dfrac{5x+y}{4}+1=-2x \end{cases}$

(8) $\begin{cases} \dfrac{1}{2}x-\dfrac{y-2}{6}=\dfrac{x+y}{3}+1 \\ \dfrac{x-6}{10}+y=\dfrac{1}{2}x-\dfrac{31}{15} \end{cases}$

(9) $x+3y=-2x-3y=1$

(10) $5x-3y-4=3x+2y+5=x-5y+2$

3 連立方程式 $\begin{cases} 1042x+347y=2 & \cdots\cdots① \\ 1652x+551y=-2 & \cdots\cdots② \end{cases}$ について，次の問いに答えよ。

(1) ①＋② を計算することにより，$\dfrac{y}{x}$ の値を求めよ。

(2) (1)の結果を利用して，x，y の値を求めよ。

(4) 次の問いに答えよ。

(1) 連立方程式 $\begin{cases} 3x+4y=5 \\ ax-y=5-a \end{cases}$ の解は，方程式 $2x-y=7$ を満たす。a の値を求めよ。また，x，y の値を求めよ。

(2) 連立方程式 $\begin{cases} x+2y=a+6 \\ -x+3y=a \end{cases}$ を満たす x の値が y の値の 2 倍に等しくなるように，a の値を定めよ。また，x，y の値を求めよ。

(5) 連立方程式 $\begin{cases} ax+y=20 \\ 2x-y=17 \end{cases}$ の解がともに正の整数となるように，整数 a の値を定めよ。また，x，y の値を求めよ。

(6) 次の連立方程式を解け。

(1) $\begin{cases} x-2y-z=-2 \\ 2x+2y+3z=13 \\ x+2z=5 \end{cases}$ (2) $\begin{cases} 4x-y+z=-1 \\ 2x+y+3z=6 \\ 8x+3y-2z=-5 \end{cases}$

(3) $2x-y+3z=x+2y+5=3y-z+8=3$

(7) 百の位の数が p，十の位の数が q，一の位の数が r の 3 けたの正の整数を，≪pqr≫ で表すことにする。≪$a2b$≫ は，≪$b2a$≫ より 99 大きく，≪$2ab$≫ より 90 大きい整数である。a，b の値を求めよ。

(8) 青色の花びんと黄色の花びんが合わせて 16 個あり，赤色の花びんが 5 個ある。黄色のバラと赤色のバラが合わせて 33 本あり，黄色の花びんには黄色のバラのみを，赤色の花びんには赤色のバラのみを生けるが，青色の花びんにはどちらの色のバラを生けてもよいとする。

すべての花びんにバラを 1 本ずつ生けたとき，青色の花びんすべてに赤色のバラを生けたところ，残ったバラのうち 2 本は赤色のバラであった。また，青色の花びんすべてに黄色のバラを生けたところ，残ったバラのうち 1 本は黄色のバラであった。

青色の花びんは全部で何個あるか。

(9) 列車 A が長さ 1300 m のトンネルを通りぬけるとき，列車の姿がトンネルに完全にかくれていた時間は 65 秒間であった。また，前方からくる列車 B と出会ってからすれちがい終わるまでに 8 秒かかった。列車 B の長さは 190 m，速さは秒速 22 m であった。このとき，列車 A の長さと速さ（秒速）を求めよ。

10 ある商店では，1冊100円のノートAと1冊150円のノートBを売っている。先月はノートBの売り上げ金額がノートAの売り上げ金額より22000円多かった。今月の売り上げ冊数は先月に比べて，ノートAは3割減ったがノートBは4割増えたので，AとBの売り上げ冊数の合計は2割増えた。今月のノートA，Bの売り上げ冊数をそれぞれ求めよ。

11 明さん，実さんの2人が長い石段の中ほどの同じ段にいる。2人はじゃんけんをして，勝つと2段上り，負けると1段下りることにした。あいこのときは2人とも動かない。

　何回かじゃんけんをしたとき，明さんはもとの位置より22段上に，実さんはもとの位置より2段下にいた。明さん，実さんが勝った回数をそれぞれ求めよ。

12 大小2種類の箱が合わせて20箱ある。大箱1箱にはある品物が50個まではいり，小箱1箱には同じ品物が30個まではいる。これら20箱にその品物を715個入れたところ，18箱が満杯になり，満杯でない大箱と小箱が1箱ずつできた。その大箱と小箱にはそれぞれ品物10個分，15個分の空きがある。715個の品物のうち，小箱に入れた品物の総数を求めよ。

13 容器A，Bに食塩水がはいっている。容器Aから20g，容器Bから30gの食塩水を取り出して空の容器Cに入れて混ぜたら，濃度11.4%の食塩水ができた。つぎに，容器Aから60g，容器Bから20gの食塩水を取り出して空の容器Dに入れて混ぜたら，濃度8.25%の食塩水ができた。

(1) 容器A，Bにはいっている食塩水の濃度をそれぞれ求めよ。

(2) 容器A，Bに残った食塩水をすべて混ぜたら，濃度9.6%の食塩水が100gできた。はじめに容器Aにはいっていた食塩水の重さを求めよ。

14 ある遊園地の入り口で，開園時刻にa人の客が待っていた。その後も毎分120人の割合で客が増えていく。1か所のゲートを通過する客の人数は毎分一定であるものとする。

(1) 開園時刻にゲートを5か所開いた場合，30分後に待っている客はいなくなり，6か所開いた場合，20分後に待っている客はいなくなる。aの値を求めよ。

(2) 開園時刻にゲートを8か所開いた場合，待っている客は何分でいなくなるか。

不等式

1…不等式の性質

1 **不等式**

不等号を使って数量の間の大小関係を表した式を**不等式**という。

(例) 不等式 $x+2<3$ は，$x+2$ が 3 より小さいことを表す。

不等式 $x+2\leqq3$ は，$x+2$ が 3 以下であることを表す。

2 **不等式の性質**

$a<b$ のとき，

(1) $a+c<b+c$

$a-c<b-c$

(2) $c>0$ ならば，

$ac<bc$

$\dfrac{a}{c}<\dfrac{b}{c}$

(3) $c<0$ ならば，

$ac>bc$

$\dfrac{a}{c}>\dfrac{b}{c}$

(例) $2<6$ で，

(1) $2+3<6+3$

$2-3<6-3$

(2) $c=3$ とすると，

$2\times3<6\times3$

$\dfrac{2}{3}<\dfrac{6}{3}$

(3) $c=-3$ とすると，

$2\times(-3)>6\times(-3)$

$\dfrac{2}{-3}>\dfrac{6}{-3}$

基本問題

1. $a>b$ のとき，次の □ にあてはまる不等号を入れよ。

(1) $a+2 \;\square\; b+2$

(2) $a-1 \;\square\; b-1$

(3) $2a \;\square\; 2b$

(4) $-3a \;\square\; -3b$

(5) $6a-8 \;\square\; 6b-8$

(6) $-5a+6 \;\square\; -5b+6$

(7) $1-a \;\square\; 1-b$

(8) $-\dfrac{1}{2}a+3 \;\square\; -\dfrac{1}{2}b+3$

2. 次の □ にあてはまる不等号を入れよ。

(1) $5+a \square 8+a$ (2) $-5+c \square -8+c$

(3) $3a \geqq 3b$ ならば，$a \square b$ (4) $-\dfrac{a}{2} \geqq -\dfrac{b}{2}$ ならば，$a \square b$

(5) $a-2>b-2$ ならば，$a \square b$ (6) $5a+8>5b+8$ ならば，$a \square b$

(7) $-\dfrac{3}{2}a+4<-\dfrac{3}{2}b+4$ ならば，$a \square b$

3. 次のそれぞれの場合について，b は正の数か負の数か。不等号を使って表せ。

(1) $ab<0$，$a>0$ のとき (2) $ab>0$，$a<0$ のとき

(3) $a<0$，$a+b>0$ のとき (4) $a>b$，$a+b<0$ のとき

4. 次のことがらについて，正しいものには○，正しくないものには×をつけよ。
また，正しくないものについては，成り立たない1つの例（反例）である a, b
の値をあげよ。

(1) $a>b$，$b>c$ ならば，$a>c$

(2) $a>b$ ならば，$2a>a+b$

(3) $a>b$ ならば，$a^2>b^2$

(4) $a<b$ ならば，$ab<b^2$

●**例題1**● 次の問いに答えよ。

(1) $a>b$，$c>d$ のとき，

　(i) $a+c>b+d$ であることを，不等式の性質を使って説明せよ。

　(ii) $a-c>b-d$ は正しくない。反例を1つあげよ。

(2) $1<x<2$，$-1<y<1$ のとき，$3x-2y$ の値の範囲を求めよ。

(解説) (1) (i) 不等式の両辺に同じ数を加えても，不等号の向きは変わらないことを利用
する。

(2) まず，与えられた不等式から $3x$，$-2y$ の値の範囲をそれぞれ求める。つぎに，(1)
(i)の結果，すなわち「大きいものどうしを加えたものは，小さいものどうしを加えた
ものより大きい」ことを利用する。

(解答) (1) (i) $a>b$ の両辺に c を加えて　$a+c>b+c$ ………①

$\quad\quad\quad\quad\quad\quad\quad c>d$ の両辺に b を加えて　$b+c>b+d$ ………②

$\quad\quad\quad\quad\quad\quad\quad$ ①，②より　　　　　　　$a+c>b+c>b+d$

$\quad\quad\quad\quad\quad\quad\quad$ ゆえに　　　　　　　　　$a+c>b+d$

(ii) $a=7$, $b=4$, $c=5$, $d=1$ とすると，$a>b$, $c>d$ であるが，$a-c=2$,
$b-d=3$ より，$b-d>a-c$ となり，$a-c>b-d$ とはならない。

(2) $1<x<2$ の各辺に 3 をかけて　　　$3<3x<6$　………①
$-1<y<1$ の各辺に -2 をかけて　$2>-2y>-2$
すなわち　　　　　　　　　　　$-2<-2y<2$ ………②
①と②の各辺を加えて　　$3+(-2)<3x+(-2y)<6+2$
ゆえに　　　　　　　　　　$1<3x-2y<8$

(答)　$1<3x-2y<8$

注 (1)(ii)で，ほかにも反例はたくさん考えられる。

注 2つの等式や不等式があるとき，左辺は左辺どうし，右辺は右辺どうしで加えることを**辺々を加える**といい，ひくことを**辺々をひく**という。(1)(ⅰ)，(ii)より，**不等号の向きをそろえて辺々を加えても不等式は成り立つが，辺々をひいてはいけないことがわかる。**

注 (2)のように，2つの不等式をもとに差の範囲を求めるときは，必ず和の形になおして範囲を考える。すなわち，$3x-2y=3x+(-2y)$ として，$3x$ と $-2y$ の和の形にする。

演習問題

5. $-1\leqq a\leqq3$, $-4\leqq b\leqq1$ のとき，次の式の値の範囲を求めよ。
(1) $2a+3$ 　　　　　(2) $-4b+7$ 　　　　(3) $a+b$
(4) $a-b$ 　　　　　(5) $5a+2b$ 　　　　(6) $2a-6b$

6. 2つの数 a, b の値を，それぞれ小数第3位を四捨五入したところ，a は 3.14 となり，b は 1.41 となった。
(1) a, b の値の範囲を，それぞれ不等号を使って表せ。
(2) 次にあげる不等式のうち，正しいものはどれか。
　(ⅰ) (ア)　$4.54<a+b<4.56$ 　　　(イ)　$4.54<a+b\leqq4.56$
　　　(ウ)　$4.54\leqq a+b<4.56$ 　　　(エ)　$4.54\leqq a+b\leqq4.56$
　(ii) (ア)　$1.72<a-b<1.74$ 　　　(イ)　$1.72<a-b\leqq1.74$
　　　(ウ)　$1.72\leqq a-b<1.74$ 　　　(エ)　$1.72\leqq a-b\leqq1.74$

7. 正の数 a の小数第1位を四捨五入した値を $\langle a\rangle$ で表すことにする。たとえば，$\langle1.2\rangle=1$，$\langle3.7\rangle=4$ である。$\langle a\rangle=2$, $\langle b\rangle=3$ のとき，次の問いに答えよ。
(1) a, b の値の範囲をそれぞれ求めよ。
(2) $2a+b$ の値の範囲を求めよ。

進んだ問題の解法 ||||||||||||||||||||||||||||||||||||||||||||||||||||||||||||||||||||||||||||

|||||**問題1**　$0<x<y<1$ のとき，次の数を大きいものから順に並べよ。

$$x, \ y, \ x^2, \ xy, \ \frac{1}{x}, \ \frac{1}{y}$$

解法　$0<x<y<1$ であるから，たとえば，$x=0.1$，$y=0.5$ を代入してみると，大小関係を予想することができる。実際の解答では，不等式の性質 ② (2)（→p.38）$a<b$ のとき，$c>0$ ならば $ac<bc$，$\dfrac{a}{c}<\dfrac{b}{c}$ を利用する。

解答　$x>0$ であるから

　　　　$x<y$ の両辺に x をかけて　$x^2<xy$

　　　　$y<1$ の両辺に x をかけて　$xy<x$

　　　　$y>0$ であるから

　　　　$y<1$ の両辺に $\dfrac{1}{y}$ をかけて　$1<\dfrac{1}{y}$

　　　　$xy>0$ であるから

　　　　$x<y$ の両辺に $\dfrac{1}{xy}$ をかけて　$\dfrac{x}{xy}<\dfrac{y}{xy}$　　　すなわち　$\dfrac{1}{y}<\dfrac{1}{x}$

　　　　よって　$x^2<xy<x<y<1<\dfrac{1}{y}<\dfrac{1}{x}$

　　　　ゆえに，大きいものから順に並べると　$\dfrac{1}{x}, \ \dfrac{1}{y}, \ y, \ x, \ xy, \ x^2$ ………(答)

|||||**進んだ問題** |||||

8. $4\leqq x\leqq 12$，$2\leqq y\leqq 4$ のとき，$\dfrac{x}{y}$ の値の範囲を求めよ。

9. 次のことがらについて，正しいものには○，正しくないものには×をつけよ。また，正しくないものについては，反例を1つあげよ。

(1)　$a>b$ ならば，$ma>mb$

(2)　$ax>b$ ならば，$x>\dfrac{b}{a}$（ただし，$a\neq 0$）

(3)　$a>b$ ならば，$\dfrac{1}{a}<\dfrac{1}{b}$（ただし，$a\neq 0$，$b\neq 0$）

(4)　$a>b$，$c>d$ ならば，$a-d>b-c$

(5)　$a>b$，$c>d$ ならば，$ac>bd$

2…1次不等式

1　**不等式とその解**

　不等式を成り立たせる文字の値をその**不等式の解**といい，解全体（解の範囲）を求めることを**不等式を解く**という。

　　（例）　不等式 $x-1>2$ は，x が 3 より大きいとき成り立つから，$x=3.5$，$x=4$ などは解である。解全体は「3 より大きい数すべて」であり，「$x>3$ となる x すべて」となる。これを「$x>3$」と表す。

2　**移項**

　不等式は，等式と同様に，不等式の性質 2 (1)（→p.38）を利用して，一方の辺にある項を，その符号を変えて他方の辺に移すことができる。これを**移項**という。

　　（例）　$5x<4x+6$ で，$4x$ を左辺に移項して，$5x-4x<6$

3　**1次不等式**

　1つの文字の 1 次式からできている不等式を，その文字についての**1次不等式**という。

　　（例）　$x-1>2$　　　　$2x+1\leqq-3x+6$

4　**1次不等式の解き方**

　1次不等式は，1次方程式のときと同様に，文字をふくむ項を左辺に，数の項（定数項）を右辺に移項して，両辺を文字の係数で割る。なお，両辺に同じ負の数をかけたり，両辺を同じ負の数で割ったりするときは，**不等号の向きが変わる**ことに注意する。

　　（例）　$x+4\geqq3$ は，4 を右辺に移項して，
$$x\geqq3-4$$
$$x\geqq-1$$
　　　　　$-4x>8$ は，両辺を -4 で割って，
$$\frac{-4x}{-4}<\frac{8}{-4}$$
$$x<-2$$

●基本問題●

10. -5 から 3 までの整数 -5, -4, -3, -2, -1, 0, 1, 2, 3 のうち，不等式 $2x-3<-2$ の解となるものをすべて答えよ。

11. 次の不等式を解け。

(1) $x-2<4$　　　(2) $x+3\geqq6$　　　(3) $x+7\leqq-6$

(4) $2x>10$　　　(5) $-3x<-9$　　　(6) $-2x\geqq8$

●例題2● 次の不等式を解け。

(1) $3x+7\geqq4$　　　(2) $2x+3>6x+5$　　　(3) $1-\dfrac{x-4}{2}<\dfrac{x+3}{3}$

（解説） 不等式の性質を使って，x をふくむ項を左辺に，定数項を右辺に移項して，$ax>b$（または $ax<b$）の形にし，両辺を x の係数 a で割る。$a<0$ のときは，不等号の向きが変わることに注意する。不等号$\geqq$，$\leqq$の場合も，不等号$>$，$<$の場合と同じである。

(3)のように，係数に分数があるときは，両辺に適当な数をかけて，係数を整数になおしてから解く。

（解答） (1)　$3x+7\geqq4$

$3x\geqq4-7$　　移項する

$3x\geqq-3$

$x\geqq-1$ ………(答)　　両辺を3で割る

(2)　$2x+3>6x+5$

$2x-6x>5-3$　　移項する

$-4x>2$

$x<-\dfrac{1}{2}$ ………(答)　　両辺を -4 で割る

(3)　$1-\dfrac{x-4}{2}<\dfrac{x+3}{3}$　　両辺に6をかける

$6-3(x-4)<2(x+3)$　　かっこをはずす

$6-3x+12<2x+6$

$-3x+18<2x+6$　　移項する

$-3x-2x<6-18$

$-5x<-12$　　両辺を -5 で割る

$x>\dfrac{12}{5}$ ………(答)

演習問題

12. 次の不等式を解け。

(1) $2x+6\leqq4$　　　　(2) $-3x+5>2$

(3) $-6x-3<9$　　　　(4) $-4x+3\geqq8$

13. 次の不等式を解け。

(1) $5x-1<3x+7$　　　(2) $2-4x>3x-5$

(3) $5x+1<8(x+2)$　　(4) $2(x-3)>6x+4$

(5) $9x-(x-6)\geqq5x+15$　(6) $3x+8<2(5x-7)-6$

14. 次の不等式を解け。

(1) $0.5x+0.6<0.2x-0.3$　(2) $0.2x-0.04\geqq0.08x+0.2$

(3) $0.3x-0.84>4(0.08x-0.1)$　(4) $0.7(x-3)\leqq-1.3(x+1)$

(5) $-x+2<\dfrac{x+1}{2}$　　(6) $\dfrac{2}{3}x-1>\dfrac{x+1}{4}$

(7) $2(x-3)\leqq\dfrac{5}{3}(x+5)$　(8) $\dfrac{3x-2}{4}>\dfrac{x+3}{5}$

●例題3● 次の不等式の解の範囲を数直線上に表せ。

(1) $3x-2<1$　　　　(2) $x-4\leqq2x-3$

解答 (1) $3x-2<1$

$3x<1+2$

$3x<3$

$x<1$

(2) $x-4\leqq2x-3$

$x-2x\leqq-3+4$

$-x\leqq1$

$x\geqq-1$

(答) 数直線 $-4\,-3\,-2\,-1\,0\,1\,2\,3\,4\,x$

(答) 数直線 $-4\,-3\,-2\,-1\,0\,1\,2\,3\,4\,x$

注 上の図で，○の印はその数をふくまないことを，●の印はその数をふくむことを表す。

演習問題

15. 次の不等式の解の範囲を数直線上に表せ。

(1) $2x+3<4x+5$　　(2) $4(x+1)\geqq2x+7$

(3) $17-3(3x-11)<44-12x$　(4) $\dfrac{1}{2}x+1\leqq\dfrac{x+1}{3}$

16. 不等式 $2(x+3)>3x-2$ を満たす x の値のうち，正の整数は何個あるか。

17. $a=1$, 5 のとき，x についての不等式 $3x-ax\leqq2$ をそれぞれ解け。

進んだ問題の解法 ||||||||||||||||||||||||||||||||||||||||||||||||||||||||||||||||||||||||

> |||||**問題2** x についての方程式 $2x-5(x-a)=3$ の解が 1 より大きいとき，
> a の値の範囲を求めよ。

解法 与えられた方程式を x について解くと，解として a の式ができる。（a の式）>1
という不等式を解いて，a の値の範囲を求める。

解答
$$2x-5(x-a)=3$$
$$2x-5x+5a=3$$
$$-3x=3-5a$$
$$x=\frac{5a-3}{3}$$

$x>1$ であるから $\dfrac{5a-3}{3}>1$

両辺を 3 倍して $5a-3>3$
$$5a>3+3$$
$$5a>6$$

ゆえに $a>\dfrac{6}{5}$ （答）$a>\dfrac{6}{5}$

|||||進んだ問題 |||||

18. x についての不等式 $x-\dfrac{3a(x+5)}{4}<\dfrac{2x+7}{2}+a$ を $x=3$ が満たしている。
このとき，a の値の範囲を求めよ。

19. x についての方程式 $\dfrac{1}{4}x-\dfrac{2}{3}(x-2a)=2$ の解が -4 以下であるとき，a
の値の範囲を求めよ。

3 ··· 1次不等式の応用

1 **不等式を利用して文章題を解く手順**
① 文章をよく読んで，図や表を使って問題の内容を理解する。求める数量（未知数）と与えられている数量（既知数）を確認する。
② 求める数量，または求める数量に関係のある数量を，未知数 x とする。
③ 問題にある数量の間の大小関係を，x を使って不等式で表す。（単位をそろえる）
④ 不等式を解く。
⑤ 求めた解の範囲が問題に適しているかどうかを吟味し，答えとする。

2 未満，以下などのことばと不等式は，次のように対応する。

x は a 未満である　　$x < a$
x は a より小さい　　$x < a$
x は a 以下　　　　　$x \leqq a$
x は a 以上　　　　　$x \geqq a$
x は a より大きい　　$x > a$

基本問題

20. 1個40円のチョコレートを200円の箱に入れて，代金の合計を1000円以内にしたい。
(1) チョコレートの個数を x 個としたとき，代金の合計を x を使って表せ。
(2) チョコレートは何個まで買うことができるか。

21. 天びんの左側の皿に重さ5gの箱をのせ，その中に同じ重さの鉛球を4個入れた。右側の皿に1個15gの分銅を7個のせたら右側の皿が下がった。鉛球1個の重さは何g未満か。

22. 容器Aには20Lの水が，容器Bには16Lの水がはいっている。容器Aから容器Bへ何Lか水を移したが，まだAの水の量はBの水の量より多かった。容器Aから容器Bへ移した水の量は何L未満か。

●**例題4**● 1回に 500kg の重さまで運ぶことのできるエレベーターがある。このエレベーターで，1個 20kg の荷物を何個か1人で運びたい。運ぶ人の体重が 50kg のとき，荷物は1回に何個まで運ぶことができるか。

（**解説**） 運ぶことのできる荷物の個数を x 個として不等式をつくる。

（荷物の重さの合計）＋（体重）≦500

なお，x は整数であることに注意する。

（**解答**） 1回に運ぶことのできる荷物の個数を x 個とすると

$$20x+50≦500$$
$$20x≦450$$
$$x≦\frac{45}{2}$$

$\frac{45}{2}=22\frac{1}{2}$ で，$22\frac{1}{2}$ 以下の最大の整数は 22 であるから，荷物は 22 個まで運ぶことができる。 （答） 22 個まで

演習問題

23. 姉は折り紙を 28 枚，妹は折り紙を 25 枚もっている。妹が姉に折り紙を何枚かあげて，姉の枚数が妹の枚数の2倍より多くなるようにしたい。妹は姉に折り紙を何枚以上あげればよいか。

24. 1個 60 円のみかんと1個 80 円のりんごを合わせて 20 個買うことにした。予算は 1350 円までとして，りんごをできるだけ多く買うとすれば，みかんとりんごをそれぞれ何個買えばよいか。

25. 長さが 3m の針金から，25cm，16cm の針金を合わせて 15 本切り取りたい。25cm の針金は最大何本まで切り取ることができるか。

26. A 地点から 4km 離れた B 地点まで行くのに，はじめは時速 4km で歩き，途中から時速 12km で走ることにする。所要時間を 30 分以内にしたいとき，時速 12km で走る道のりは最低何 km にしなければならないか。

27. 濃度 5% の食塩水 300g に水を加えて，食塩水の濃度を 4% 以下にしたい。水を何 g 以上加えればよいか。

28. 次の ☐ の中の問題について，後の問いに答えよ。

> AとBの2つの箱があり，缶ジュースがAには50本，Bには17本
> はいっている。AからBに缶ジュースを何本か移して，Aの缶ジュー
> スの本数が<u>Bの缶ジュースの本数より少なくなる</u>ようにしたい。Aか
> らBに少なくとも何本移せばよいか。

(1) AからBに移す缶ジュースの本数を x 本として，この問題を解け。

(2) この問題を，次の ☐ の中に示したように解いていく問題につくりかえ
たい。そのためには，下線部をどのように書きかえればよいか。

> AからBに移す缶ジュースの本数を x 本とすると
> $$50-x<2(17+x)$$
> これを解いて
> $$x>\frac{16}{3}$$
> $\frac{16}{3}$ より大きい最小の整数は6である。　　　　　（答）　6本

29. ある店では，定価1個300円の商品Aをまとめて買うと10個までは定価
のままで，11個以上については10個をこえた分に限り2割の値引きをする。
商品Aをいくつか買って，定価1個280円の商品Bを同じ数だけ買ったとき
より安くなるようにするには，商品Aを何個以上買えばよいか。ただし，商
品Bに値引きはない。

30. あるチケットの発売窓口に300人の行列があった。その後も毎分20人の割
合で行列のうしろに並ぶ人がいたので，窓口の数を増やして行列をなくすこと
にした。1分間に1つの窓口が処理できる人数は4人である。30分以内に行列
をなくすには，窓口をいくつ以上にすればよいか。

|||||| 進んだ問題 ||||||

31. 太郎さんと次郎さんは合わせて58本の鉛筆をもっている。太郎さんが自分
のもっている鉛筆のちょうど $\frac{1}{3}$ を次郎さんにあげると，次郎さんの鉛筆のほ
うが多くなる。太郎さんがはじめにもっていた鉛筆の本数は最大で何本か。

4 … 連立不等式

---

1 **連立不等式**

　2つ以上の不等式を組にしたものを**連立不等式**という。それらの不等式を同時に成り立たせる文字の値をその**連立不等式の解**といい，連立不等式の解全体（解の範囲）を求めることを**連立不等式を解く**という。

　　（例）　$\begin{cases} x-1>2 \\ 2x<8 \end{cases}$ は連立不等式であり，

　　　　$x-1>2$ を解くと $x>3$，$2x<8$ を解くと $x<4$ であるから，
　　　　この連立不等式の解の範囲は $3<x<4$ となる。

2 **連立不等式の解き方**

① 　それぞれの不等式を解く。

② 　それぞれの解の範囲の共通範囲を求める。

●**例題5**●　次の連立不等式を解け。

(1) 　$\begin{cases} x-2>-3x-6 \\ 2x-3>x+1 \end{cases}$　　　　(2) 　$4x-7\leqq 2x+9<3x+5$

（解説）　連立不等式を解くには，それぞれの不等式を解き，解の範囲の共通範囲を求める。
　共通範囲を求めるには，数直線を使ってそれぞれの解の範囲を表すとよい。

　(2)の $4x-7\leqq 2x+9<3x+5$ は，$\begin{cases} 4x-7\leqq 2x+9 \\ 2x+9<3x+5 \end{cases}$ を1行にしたものである。

（解答）　(1)　$\begin{cases} x-2>-3x-6 &\cdots\cdots\text{①} \\ 2x-3>x+1 &\cdots\cdots\text{②} \end{cases}$

　　　　①より　$x+3x>-6+2$

　　　　　　　　$4x>-4$

　　　　　　　　$x>-1$ ………③

　　　　②より　$2x-x>1+3$

　　　　　　　　$x>4$ ………④

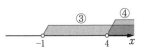

　　③，④を数直線を使って表すと，右の図のようになる。

　　ゆえに，③，④の共通範囲は，図の影の重なった部分であるから $x>4$ である。

　　　　　　　　　　　　　　　　　　　　　　　　　　　　　（答）　$x>4$

(2)　$4x-7 \leqq 2x+9 < 3x+5$　より

$$\begin{cases} 4x-7 \leqq 2x+9 & \cdots\cdots\text{①} \\ 2x+9 < 3x+5 & \cdots\cdots\text{②} \end{cases}$$

①より　$4x-2x \leqq 9+7$

$2x \leqq 16$

$x \leqq 8$　　　$\cdots\cdots$③

②より　$2x-3x < 5-9$

$-x < -4$

$x > 4$　　　$\cdots\cdots$④

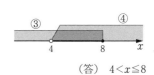

③, ④より　$4 < x \leqq 8$

（答）　$4 < x \leqq 8$

注　2つの不等式の解の範囲を数直線を使って表したとき，その連立不等式の解の範囲は，下のようになる。なお，不等号が $\leqq$，$\geqq$ のときは，端を ● にして表す。

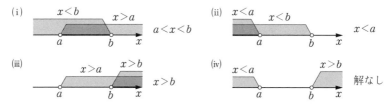

また，特別な場合として，下のようになることもある。

注　$A < B < C$ は，$A < B$ かつ $B < C$，すなわち $\begin{cases} A < B \\ B < C \end{cases}$ と同じことである。

$A < B$ かつ $B < C$ より $A < C$ であるから，$\begin{cases} A < B \\ A < C \end{cases}$ も成り立つが，逆に

$\begin{cases} A < B \\ A < C \end{cases}$ であるときには，$A < B < C$ とは限らず，$A < C < B$ となることもある。

　したがって，$A < B < C$ の形の連立不等式を解くときには，必ず中央の式（B にあたる式）を2回使わなければならない。なお，$A \leqq B < C$ などの場合も同様である。

　たとえば，(2)の $4x-7 \leqq 2x+9 < 3x+5$ を $\begin{cases} 4x-7 \leqq 2x+9 \\ 4x-7 < 3x+5 \end{cases}$ とすると，$\begin{cases} x \leqq 8 \\ x < 12 \end{cases}$ より

$x \leqq 8$ となり，誤った解となる。

演習問題

32. 次の連立不等式を解け。

(1) $\begin{cases} x-3<4 \\ x+1>3 \end{cases}$　(2) $\begin{cases} 2x\leqq 8 \\ x+2>1 \end{cases}$　(3) $\begin{cases} x-3>2 \\ 2x\geqq 2 \end{cases}$

(4) $\begin{cases} -2x>-8 \\ x+2<3 \end{cases}$　(5) $\begin{cases} 4x-7<x+2 \\ 3x+4<5x+8 \end{cases}$　(6) $\begin{cases} 3x-2>x+4 \\ -x-4<3x-2 \end{cases}$

33. 次の連立不等式を解け。

(1) $\begin{cases} -2x-4\geqq 3x+1 \\ -4x+2\leqq -2x-6 \end{cases}$　(2) $\begin{cases} 2x+3\leqq 9 \\ 4x+1\geqq 2x+7 \end{cases}$

(3) $\begin{cases} 5x-3>2x+3 \\ 3x-2\leqq -4x+12 \end{cases}$　(4) $\begin{cases} 2x+3\geqq -5x+1 \\ -x-3>2x-2 \end{cases}$

34. 次の連立不等式を解け。

(1) $-3x+8<5x<4x+2$　(2) $x-4\leqq -3x+2\leqq -9x-1$

(3) $-2x+1<x+4\leqq 3x-2$　(4) $9x+18<12x+30<8x+10$

35. 次の連立不等式を解け。

(1) $\begin{cases} -2x+1<3(x+1) \\ 5x-1>-2(3-x) \end{cases}$　(2) $\begin{cases} 0.3x+0.4\geqq -0.2x-0.1 \\ 1.2x-2.4\geqq 2x+0.8 \end{cases}$

(3) $\begin{cases} x-2\geqq 5x+6 \\ \dfrac{2x-1}{3}>\dfrac{3x-1}{2} \end{cases}$　(4) $\begin{cases} 2-3x<\dfrac{1}{2}(x+5) \\ 2-\dfrac{x-1}{2}>\dfrac{x}{3} \end{cases}$

36. 次の連立不等式を満たす x の値のうち，正の整数をすべて求めよ。

(1) $\begin{cases} 3x>x+2 \\ 13-x\geqq 2x+1 \end{cases}$　(2) $\begin{cases} 2x-1<x+7 \\ x+9<3x-2 \end{cases}$

●**例題6**● 箱にりんごを入れるのに，1箱に4個ずつ入れると18個余り，1箱に6個ずつ入れると最後の1箱だけは3個以上6個未満になる。りんごの個数と箱の数をそれぞれ求めよ。

解説 りんごの個数と箱の数を求めるのであるから，りんごの個数を x 個とおくか，箱の数を x 箱とおくかの2通りの方法が考えられる。

　　箱の数を x 箱とおくと，りんごの個数は $(4x+18)$ 個となる。

　　りんごの個数を x 個とおくと，箱の数は $\dfrac{x-18}{4}$ 箱となる。

　　どちらの場合も，1箱に6個ずつ入れると最後の1箱だけは3個以上6個未満になることから，不等式をつくって解く。

(解答)　箱の数を x 箱とすると，りんごの個数は $(4x+18)$ 個である。

　　1箱に6個ずつ入れると，x 箱に入れるにはりんごが不足し，$(x-1)$ 箱に入れると，りんごが3個以上6個未満余るから

$$6(x-1)+3 \leqq 4x+18 < 6x$$

　　$6(x-1)+3 \leqq 4x+18$ より

$$6x-3 \leqq 4x+18$$
$$2x \leqq 21$$
$$x \leqq \frac{21}{2} \cdots\cdots\cdots ①$$

　　$4x+18 < 6x$ より

$$-2x < -18$$
$$x > 9 \quad \cdots\cdots\cdots ②$$

　　①，②より　$9 < x \leqq \dfrac{21}{2}$

　x は整数であるから　$x=10$

　ゆえに，箱の数は10箱，りんごの個数は　$4 \times 10 + 18 = 58$（個）

　これらの値は問題に適する。　　　　　　　　　（答）　りんご58個，箱10箱

(別解)　りんごの個数を x 個とすると，箱の数は $\dfrac{x-18}{4}$ 箱であり，1箱に6個ずつ入れると，最後の1箱だけはりんごが3個以上6個未満になるから

$$3 \leqq x - 6\left(\frac{x-18}{4} - 1\right) < 6$$

　　$3 \leqq x - 6\left(\dfrac{x-18}{4} - 1\right)$ より　$x \leqq 60 \cdots\cdots\cdots ①$

　　$x - 6\left(\dfrac{x-18}{4} - 1\right) < 6$ より　$x > 54 \cdots\cdots\cdots ②$

　　①，②より　$54 < x \leqq 60$

　x は整数であるから

$$x = 55,\ 56,\ 57,\ 58,\ 59,\ 60$$

　この中で $\dfrac{x-18}{4}$ が整数になるのは，$x=58$ のときである。

　ゆえに，りんごの個数は58個，箱の数は10箱である。

　これらの値は問題に適する。　　　　　　　　　（答）　りんご58個，箱10箱

演習問題

37. あめを何人かの子どもに分けるのに，1人に5個ずつ分けると25個余り，1人に7個ずつ分けると最後の1人の子どもの分は1個以上3個未満になる。子どもの人数とあめの個数をそれぞれ求めよ。

38. 1本150円のボールペンと，1本50円の鉛筆を合わせて20本買うことにした。ボールペンの本数を鉛筆の本数の2倍より多くし，代金の合計を2500円未満としたい。ボールペンは何本買えばよいか。

39. 右の表は，牛肉と卵にふくまれているたんぱく質の割合，および熱量を表している。たんぱく質が40g以上，熱量が430キロカロリー以上の食品をつくるには，卵100gと合わせて何g以上の牛肉を使えばよいか。

	たんぱく質	熱量 （100gにつき）
牛肉	20%	140キロカロリー
卵	13%	150キロカロリー

40. 濃度4%の食塩水800gと濃度7%の食塩水を混ぜ合わせて濃度5%以上5.5%以下の食塩水をつくりたい。濃度7%の食塩水を何g以上何g以下混ぜればよいか。

41. 愛さんは，数学の問題集を1日につき13問ずつ解くと25日目に解き終わり，1日につき23問ずつ解くと14日目に解き終わる。愛さんがこの問題集を毎日19問ずつ解くと何日目に解き終わるか。

進んだ問題の解法

||||**問題3** 不等式 $5x+2 \leqq 4a$ を満たす x の値のうち最大の整数が3であるとき，a の値の範囲を求めよ。

解法 x についての不等式で，$x \leqq A$ を満たす最大の整数が3であるということは，A の値の範囲が $3 \leqq A < 4$ であるということである。

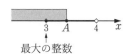

最大の整数

解答 $5x+2 \leqq 4a$ を解いて $x \leqq \dfrac{4a-2}{5}$

これを満たす最大の整数が3であるから

$$3 \leqq \frac{4a-2}{5} < 4$$

$$3 \leqq \frac{4a-2}{5} \quad \text{より} \quad 15 \leqq 4a-2$$

$$-4a \leqq -17$$

$$a \geqq \frac{17}{4} \quad \cdots\cdots\cdots①$$

$$\frac{4a-2}{5} < 4 \quad \text{より} \quad 4a-2 < 20$$

$$4a < 22$$

$$a < \frac{11}{2} \quad \cdots\cdots\cdots②$$

①，②より　　$\dfrac{17}{4} \leqq a < \dfrac{11}{2}$

（答）$\dfrac{17}{4} \leqq a < \dfrac{11}{2}$

参考　$3 \leqq \dfrac{4a-2}{5} < 4$ のような形の不等式については，次のように解いてもよい。

$$3 \leqq \frac{4a-2}{5} < 4$$

各辺に 5 をかけて　$15 \leqq 4a-2 < 20$

各辺に 2 を加えて　$17 \leqq 4a < 22$

各辺を 4 で割って　$\dfrac{17}{4} \leqq a < \dfrac{11}{2}$

‖‖‖‖ 進んだ問題 ‖‖‖‖

42. 不等式 $\dfrac{4x-2}{3} - a < \dfrac{x-1}{2}$ を満たす x の値のうち正の整数がちょうど 10 個あるとき，a の値の範囲を求めよ。

43. ある整数 x について，$\dfrac{5x-7}{6}$ の小数第 1 位を四捨五入すると 4 になった。整数 x を求めよ。

44. みかんを 1 かごに 6 個ずつ入れると 9 個余り，8 個ずつ入れると 1 かごだけ 1 個以上 8 個未満であった。そこで，3 かごだけ 7 個ずつ入れたら，残りのかごには同じ個数ずつはいり，余りはなかった。考えられるみかんの個数をすべて求めよ。

45. A，B，C 3 種類の箱が全部で 100 箱ある。A の箱にメロンを 1 個ずつ，B の箱にりんごを 2 個ずつ，C の箱にみかんを 4 個ずつ入れる。B，C の箱にそれぞれはいっているりんごとみかんの個数の和は 340 個である。B の箱の数が A の箱の数の 2 倍以上 3 倍未満のとき，A，B，C の箱はそれぞれ何箱あるか。

3章の問題

1 次の式の大小を，(i) $a<b<0$ の場合，(ii) $a<0<b$ の場合について比べ，それぞれ不等式で表せ。

(1) $-a+1$, $-b+1$

(2) $\dfrac{1}{a}$, $\dfrac{1}{b}$

2 $-2\leqq a\leqq 3$, $-1<b<2$ のとき，次の S, T の値の範囲を求めよ。

(1) $S=3a-1$

(2) $T=a-b$

3 次の不等式を解け。

(1) $3x+8>8x-12$

(2) $4a-3<6a+1$

(3) $5a+6(7-a)\leqq a+32$

(4) $0.5(x-1)-2(0.3-0.2x)\geqq -1.4$

(5) $3-2x\geqq \dfrac{x+2}{3}$

(6) $\dfrac{x-1}{3}\leqq \dfrac{x+17}{12}$

(7) $\dfrac{x-3}{5}-\dfrac{2x-1}{3}>3$

(8) $\dfrac{x-7}{2}-\dfrac{2x-5}{3}\leqq 1-\dfrac{5-3x}{6}$

4 不等式 $\dfrac{3-2x}{4}-\dfrac{x-1}{6}\geqq 2$ を満たす x の値のうち，最大の整数を求めよ。

5 不等式 $3x+5y<25$ を満たす2つの正の整数 x, y の組はいくつあるか。

6 兄は，はじめに弟の4倍の本数の鉛筆をもっていたが，弟に6本あげたので，兄の鉛筆の本数は弟の鉛筆の本数より少なくなった。弟がはじめにもっていた鉛筆の本数は何本か。考えられる本数をすべて答えよ。

7 1本210円の花と1本120円の花を合わせて20本買うことにした。3000円以内で210円の花をできるだけ多く買いたい。210円の花は最大何本まで買えるか。

8 ある遊園地で，開園時に600人の行列があり，さらに毎分20人の割合で人数が増えている。いま，受付の窓口が2つあり，開園してからちょうど12分で人がいなくなった。

(1) 1つの受付の窓口で1分間に受け付けできる人数を求めよ。

(2) 5分以内に人がいなくなるためには受付の窓口はいくつ以上必要か。

⑨ 次の連立不等式を解け。

(1) $\begin{cases} x+5>-3x+1 \\ 2x-3\leqq x+1 \end{cases}$

(2) $\begin{cases} 3x-2<x+4 \\ -x-3>5x-1 \end{cases}$

(3) $\begin{cases} 3x-3\leqq 2x+1 \\ 5x-2\geqq 3x+6 \end{cases}$

(4) $\begin{cases} 3(x-1)-1>2x+1 \\ \dfrac{1}{6}x+\dfrac{5}{4}>\dfrac{7}{6}x+\dfrac{1}{4} \end{cases}$

(5) $x-1<2x-3\leqq 6x+5$

(6) $3-2x<5x-4\leqq \dfrac{3}{2}x+3$

⑩ 連立不等式 $\begin{cases} x+3>2a \\ 5x-6<3x+2 \end{cases}$ の解の範囲が $1<x<b$ であるとき，a，b の値を求めよ。

⑪ 長さ x m のひもを利用して，ある穴の深さを次のようにしてはかった。

まず，ひもを2等分に折って穴の中に垂直にたらして先端を底につけたところ，2等分に折ったひもの 1m だけが穴から出た。つぎに，3等分に折って穴の中にたらしたところ，穴からひもが出た。さらに，4等分に折ってたらすと，先端が底にとどかなかった。

穴の深さを求めよ。ただし，x は整数とする。

⑫ A さんと B さんは合わせて 35 本のボールペンをもっている。A さんが自分のもっているボールペンのちょうど $\dfrac{1}{4}$ を B さんにあげてもまだ A さんのほうが多く，さらに 3 本あげると B さんのほうが多くなる。A さんがはじめにもっていたボールペンの本数を求めよ。

⑬ 不等式 $6x+3>2a$ を満たす x の値のうち最小の整数が 4 であるとき，正の整数 a の値をすべて求めよ。

⑭ 分子と分母の和が 80 の既約分数（それ以上約分できない分数）がある。この分数を小数になおして，小数第 2 位以下を切り捨てると 0.7 となる。この既約分数を求めよ。

⑮ x についての連立不等式 $\begin{cases} 2(a+2)>3x-9 \\ 3(x-1)-2(x-2)>4a \end{cases}$ について，次の問いに答えよ。

(1) 連立不等式の整数の解が 5 だけであるとき，a の値の範囲を求めよ。

(2) 連立不等式の解が存在しないとき，a の値の範囲を求めよ。

1次関数

1…1次関数

---

① **1次関数**

　変数 x の値を決めると，それに対応する変数 y の値がただ1つ決まるとき，**y は x の関数**であるという。

　y は x の関数で，x の1次式を使って，

$$y=ax+b \quad (a,\ b \text{ は定数，} a \neq 0)$$

と表されるとき，y は x の**1次関数**であるという。

② **1次関数 $y=ax+b$ と比例関係**

　y は，x に比例する数 ax と定数 b の和である。また，$y=ax+b$ は $y-b=ax$ と変形できるから，$y-b$ は x に比例するともいえる。

③ **関数の値の変化**

　1次関数 $y=ax+b$ において，

(1) $$(\text{1次関数の変化の割合}) = \frac{(y \text{ の増加量})}{(x \text{ の増加量})} = a \ (\text{一定})$$

　a は，x の値が1だけ増加するときの y の増加量である。

(2) $a>0$ のとき，x の値が増加すると，y の値は増加する。

　$a<0$ のとき，x の値が増加すると，y の値は減少する。

基本問題

1. 次の(ア)〜(エ)の式で表される関数のうち，y が x の1次関数であるものはどれか。また，その1次関数の変化の割合を求めよ。

(ア) $y=-2x$　　(イ) $y=-x^2+x+1$　　(ウ) $y=\dfrac{1}{3}x-1$　　(エ) $y=\dfrac{3}{x}+1$

2. 次の2つの変数 x と y について，y を x の式で表せ。また，これらのうち，y が x の1次関数であるものはどれか。

(1) 面積が $20\,\mathrm{cm}^2$ の三角形の底辺の長さを $x\,\mathrm{cm}$，高さを $y\,\mathrm{cm}$ とする。

(2) 定価 x 円の品物を2割引きで買ったときの代金は y 円である。

(3) 100円のかごに，1個80円のかきを x 個入れたときの代金の合計を y 円とする。

(4) 20km 離れた A 町と B 町がある。時速6km で A 町を出発して B 町に向かうとき，A 町を出発してから x 時間後にいるところと B 町との距離は y km である。

(5) 1辺の長さが $x\,\mathrm{cm}$ である立方体の表面積は $y\,\mathrm{cm}^2$ である。

3. 基本問題2の(1)〜(5)のうち，x の値が増加すると y の値が増加するものはどれか。また，x の値が増加すると y の値が減少するものはどれか。

●例題1● y は x に比例する数と定数 -2 の和であり，$x=5$ のとき $y=-4$ である。y を x の式で表せ。

(解説) x に比例する数は ax と表すことができるから，x と y の関係は
$y=ax-2$（a は定数，$a\neq0$）と表すことができる。

(解答) y は x に比例する数 ax と -2 の和であるから，求める式は
$$y=ax-2 \quad\cdots\cdots\textcircled{1}$$
と表すことができる。
$x=5$ のとき $y=-4$ であるから，これらの値を①に代入して
$$-4=5a-2$$
$$5a=-2$$
よって　$a=-\dfrac{2}{5}$

ゆえに　$y=-\dfrac{2}{5}x-2$ 　　　　　　　(答)　$y=-\dfrac{2}{5}x-2$

演習問題

4. 次のそれぞれの場合について，y を x の式で表せ。

(1) y は x に比例する数と定数5の和であり，$x=-2$ のとき $y=1$ である。

(2) y は x に比例する数と定数 $-\dfrac{1}{2}$ の和であり，$x=6$ のとき $y=-5$ である。

●**例題2**● $y-4$ は x に比例し，$x=3$ のとき $y=\dfrac{5}{2}$ である。y を x の式
　で表せ。

（**解説**）Y が X に比例するとき，X と Y の関係は $Y=aX$（a は比例定数，$a\neq0$）と表す
　ことができる。

（**解答**）$y-4$ は x に比例するから，求める式は

$$y-4=ax \quad\cdots\cdots\cdots①$$

　と表すことができる。$x=3$ のとき $y=\dfrac{5}{2}$ であるから，これらの値を①に代入して

$$\dfrac{5}{2}-4=3a \qquad a=-\dfrac{1}{2}$$

　よって　$y-4=-\dfrac{1}{2}x$　　　ゆえに　$y=-\dfrac{1}{2}x+4$　　　　（答）$y=-\dfrac{1}{2}x+4$

演習問題

5. 次のそれぞれの場合について，y を x の式で表せ。

(1) $y-5$ は x に比例し，$x=2$ のとき $y=11$ である。

(2) $y+2$ は $x-3$ に比例し，$x=-4$ のとき $y=12$ である。

(3) $y+1$ は $2x-3$ に比例し，$x=-\dfrac{1}{4}$ のとき $y=\dfrac{4}{3}$ である。

●**例題3**● y は x の1次関数で，x の値が2だけ増加すると y の値は6だ
　け減少する。また，$x=-1$ のとき $y=4$ である。y を x の式で表せ。

（**解説**）y は x の1次関数であるから，x と y の関係は $y=ax+b$（a，b は定数，$a\neq0$）
　と表すことができる。a は1次関数の変化の割合である。

（**解答**）y は x の1次関数であるから，求める式は

$$y=ax+b$$

　と表すことができる。

　x の値が2だけ増加すると y の値は6だけ減少するから，変化の割合 a は

$$a=\dfrac{-6}{2}=-3$$

　よって　$y=-3x+b$　$\cdots\cdots\cdots①$

　$x=-1$ のとき $y=4$ であるから，これらの値を①に代入して

$$4=-3\times(-1)+b \qquad b=1$$

　ゆえに　$y=-3x+1$　　　　　　　　　　　　　　　（答）$y=-3x+1$

演習問題

6. y は x の1次関数である。次のそれぞれの場合について，y を x の式で表せ。

(1) 変化の割合が3で，$x=0$ のとき $y=6$ である。

(2) x の値が3だけ増加すると y の値は9だけ減少し，$x=4$ のとき $y=-7$ である。

(3) x の値が1増加するごとに y の値は2ずつ増加し，$x=2$ のとき $y=3$ である。

(4) x の値が1増加するごとに y の値は1ずつ減少し，$x=-2$ のとき $y=-1$ である。

●**例題4**● y は x の1次関数で，$x=2$ のとき $y=1$，$x=5$ のとき $y=7$ である。y を x の式で表せ。

解説 y は x の1次関数であるから，x と y の関係は $y=ax+b$（a, b は定数, $a\neq0$）と表すことができる。この式に与えられた値を代入し，a, b の連立方程式をつくって解く。

解答 y は x の1次関数であるから，求める式は

$$y=ax+b$$

と表すことができる。

$x=2$ のとき $y=1$ であるから　$1=2a+b$ ………①

$x=5$ のとき $y=7$ であるから　$7=5a+b$ ………②

②－① より　　　　$6=3a$

　　　　　　　　　$a=2$　　　　　………③

③を①に代入して　$1=2\times2+b$

　　　　　　　　　$b=-3$

ゆえに　　　　　　$y=2x-3$　　　　　　　　（答）$y=2x-3$

演習問題

7. 1次関数 $y=ax+b$ で，次のそれぞれの場合について，a, b の値を求めよ。

(1) $x=1$ のとき $y=3$，$x=3$ のとき $y=7$ である。

(2) $x=-2$ のとき $y=5$，$x=3$ のとき $y=0$ である。

8. y は x の1次関数で，$x=-1$ のとき $y=3$，$x=-6$ のとき $y=-2$ である。

(1) y を x の式で表せ。　　　　　(2) $x=1$ のときの y の値を求めよ。

(3) $y=1$ のときの x の値を求めよ。

●**例題5**● 長さ 10cm のばねがある。このばねは，
おもりの重さが 100g までは 1g について 2mm
の割合で伸びる。x g のおもりをつるしたときの
ばねの長さを y cm とする。
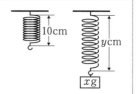

(1) y を x の式で表せ。

(2) 変数 x, y の変域をそれぞれ求めよ。

(3) 6g のおもりをつけたとき，ばねの長さはいくらか。

(4) ばねの長さが 18cm のとき，何 g のおもりがつるされているか。

(**解説**) ばねの伸びる割合に着目し，長さの単位を cm にそろえて関係式をつくる。

(**解答**) (1) ばねの伸びは重さに比例するから

$$y - 10 = ax \quad (a \text{ は定数，} a \neq 0)$$

と表すことができる。

1g について 0.2cm の割合で伸びるから $a = 0.2$

よって $y - 10 = 0.2x$

ゆえに $y = 0.2x + 10$ （答） $y = 0.2x + 10$

(2) 重さ 100g までのばねの伸びを考えているから，

x の変域は $0 \leq x \leq 100$

$x = 100$ のとき $y = 0.2 \times 100 + 10 = 30$ であるから，

y の変域は $10 \leq y \leq 30$ （答） $0 \leq x \leq 100$, $10 \leq y \leq 30$

(3) $y = 0.2x + 10$ に $x = 6$ を代入して

$$y = 0.2 \times 6 + 10 = 11.2$$ （答） 11.2cm

(4) $y = 0.2x + 10$ に $y = 18$ を代入して

$$18 = 0.2x + 10$$

ゆえに $x = 40$ （答） 40g

演習問題

9. 長さ 20cm のロウソクに火をつけると，45 分後にロウソクの長さは 0cm になり燃えつきた。火をつけてから x 分後のロウソクの長さを y cm として，次の問いに答えよ。ただし，ロウソクは一定の割合で短くなっていくものとする。

(1) y を x の式で表せ。

(2) 変数 x, y の変域をそれぞれ求めよ。

(3) 火をつけてから 9 分後のロウソクの長さを求めよ。

(4) ロウソクの長さが 12cm になるのは，火をつけてから何分後か。

10. 地上からの高度が 10km までは，高度が 1km 増加するごとに気温は 6℃ の割合で低くなる。地上の気温が 17℃ のときの高度 x km の上空の気温を y ℃ とする。

(1) y を x の式で表せ。

(2) 変数 x，y の変域をそれぞれ求めよ。

(3) 高度 5km の上空の気温を求めよ。

(4) 気温が −31℃ の上空の高度を求めよ。

11. 右の図の長方形 ABCD で，AB=6cm，AD=4cm である。点 P は，頂点 B を出発して辺 BC 上を C まで動き，C で折り返してふたたび辺 BC 上を B まで動く。点 P の動いた長さを x cm，△ABP の面積を y cm² とする。ただし，$x=0$，8 のときは $y=0$ とする。

(1) y を x の式で表せ。

(2) △ABP の面積が 9cm² となるときの x の値をすべて求めよ。

12. 右の表は，ある家庭のガスの使用量と料金を示したものである。

ガス料金の計算方法は次の通りである。

	1月	2月	3月
使用量（m³）	16	19	23
料金（円）	932	1085	

(i) 使用量が a m³ 以下の場合は，定額 b 円である。ただし，$a≦10$ である。

(ii) 使用量が a m³ をこえた場合は，こえた量に比例する金額に定額 b 円を加える。

このとき，次の問いに答えよ。

(1) 使用量が x m³ であるときの料金を y 円としたとき，y を a，b，x を使って表せ。

(2) $a=4$ のとき，3 月分の料金を求めよ。

2…1次関数のグラフ

[1] **1次関数 $y=ax+b$ のグラフ**

1次関数 $y=ax+b$（a, b は定数, $a\neq0$）のグラフは，傾きが a，y 切片が b の直線である。

(1) **傾き a**

グラフの傾き a は，1次関数の変化の割合と一致する。

① $a=\dfrac{（y \text{ の増加量}）}{（x \text{ の増加量}）}$

注 x の値が1だけ増加するとき，y の増加量は a である。

② $a>0$ のとき　　　　　　　　　　$a<0$ のとき

グラフは右上がりの直線である。　グラフは右下がりの直線である。

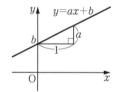 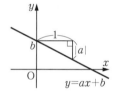

③ a の絶対値 $|a|$ が大きいほど，その直線の傾きは急になる。

(2) **y 切片 b**

直線と y 軸との交点の y 座標を，**y 切片**という。

注 1次関数 $y=ax+b$ のグラフを，直線 $y=ax+b$ という。また，$y=ax+b$ を，その**直線の式**という。

注 直線と x 軸との交点の x 座標を，**x 切片**という。

[2] **2直線 $y=ax+b$, $y=a'x+b'$ の位置関係**

(1) 平行になる　　　　(2) 重なる　　　　　(3) 交わる

$a=a'$ かつ $b\neq b'$　　$a=a'$ かつ $b=b'$　　$a\neq a'$

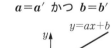

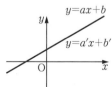 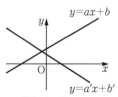

共有点なし　　　　　共有点無数　　　　　共有点1個

注 同時に2つの直線上にある点を，2直線の**共有点**という。

$\boxed{3}$　**1次関数 $y=ax+b$ のグラフ（直線）をかくこと**

(1)　傾き a と y 切片 b を利用してかく。

　㊟　$b=0$ のとき，すなわち $y=ax$ のグラフは，原点を通る直線である。

(2)　y 切片 b と，与えられた式から y 軸上にない1つの点の座標を求め，2点を通る直線をかく。

　㊟　y 切片を使わないで，与えられた式からわかりやすい2つの点の座標を求め，その2点を通る直線をかいてもよい。

$\boxed{4}$　**直線の式を求める公式**

(1)　傾きが a で，y 切片が b の直線の式は，
$$y=ax+b$$

(2)　傾きが a で，点 $(x_0,\ y_0)$ を通る直線の式は，
$$y-y_0=a(x-x_0)$$

(3)　2点 $(x_1,\ y_1)$，$(x_2,\ y_2)$ を通る直線の式は，
$$y-y_1=\frac{y_2-y_1}{x_2-x_1}(x-x_1)\ (ただし，\ x_1\neq x_2)$$

　㊟　(2)の公式の導き方は例題9の参考（→p.69），(3)の公式の導き方は例題10の参考（→p.71）を参照。

●基本問題●

13. 次の1次関数のグラフの傾きと y 切片を求めよ。

(1)　$y=2x+1$ 　　　　(2)　$y=\dfrac{1}{3}x-2$ 　　　　(3)　$y=-x$

14. 次の(ア)～(エ)の1次関数のグラフについて，後の問いに答えよ。

(ア)　$y=2x+4$ 　　　　(イ)　$y=-x+5$

(ウ)　$y=-\dfrac{1}{2}x+5$ 　　　(エ)　$y=-\dfrac{1}{2}x-4$

(1)　平行な直線になるのはどれとどれか。

(2)　y 軸上で交わる直線はどれとどれか。

15. 次の(1)～(4)の式で表される1次関数のグラフは，右の図の⑦～㊉のどれか。

(1)　$y=\dfrac{1}{2}x+1$ 　　　(2)　$y=-\dfrac{1}{3}x+2$

(3)　$y=-x-2$ 　　　(4)　$y=2x-2$

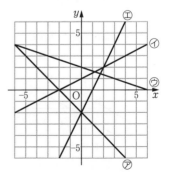

16. 次の図の(1)〜(5)の直線の傾きと y 切片，および直線の式を求めよ。

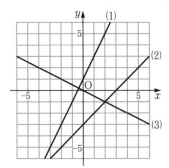 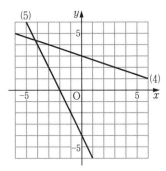

●例題6● 次のそれぞれの場合について，a の値を求めよ。

(1) 点 $(4,\ a)$ が1次関数 $y=3x-5$ のグラフ上にある。

(2) 点 $(a,\ 5)$ が直線 $y=-\dfrac{3}{2}x+1$ 上にある。

解説 点 $(p,\ q)$ が，1次関数 $y=ax+b$ （$a,\ b$ は定数，$a\neq0$）のグラフ（直線）上にあるとき，$x=p$，$y=q$ を代入してできる等式 $q=ap+b$ が成り立つ。

解答 (1) 点 $(4,\ a)$ が1次関数 $y=3x-5$ のグラフ上にあるから

$$a=3\times4-5 \qquad \text{ゆえに} \quad a=7 \qquad\qquad (\text{答})\quad a=7$$

(2) 点 $(a,\ 5)$ が直線 $y=-\dfrac{3}{2}x+1$ 上にあるから

$$5=-\dfrac{3}{2}a+1 \qquad \text{ゆえに} \quad a=-\dfrac{8}{3} \qquad\qquad (\text{答})\quad a=-\dfrac{8}{3}$$

演習問題

17. 次の(ア)〜(カ)の直線のうち，点 A$(1,\ 2)$ を通るものはどれか。
また，点 B$(-3,\ 2)$ を通るものはどれか。

(ア) $y=-x+3$ (イ) $y=2x+8$ (ウ) $y=3x-1$

(エ) $y=-\dfrac{1}{3}x+1$ (オ) $y=\dfrac{1}{3}x-\dfrac{2}{3}$ (カ) $y=-\dfrac{1}{2}x+\dfrac{5}{2}$

18. 次の点が直線 $y=\dfrac{2}{3}x-2$ 上にあるように，a の値を定めよ。

(1) $(6,\ a)$ (2) $(-9,\ a)$ (3) $(a,\ -2)$ (4) $(a,\ 3)$

●**例題7**● 次の1次関数のグラフをかけ。

(1) $y = \dfrac{2}{3}x + 1$　　　　　　(2) $y = -\dfrac{2}{3}x - \dfrac{1}{3}$

(解説) 1次関数であるからグラフは直線である。そのかき方は，次の2つの方法がある。

(i) 傾きとy切片を利用する。

(ii) グラフが通る2つの点を利用する。

(1) y切片が1であるから，点$(0, 1)$を通る。また，傾きが$\dfrac{2}{3}$であるから，xの値が3
だけ増加するとyの値が2だけ増加する。したがって，点$(0, 1)$からx軸方向に3,
続いてy軸方向に2だけ移動した点$(3, 3)$を通る。

(2) y切片が$-\dfrac{1}{3}$であるから点$\left(0, -\dfrac{1}{3}\right)$を通るが，$\left(0, -\dfrac{1}{3}\right)$を正確にとることは
むずかしい。このようなときには，x座標，y座標がともに整数となる2つの点を見
つけると，グラフは正確にかきやすくなる。たとえば $y = -\dfrac{2}{3}x - \dfrac{1}{3}$ において，$x=1$
とすると $y=-1$ となるから，点$(1, -1)$を通る。また，$x=-2$ とすると $y=1$ と
なるから，点$(-2, 1)$を通る。

(解答) (1) 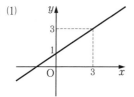　　(2)

演習問題

19. 次の直線をかけ。

(1) 傾きが2，　y切片が1　　　　(2) 傾きが-1，　y切片が2

(3) 傾きが$\dfrac{1}{2}$，　y切片が-1　　　(4) 傾きが$-\dfrac{2}{3}$，　y切片が-2

20. 次の1次関数のグラフをかけ。

(1) $y = x + 1$　　　　(2) $y = -3x + 4$　　　　(3) $y = \dfrac{3}{2}x - 2$

(4) $y = -\dfrac{2}{3}x - 1$　　　(5) $y = -\dfrac{1}{2}x - \dfrac{5}{2}$　　　(6) $y = \dfrac{1}{4}x + \dfrac{3}{2}$

●**例題8**●　1次関数 $y=-\dfrac{1}{2}x+1$ について，次の問いに答えよ。

(1)　x の変域が $-2<x\leqq4$ であるとき，y の変域を求めよ。

(2)　y の変域が $y>-\dfrac{1}{2}$ であるとき，x の変域を求めよ。

解説　1次関数のグラフをかいて，(1)では x の変域に対応する y の変域を，(2)では y の変域に対応する x の変域を読みとる。

解答　(1)　$-2<x\leqq4$ のときのグラフは，右の図の太線のようになる。x の変域の端の点について，

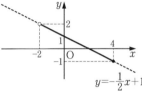

$x=-2$ のとき　$y=-\dfrac{1}{2}\times(-2)+1=2$

$x=4$ のとき　$y=-\dfrac{1}{2}\times4+1=-1$

グラフより $-2<x\leqq4$ のとき y の変域は　$-1\leqq y<2$　　　　（答）　$-1\leqq y<2$

(2)　$y=-\dfrac{1}{2}$ のとき　$-\dfrac{1}{2}=-\dfrac{1}{2}x+1$

$x=3$

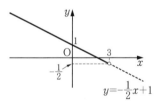

グラフより $y>-\dfrac{1}{2}$ のとき x の変域は　$x<3$

（答）　$x<3$

別解1　(1)　x の変域より　　$-2<x\leqq4$

各辺に $-\dfrac{1}{2}$ をかけて　$1>-\dfrac{1}{2}x\geqq-2$

各辺に1を加えて　$1+1>-\dfrac{1}{2}x+1\geqq-2+1$

よって　　　　　　　　　$2>y\geqq-1$

ゆえに　　　　　　　　　$-1\leqq y<2$　　　　　　　　　　　（答）　$-1\leqq y<2$

別解2　(1)　$y=-\dfrac{1}{2}x+1$ を x について解いて　$x=-2y+2$

これを $-2<x\leqq4$ に代入して　$-2<-2y+2\leqq4$

この不等式を解いて　　　　　$-1\leqq y<2$　　　　　　　　　（答）　$-1\leqq y<2$

(2)　$y=-\dfrac{1}{2}x+1$ を $y>-\dfrac{1}{2}$ に代入して　$-\dfrac{1}{2}x+1>-\dfrac{1}{2}$

この不等式を解いて　$x<3$　　　　　　　　　　　　　　　　（答）　$x<3$

注　変域を考えるとき，最も大きい値を最大値，最も小さい値を最小値という。ただし，
(1)で，$-1\leqq y<2$ のとき y の最小値は -1 であるが，y の最大値はない。

演習問題

21. 1次関数 $y=3x-2$ について，次の問いに答えよ。

 (1) グラフをかけ。

 (2) x の変域が $-2 \leqq x \leqq 2$ のとき，y の変域を求めよ。

 (3) y の変域が $0 < y \leqq 7$ のとき，x の変域を求めよ。

22. 次の(ア)～(エ)の1次関数について，後の問いに答えよ。

 (ア) $y=2x-3$ $(0 \leqq x \leqq 3)$ (イ) $y=-2x+1$ $(-1 \leqq x < 2)$

 (ウ) $y=\dfrac{4}{3}x-2$ $(-1 \leqq x < 3)$ (エ) $y=-\dfrac{1}{2}x-3$ $(x \leqq -2)$

 (1) グラフをかけ。

 (2) 1次関数の最大値または最小値を求めよ。

23. 次の ☐ にあてはまる数を入れよ。

 (1) 1次関数 $y=-5x+3$ において，$-1 \leqq x \leqq 3$ のとき，☐$\leqq y \leqq$☐

 (2) 1次関数 $y=\dfrac{2}{3}x+2$ において，☐$< x <$☐ のとき，$-2 < y < 4$

24. 次の問いに答えよ。

 (1) x の変域が $-2 \leqq x \leqq 4$ のとき，1次関数 $y=ax+b$ $(a>0)$ の最大値が2，最小値が -4 である。このとき，a, b の値を求めよ。

 (2) 1次関数 $y=-2x+5$ において，x の変域が $-2 \leqq x \leqq a$ のとき y の変域は $1 \leqq y \leqq b$ である。このとき，a, b の値を求めよ。

25. 1次関数 $y=ax+1$ において，x の変域が $-2 \leqq x \leqq 4$ のとき y の変域は $-1 \leqq y \leqq 2$ である。このとき，a の値を求めよ。

26. 1次関数 $y=ax+b$ において，x の変域が $-1 \leqq x \leqq 2$ のとき，y の変域は $-2 \leqq y \leqq 3$ である。このとき，a, b の値の組をすべて求めよ。

27. x の変域が $-1 \leqq x \leqq 5$ のとき，1次関数 $y=ax+b$ の最大値が 0，最小値が -3 である。このとき，a, b の値の組をすべて求めよ。

28. x の変域が $-4 \leqq x \leqq 2$ のとき，2つの1次関数 $y=\dfrac{3}{2}x+a$, $y=bx-2$ $(b<0)$ の y の変域が等しくなる。このとき，a, b の値を求めよ。

●**例題9**●　次の直線の式を求めよ。

(1)　点 $(4, 5)$ を通り，傾きが -2 の直線

(2)　点 $(2, -3)$ を通り，直線 $y=\dfrac{2}{3}x-5$ に平行な直線

解説　直線の式 $y=ax+b$ において，傾き a の値は与えられているので，通る点の座標を使って b を定める。

　　または，傾きが a で，点 (x_0, y_0) を通る直線の公式 $y-y_0=a(x-x_0)$ を利用する。

解答　(1)　傾きが -2 であるから，求める直線の式は $y=-2x+b$ ……① と表される。

　　　　この直線は点 $(4, 5)$ を通るから，$x=4$，$y=5$ を①に代入して

$$5=-2\times4+b \qquad b=13$$

　　　　ゆえに　$y=-2x+13$ 　　　　　　　　　　　　　　　　　　（答）　$y=-2x+13$

(2)　求める直線は直線 $y=\dfrac{2}{3}x-5$ に平行であるから，傾きは $\dfrac{2}{3}$ である。

　　よって，$y=\dfrac{2}{3}x+b$ ……② と表すことができる。

　　この直線は点 $(2, -3)$ を通るから，$x=2$，$y=-3$ を②に代入して

$$-3=\dfrac{2}{3}\times2+b \qquad b=-\dfrac{13}{3}$$

　　ゆえに　$y=\dfrac{2}{3}x-\dfrac{13}{3}$ 　　　　　　　　　　　　（答）　$y=\dfrac{2}{3}x-\dfrac{13}{3}$

別解　(1)　傾きが -2 で，点 $(4, 5)$ を通るから

$$y-5=-2(x-4)$$

　　　　ゆえに　$y=-2x+13$ 　　　　　　　　　　　　　　　　　（答）　$y=-2x+13$

(2)　直線 $y=\dfrac{2}{3}x-5$ に平行であるから，傾きは $\dfrac{2}{3}$ である。

　　また，点 $(2, -3)$ を通るから　$y-(-3)=\dfrac{2}{3}(x-2)$

　　ゆえに　$y=\dfrac{2}{3}x-\dfrac{13}{3}$ 　　　　　　　　　　　　（答）　$y=\dfrac{2}{3}x-\dfrac{13}{3}$

参考　公式 $y-y_0=a(x-x_0)$ の導き方

　傾き a の直線の式を $y=ax+b$（a，b は定数，$a\neq0$）……③ とする。

　この直線が点 (x_0, y_0) を通るから，$y_0=ax_0+b$ 　　　よって，$b=y_0-ax_0$ ……④

　④を③に代入して，　$y=ax+y_0-ax_0$

　y_0 を左辺に移項して整理すると，

$$y-y_0=a(x-x_0)$$

演習問題

29. 次の直線の式を求めよ。

(1) y 切片が -4 で，傾きが 3 の直線

(2) 点 $(0,\ -3)$ を通り，傾きが $\dfrac{1}{2}$ の直線

(3) 点 $(1,\ -1)$ を通り，傾きが -2 の直線

(4) 点 $(2,\ 4)$ を通り，傾きが $-\dfrac{3}{2}$ の直線

30. 次の直線の式を求めよ。

(1) y 切片が 3 で，直線 $y=x-1$ に平行な直線

(2) 点 $(0,\ -5)$ を通り，直線 $y=-2x+1$ に平行な直線

(3) 点 $(-4,\ 5)$ を通り，直線 $y=-\dfrac{5}{2}x+2$ に平行な直線

(4) 点 $(4,\ 2)$ を通り，直線 $y=\dfrac{5}{8}x-3$ に平行な直線

●**例題10**●　2点 $(-1,\ 3),\ (2,\ -3)$ を通る直線の式を求めよ。

(解説) 次の2つの方法がある。

(i) 直線の式を $y=ax+b$（$a,\ b$ は定数，$a\neq0$）とおき，2点を通ることから $a,\ b$ の連立方程式をつくり，$a,\ b$ の値を求める。

(ii) 傾きを求め，傾きと1点を通ることから，直線の式を求める。

(解答) 求める直線の式を $y=ax+b$ とする。

点 $(-1,\ 3)$ を通るから　$3=-a+b$　………①

点 $(2,\ -3)$ を通るから　$-3=2a+b$ ………②

②－①より　　　　　$-6=3a$

よって　　　　　　　$a=-2$　　　………③

③を①に代入して　$3=-(-2)+b$

よって　　　　　　　$b=1$

ゆえに　$y=-2x+1$　　　　　　　　　　　　　　（答）$y=-2x+1$

(別解) 傾きは　$\dfrac{-3-3}{2-(-1)}=\dfrac{-6}{3}=-2$

点 $(-1,\ 3)$ を通るから　$y-3=-2\{x-(-1)\}$

ゆえに　$y=-2x+1$　　　　　　　　　　　　　　（答）$y=-2x+1$

参考　公式 $y-y_1=\dfrac{y_2-y_1}{x_2-x_1}(x-x_1)$ の導き方

2点 $(x_1,\ y_1)$, $(x_2,\ y_2)$ を通る直線の傾きは，$x_1\neq x_2$ のとき $\dfrac{y_2-y_1}{x_2-x_1}$ である。

よって，求める直線は点 $(x_1,\ y_1)$ を通るから，まとめ $\boxed{4}$(2)（→p.64）より，

$$y-y_1=\dfrac{y_2-y_1}{x_2-x_1}(x-x_1)$$

となる。また，この式は $y-y_2=\dfrac{y_2-y_1}{x_2-x_1}(x-x_2)$ と表してもよい。

　この公式を利用すると，例題 10 は次のように求めることができる。

2点 $(-1,\ 3)$, $(2,\ -3)$ を通るから，

$$y-3=\dfrac{-3-3}{2-(-1)}\{x-(-1)\}\qquad ゆえに，\quad y=-2x+1$$

演習問題

31. 次の 2 点を通る直線の式を求めよ。

(1) $(2,\ 3)$, $(5,\ 9)$　　　　　　(2) $(-3,\ 2)$, $(4,\ -2)$

(3) $(3,\ 0)$, $(0,\ 4)$　　　　　　(4) $\left(\dfrac{1}{2},\ \dfrac{7}{3}\right)$, $\left(-\dfrac{1}{6},\ -1\right)$

32. 右の図の(1)〜(4)の直線の式を求めよ。

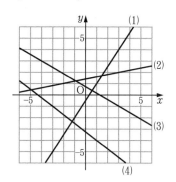

33. 直線 $y=ax-5$ が 2 点 A$(-4,\ -3+b)$, B$\left(\dfrac{1}{2},\ b\right)$ を通るとき，a, b の値を求めよ。

34. 次の 3 点が一直線上にあるように，a の値を定めよ。

(1) A$(1,\ -3)$, B$(4,\ 3)$, C$(a,\ -7)$

(2) A$(2,\ 3)$, B$(-1,\ 4)$, C$(4,\ a)$

進んだ問題の解法

||||問題1　直線 $y=\dfrac{1}{2}x+3$ を，次のように移動した直線の式を求めよ。

(1)　y 軸方向に 2 だけ平行移動　　(2)　x 軸方向に 4 だけ平行移動

(3)　x 軸について対称移動　　(4)　y 軸について対称移動

解法　直線を平行移動しても，その傾きは変わらないが，座標軸について対称移動すると，傾きの符号が逆になる。

　直線 $y=\dfrac{1}{2}x+3$ が問題のように移動すると，その直線上の特定の 1 つの点がどの点に移動するかを考える。そのとき，点 $(0, 3)$ のように，x 座標，y 座標がともに整数である点を考えるとよい。

解答　直線 $y=\dfrac{1}{2}x+3$ は点 $(0, 3)$ を通る。

(1)　直線 $y=\dfrac{1}{2}x+3$ を y 軸方向に 2 だけ平行移動すると，点 $(0, 3)$ は点 $(0, 5)$ に移動する。

ゆえに，求める直線は傾きが $\dfrac{1}{2}$，y 切片が 5 であるから　$y=\dfrac{1}{2}x+5$　　　（答）$y=\dfrac{1}{2}x+5$

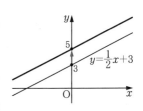

(2)　直線 $y=\dfrac{1}{2}x+3$ を x 軸方向に 4 だけ平行移動すると，点 $(0, 3)$ は点 $(4, 3)$ に移動する。

よって，求める直線は傾きが $\dfrac{1}{2}$，点 $(4, 3)$ を通るから　$y-3=\dfrac{1}{2}(x-4)$

ゆえに　$y=\dfrac{1}{2}x+1$　　　（答）$y=\dfrac{1}{2}x+1$

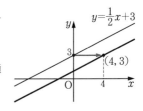

(3)　直線 $y=\dfrac{1}{2}x+3$ を x 軸について対称移動すると，右の図のように，y 切片は -3 となるから，点 $(0, -3)$ を通る。また，傾きの符号が逆になるから，傾きは $-\dfrac{1}{2}$ である。

ゆえに　$y=-\dfrac{1}{2}x-3$　　　（答）$y=-\dfrac{1}{2}x-3$

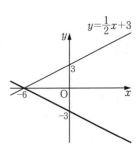

(4)　直線 $y=\frac{1}{2}x+3$ を y 軸について対称移動すると，

右の図のように，y 切片は変わらないから，

点 $(0,\ 3)$ を通る。また，傾きの符号が逆になるか

ら，傾きは $-\frac{1}{2}$ である。

ゆえに　$y=-\frac{1}{2}x+3$

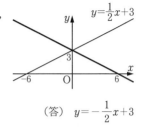

（答）　$y=-\frac{1}{2}x+3$

‖‖‖進んだ問題‖‖‖

35. 直線 $y=3x-2$ を，次のように移動した直線の式を求めよ。
(1)　y 軸方向に -1 だけ平行移動
(2)　x 軸方向に -2 だけ平行移動
(3)　x 軸について対称移動
(4)　原点について対称移動
(5)　x 軸方向に 2 だけ平行移動し，続いて y 軸方向に -3 だけ平行移動

36. 次の問いに答えよ。
(1)　直線 $y=-2x-3$ を，y 軸方向にどれだけ平行移動すると，
　　直線 $y=-2x+2$ に重なるか。
(2)　直線 $y=-2x-3$ を，x 軸方向にどれだけ平行移動すると，
　　直線 $y=-2x+3$ に重なるか。

37. 直線 $y=\frac{1}{2}x+b$ が 2 点 A$(1,\ 1)$，B$(-1,\ -2)$ の間を通るように，b の
値の範囲を定めよ。

38. 直線 $y=ax-3$ が 2 点 A$(-1,\ 2)$，B$(-2,\ -1)$ の間を通るように，a の
値の範囲を定めよ。

39. 座標平面上に，3 点 A$(-2,\ 2)$，B$(2,\ 4)$，C$(0,\ -2)$ がある。
(1)　2 点 A，B を通る直線の式を求めよ。
(2)　点 B を通り，傾き m の直線がある。この直線が線分 AC と共有点をもつ
　　とき，m の値の範囲を求めよ。
(3)　点 C を通り，傾き n の直線がある。この直線が線分 AB と共有点をもつ
　　とき，n の値の範囲を求めよ。

3 … 2元1次方程式のグラフ

1 x, y を変数とする2元1次方程式 $ax+by+c=0$ の表すグラフは，方程式 $ax+by+c=0$ を変形することにより，次の3つのいずれかの形の直線になる。

(1) $y=mx+n$　　(2) $y=p$　　(3) $x=q$
($a\neq0$, $b\neq0$ のとき)　($a=0$, $b\neq0$ のとき)　($a\neq0$, $b=0$ のとき)

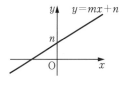

点 $(0, p)$ を通り x 軸に平行な直線　　点 $(q, 0)$ を通り y 軸に平行な直線

注　上のことから，直線の式はすべて $ax+by+c=0$ の式に変形できることがわかるので，$ax+by+c=0$ を**直線の式の一般形**という。なお，直線の式のことを，**直線の方程式**ということもある。

注　2元1次方程式 $ax+by+c=0$ において，同時に $a=0$, $b=0$ になることはない。

2 a, b, c が0でない定数のとき，2元1次方程式 $ax+by+c=0$ を次のように変形することができる。

$$\frac{x}{m}+\frac{y}{n}=1$$

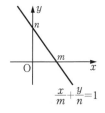

　この式は，$x=m$, $y=0$ および $x=0$, $y=n$ を解にもつので，この式で表される直線は，x 軸と点 $(m, 0)$，y 軸と点 $(0, n)$ で交わる直線である。

注　$\dfrac{x}{m}+\dfrac{y}{n}=1$ を**直線の式の切片形**という。m は x 切片，n は y 切片を表す。

基本問題

40. 次の直線の傾きと y 切片を求めよ。

(1) $x-2y+6=0$　　(2) $3x+4y=12$　　(3) $-5x+2y=0$

41. 次の(ア)〜(ケ)の直線のうちで，平行なものはどれとどれか。

(ア) $y = \dfrac{1}{2}x - 5$ (イ) $3x + 2y = 5$ (ウ) $4x - 2y = 7$

(エ) $3x - 2y + 5 = 0$ (オ) $4x - 2y = 0$ (カ) $2x - 4y - 3 = 0$

(キ) $4y = -6x + 1$ (ク) $2x - y = 3$ (ケ) $x - 2y + 6 = 0$

●**例題11**● 次の方程式のグラフをかけ。

  (1) $3x - 2y + 6 = 0$ (2) $3y - 6 = 0$ (3) $2x + 5 = 0$

(**解説**) 与えられた方程式を変形して，$y = mx + n$，$y = p$，$x = q$
のいずれかの形にする。

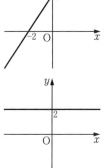

(**解答**) (1) $3x - 2y + 6 = 0$ を変形して $y = \dfrac{3}{2}x + 3$

    よって，グラフは傾きが $\dfrac{3}{2}$，y 切片が 3 の直線となる。

                                                （**答**）右の図

  (2) $3y - 6 = 0$ を変形して $y = 2$

    よって，グラフは y 軸上の点 $(0, 2)$ を通り，x 軸に平行な直線となる。

                                                （**答**）右の図

  (3) $2x + 5 = 0$ を変形して $x = -\dfrac{5}{2}$

    よって，グラフは x 軸上の点 $\left(-\dfrac{5}{2}, 0\right)$ を通り，y 軸に平行な直線となる。

                                                （**答**）右の図

(**別解**) (1) $3x - 2y + 6 = 0$ は

$$\dfrac{x}{-2} + \dfrac{y}{3} = 1$$

と変形できる。

    よって，グラフは 2 点 $(-2, 0)$，$(0, 3)$ を通る直線となる。

(**注**) (2)の $y = 2$ には x がふくまれていない。この式は，x がどのような値をとっても，y はつねに 2 になることを表している。同様に，(3)の $x = -\dfrac{5}{2}$ は，y がどのような値をとっても，x はつねに $-\dfrac{5}{2}$ になることを表している。

演習問題

42. 次の方程式のグラフをかけ。

(1) $2x-y+3=0$ (2) $x+2y-4=0$

(3) $-3x+4y+12=0$ (4) $-x-3y-6=0$

(5) $2y+4=0$ (6) $3x-3=0$

43. 点 $(4,\ -3)$ を通り，x 軸に平行な直線の式，および y 軸に平行な直線の式を求めよ。

44. 次の2点を通る直線の式を求めよ。

(1) $(2,\ 5)$, $(-3,\ 5)$ (2) $(3,\ 1)$, $(3,\ -2)$

(3) $(0,\ 1)$, $(0,\ -1)$ (4) $\left(3,\ -\dfrac{1}{2}\right)$, $\left(-3,\ -\dfrac{1}{2}\right)$

45. 次の問いに答えよ。

(1) 次の方程式のグラフをかけ。

 (i) $\dfrac{x}{2}+\dfrac{y}{3}=1$ (ii) $\dfrac{x}{3}-\dfrac{y}{2}=1$

 (iii) $-\dfrac{x}{2}+\dfrac{y}{4}=1$ (iv) $\dfrac{x}{4}+\dfrac{y}{3}=-1$

(2) 次の2点を通る直線の式を求めよ。

 (i) $(3,\ 0)$, $(0,\ 2)$ (ii) $(2,\ 0)$, $(0,\ -2)$

 (iii) $(-3,\ 0)$, $(0,\ -1)$ (iv) $\left(-\dfrac{1}{2},\ 0\right)$, $\left(0,\ \dfrac{2}{5}\right)$

46. 直線 $ax+by=1$ が2点 $(1,\ 2)$, $(7,\ -2)$ を通るとき，$a,\ b$ の値，および x 切片，y 切片を求めよ。

47. 次の2直線が平行になるように，a の値を定めよ。

(1) $y=2x+3$, $ax+2y-1=0$

(2) $ax-4y+6=0$, $(2a-1)x+2y+2=0$

48. 直線 $3x-4y+5=0$ に平行で，次の点を通る直線の式を求めよ。

(1) $(-2,\ 3)$ (2) $(3,\ 0)$

4 … 方程式の解とグラフ

1 **方程式の解と，グラフの交点の座標の関係**

(1) 1次方程式 $ax+b=0$
の解 $x=p$ $\Longleftrightarrow$ $y=ax+b$ のグラフと x 軸
$(y=0)$ との交点の x 座標 p

(2) 1次方程式 $ax+b=a'x+b'$
の解 $x=p$ $\Longleftrightarrow$ $y=ax+b$ と $y=a'x+b'$ の
グラフの交点の x 座標 p

(3) 連立方程式 $\begin{cases} ax+by=c \\ a'x+b'y=c' \end{cases}$ $\Longleftrightarrow$ $ax+by=c$ と $a'x+b'y=c'$ の
グラフの交点の座標 $(p,\ q)$

の解 $\begin{cases} x=p \\ y=q \end{cases}$

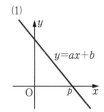 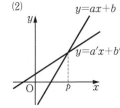 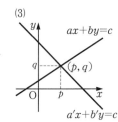

注 記号 $\Longleftrightarrow$ については，6章の研究の注（→p.130）を参照。

2 連立方程式 $\begin{cases} ax+by=c \\ a'x+b'y=c' \end{cases}$ の解の存在と，

2直線 $ax+by=c$，$a'x+b'y=c'$ の位置関係

	解の存在	2直線の位置関係
(1)	ただ1組の解がある	交わる
(2)	無数の解の組がある	重なる
(3)	解がない	平行

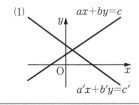 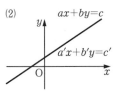 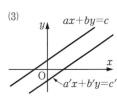

基本問題

49. 次の直線が x 軸および y 軸と交わる点の座標を求めよ。

(1) $y=2x-1$　　　　(2) $2x+3y=5$　　　　(3) $\dfrac{1}{2}x-3y+6=0$

50. 次の方程式の解を，1次関数 $y=\dfrac{1}{2}x-1$ のグラフを利用して求めよ。

(1) $\dfrac{1}{2}x-1=0$　　　　(2) $\dfrac{1}{2}x-1=1$　　　　(3) $\dfrac{1}{2}x-1=-x-4$

●**例題12**●　2直線 $y=2x-7$, $x-3y=6$ の交点の座標を求めよ。

(**解説**) 2直線の交点の座標は，2つの式 $y=2x-7$, $x-3y=6$ を同時に満たすから，連立方程式の解として求めることができる。

(**解答**) 2直線の交点の座標は，連立方程式 $\begin{cases} y=2x-7 & \cdots\cdots① \\ x-3y=6 & \cdots\cdots② \end{cases}$ の解である。

①を②に代入して　$x-3(2x-7)=6$
$$x=3\cdots\cdots③$$
③を①に代入して　$y=2\times3-7=-1$
ゆえに，交点の座標は $(3, -1)$　　　　　　　　　　　　（答）$(3, -1)$

演習問題

51. 次の2直線の交点の座標を求めよ。

(1) $y=-2x+7$, $y=3x-3$　　　　(2) $y=\dfrac{2}{3}x-1$, $y=-\dfrac{1}{2}x+6$

(3) $3x-y=2$, $2x+y=3$　　　　(4) $2x-5y-3=0$, $4x+y+3=0$

52. 2直線 $y=2x+5$, $y=-x+2$ の交点を通り，次のそれぞれの場合を満たす直線の式を求めよ。

(1) 傾きが -3 である。

(2) 点 $(3, 1)$ を通る。

(3) 直線 $y=\dfrac{1}{2}x-1$ に平行である。

(4) x 軸に平行である。

53. 次の問いに答えよ。

(1) 2直線 $y=-2x+7$, $y=ax-5$ の交点の x 座標が3であるとき，a の値を求めよ。

(2) 2直線 $y=2ax-b$, $y=-ax+3b$ の交点の座標が $(2, 5)$ であるとき，a, b の値を求めよ。

(3) 3直線 $y=-2x+1$, $y=3x-9$, $y=ax+4$ が1点で交わるとき，a の値を求めよ。

(4) 2直線 $y=3x+a+10$, $y=4x-2a$ の交点が x 軸上にあるとき，a の値を求めよ。

●**例題13**● 連立方程式 $\begin{cases} 2x+y=3 & \cdots\cdots① \\ ax-3y=5 & \cdots\cdots② \end{cases}$ に解がないとき，a の値を求めよ。

(**解説**) ①，②の表す2直線が平行になるように，a の値を定める。

(**解答**) ①より $y=-2x+3$ よって，直線①の傾きは -2，y 切片は3である。

②より $y=\dfrac{1}{3}ax-\dfrac{5}{3}$ よって，直線②の傾きは $\dfrac{1}{3}a$，y 切片は $-\dfrac{5}{3}$ である。

2直線①，②が平行になるのは，これらの傾きが一致するときであるから

$$-2=\dfrac{1}{3}a \qquad ゆえに \quad a=-6 \qquad\qquad （答）\ a=-6$$

(**注**) 2直線の y 切片が異なるから，2直線が重なることはない。

演習問題

54. 次の(ア)～(ウ)の連立方程式のうち，解がただ1組あるもの，解が無数にあるもの，解がないものはそれぞれどれか。

(ア) $\begin{cases} 2x+3y=2 \\ 6y=-4x+3 \end{cases}$ (イ) $\begin{cases} -\dfrac{x}{3}+\dfrac{y}{2}=1 \\ 2x+3y+1=0 \end{cases}$ (ウ) $\begin{cases} x-2y=2 \\ y=\dfrac{1}{2}x-1 \end{cases}$

55. 次の問いに答えよ。

(1) 連立方程式 $\begin{cases} ax+3y=2 \\ 2x+y=1 \end{cases}$ に解がないとき，a の値を求めよ。

(2) 連立方程式 $\begin{cases} ax+3y=2 \\ 2x+by=1 \end{cases}$ の解が無数にあるとき，a, b の値を求めよ。

5 … 1次関数の応用

●**例題14**● 3直線 $x+y=0$ ……①, $x+3y+3=0$ ……②,
$2x+y+3=0$ ……③ がある。直線①と②との交点を A, 直線②と③との
交点を B, 直線①と③との交点を C とする。また, x 軸に平行な直線
$y=k$ と直線①, ②, ③との交点をそれぞれ P, Q, R とする。

(1) 3点 P, Q, R がこの順に右から並ぶとき, k の値の範囲を求めよ。

(2) 直線 $y=k$ から △ABC によって切り取られる線分の長さが 1 のとき,
考えられる k の値をすべて求めよ。

(解説) (1) グラフをきちんとかき, 3点 A, B, C の位置関係を正確につかむ。3点 P, Q,
R がこの順に右から並ぶのは, 直線 $y=k$ が線分 AB と交わるときである。

(2) 直線 $y=k$ が, △ABC によって切り取られる線分の長さが 1 になるのは, (i) $y=k$
が 2 辺 AB, AC と交わるとき, (ii) 2 辺 AC, BC と交わるときの 2 つの場合がある。

(解答) (1) ①, ②より A$\left(\dfrac{3}{2}, -\dfrac{3}{2}\right)$

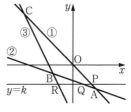

②, ③より B$\left(-\dfrac{6}{5}, -\dfrac{3}{5}\right)$

①, ③より C$(-3, 3)$

右の図のように, $y=k$ が線分 AB と交わるときに
限り, 3点 P, Q, R はこの順に右から並ぶ。

ゆえに $-\dfrac{3}{2}<k<-\dfrac{3}{5}$ （答） $-\dfrac{3}{2}<k<-\dfrac{3}{5}$

(2)(i) 直線 $y=k$ が 2 辺 AB, AC と交わるとき, すなわち $-\dfrac{3}{2}<k\leqq-\dfrac{3}{5}$ のと

き, PQ=1 となればよい。

$y=k$ を①, ②に代入して

$x+k=0$ $x=-k$ より, 点 P の x 座標は $-k$

$x+3k+3=0$ $x=-3k-3$ より, 点 Q の x 座標は $-3k-3$

よって $-k-(-3k-3)=1$ ゆえに $k=-1$

(ii) 直線 $y=k$ が 2 辺 AC, BC と交わるとき, すなわち $-\dfrac{3}{5}\leqq k<3$ のとき,

PR=1 となればよいから, (i) と同様に

$-k-\left(-\dfrac{k}{2}-\dfrac{3}{2}\right)=1$ ゆえに $k=1$

ゆえに, (i), (ii) より, 求める k の値は -1, 1 （答） $k=-1$, 1

演習問題

56. 3直線 $x-2y+4=0$ ……①, $2x+y+3=0$ ……②, $mx-y+3=0$ ……③ について，次の問いに答えよ。

(1) $m=0$ のとき，3直線①，②，③でつくられる三角形の面積を求めよ。

(2) 3直線①，②，③で三角形をつくることができないような m の値をすべて求めよ。

57. 右の図のように，2直線 $y=\dfrac{7}{3}x$ ……①，

$y=\dfrac{3}{7}x$ ……② に直線 $y=-x+k$ ……③ がそれぞれ

点P，Qで交わっている。

(1) $k=1$ のとき，△OPQ の面積を求めよ。

(2) △OPQ の面積が k となるとき，k の値を求めよ。

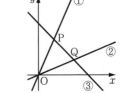

58. 右の図のように，3直線①，②，③があり，直線①，②と y 軸との交点をそれぞれ P，Q とし，直線①，②と直線③との交点をそれぞれ R，S とする。直線①，③の式はそれぞれ $y=ax+a$ $(a>0)$，$y=bx$ $(b\leqq0)$ であり，直線①と②は平行で，PQ=10 とする。ただし，点 P，Q の y 座標は異符号である。

(1) 直線②の式を a を使って表せ。

(2) $a=4$，$b=-\dfrac{1}{2}$ のとき，△OPR と △OQS の面積の和を求めよ。

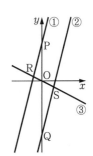

59. 右の図のように，3直線 $2x-y+9=0$ ……①，$x+y+3=0$ ……②，$ax-y=0$ ……③ が交わっている。直線①と②との交点を A とする。

(1) 点 A の座標を求めよ。

(2) 直線②と③との交点を P，直線②と y 軸との交点を Q とする。△OAQ と △OQP の面積が等しくなるとき，a の値を求めよ。ただし，P は点 A と異なる点とする。

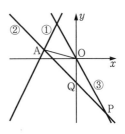

60. 右の図のように，4点 A$(-2, 2)$，B$(-2, 0)$，C$(4, 0)$，D$(4, 4)$を頂点とする台形 ABCD がある。P は辺 AD と y 軸との交点，Q は辺 AD 上の点である。

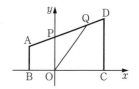

(1) 直線 AD の式を求めよ。

(2) 線分 OQ が台形 ABCD の面積を 2 等分するとき，△POQ の面積を求めよ。また，点 Q の座標を求めよ。

●**例題15**● 3点 O$(0, 0)$，A$(4, 2)$，B$(2, 5)$ がある。y 軸上に点 C を，△OAC と △OAB の面積が等しくなるようにとる。このとき，点 C の座標をすべて求めよ。

（**解説**）　△OAC と △OAB は辺 OA を共有している。この 2 つの三角形の面積が等しくなるのは，辺 OA に対する高さが等しくなるときである。すなわち，底辺 OA を共有する △OAC と △OAB において，点 C が直線 OA について点 B と同じ側にあり，△OAC と △OAB の面積が等しいとき，共通の底辺 OA と線分 CB は平行になっている。また，点 C が直線 OA について点 B と反対側にある場合も考える。

（**解答**）　(i) 点 C が直線 OA について点 B と同じ側にある場合

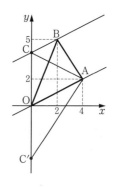

右の図で，△OAC＝△OAB より CB∥OA である。

A$(4, 2)$ であるから，直線 OA の式は

$$y=\frac{1}{2}x$$

また，点 B を通り直線 OA に平行な直線の式は

$$y-5=\frac{1}{2}(x-2)$$

$$y=\frac{1}{2}x+4 \quad\cdots\cdots\cdots①$$

①と y 軸との交点が C である。

よって　C$(0, 4)$

(ii) 点 C が直線 OA について点 B と反対側にある場合

OC′＝OC となる点 C′ を y 軸上にとると

$$△OAC′＝△OAC＝△OAB$$

よって　C′$(0, -4)$

ゆえに，(i), (ii)より，求める点 C の座標は $(0, 4)$，$(0, -4)$

（答）　$(0, 4)$，$(0, -4)$

演習問題

61. 右の図で，直線 ℓ は関数 $y=ax$ のグラフで，点 A(3，6) を通り，直線 m は 2 点 A，B(0，9) を通る。

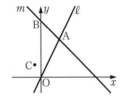

(1) a の値を求めよ。

(2) 直線 m の式を求めよ。

(3) 点 C(−1，2) がある。直線 m 上に点 P を，△OAP の面積が △OAC の面積の 2 倍になるようにとる。このとき，点 P の座標をすべて求めよ。

62. 右の図のような四角形 OABC がある。O は原点で，点 A(11，0)，B(9，6)，C(5，10) である。直線 BC と x 軸との交点を E とし，線分 BE 上に点 P を，△OCP の面積が四角形 OABC の面積に等しくなるようにとる。このとき，点 P の座標を求めよ。

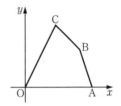

63. 右の図のように，4 点 O(0，0)，A(8，0)，B(6，6)，C(0，4) を頂点とする四角形 OABC がある。

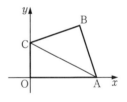

(1) x 座標が −3 である点 D を，△ADC と △ABC の面積が等しくなるようにとる。このとき，点 D の座標をすべて求めよ。

(2) 点 C を通り，四角形 OABC の面積を 2 等分する直線の式を求めよ。

‖‖‖進んだ問題‖‖‖

64. 右の図のように，2 点 A(4，0)，(0，8) を通る直線を ℓ，点 B$\left(-\dfrac{3}{2}，3\right)$ を通り傾きが $\dfrac{2}{3}$ である直線を m とし，ℓ と m との交点を C とする。

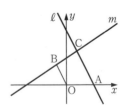

(1) 直線 m の式を求めよ。

(2) 点 C の座標を求めよ。

(3) 点 P は原点 O を出発して，四角形 OACB の辺上を A，C を通り B まで動く。△OPB の面積が四角形 OACB の面積の $\dfrac{1}{4}$ になるときの点 P の座標をすべて求めよ。

●**例題16**● 右の図は，A さんが徒歩で P 地点から Q 地点に，B さんが自転車で Q 地点から P 地点に向かって進んだときの時間と距離の関係を表したグラフである。

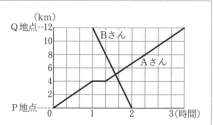

(1) A さんのグラフの一部が，時間の軸に平行になっている。このことは何を表すか。

(2) A さんの歩く速さは時速何 km か。

(3) B さんの自転車の速さは，A さんの歩く速さの何倍か。

(4) 2 人が出会ったのは，A さんが P 地点を出発してから何時間後か。

(5) 2 人が出会ったところは，Q 地点から何 km 離れた地点か。

解説 (1) A さんは 1 時間後から 20 分間，P 地点から 4km の地点に止まっていた。

(4), (5) 2 人が出会うということは，同じ時刻に同じ地点にいることであるから，グラフの交点で表される。交点の座標は，A さん，B さんの直線の式を求め，2 式を連立させて解く。

解答 (1) A さんが停止していたことを表す。

(2) グラフより，出発してから 1 時間後に P 地点から 4km の地点にいる。

（答） 時速 4km

(3) B さんの速さは時速 12km であるから，3 倍である。 （答） 3 倍

(4) A さんが P 地点を出発してから x 時間後に P から y km 離れた地点にいたとすると，$\dfrac{4}{3} \leqq x \leqq \dfrac{10}{3}$ のときの A さんの経過を表す直線の式は傾き 4 で

点 $\left(\dfrac{4}{3},\ 4\right)$ を通るから　$y-4=4\left(x-\dfrac{4}{3}\right)$　　$y=4x-\dfrac{4}{3}$ ………①

B さんの経過を表す直線の式は，同様に

$$y-12=-12(x-1)　　　y=-12x+24 ………②$$

①，②を連立させて解くと　$x=\dfrac{19}{12}$　　すなわち，$\dfrac{19}{12}$ 時間後

（答） $\dfrac{19}{12}$ 時間後（1 時間 35 分後）

(5) $y=4x-\dfrac{4}{3}$ に $x=\dfrac{19}{12}$ を代入して　$y=4\times\dfrac{19}{12}-\dfrac{4}{3}=5$

ゆえに　$12-5=7$ 　　　　　　　　　　　　　（答） 7km

演習問題

65. 次の表は，A市とB市における1か月あたりの水道料金についてまとめたものである。水道料金は，基本料金と使用料金を合計したものであり，基本料金とは，使用した水の量に関係なく支払う一定の料金，使用料金とは，使用した水の量に応じて支払う料金のことである。

	基本料金	使用料金	
A市	800円	使用した水の量に比例し，1m³あたり	160円
B市	1600円	0m³から10m³までは	0円
		10m³を超えた場合は，10m³を超えて使用した水の量に比例し，1m³あたり	200円

(1) 右の図は，B市における使用した水の量と水道料金の関係をグラフに表したものである。A市における使用した水の量と水道料金の関係を表すグラフを図にかき入れよ。

(2) 使用した水の量が同じとき，2つの市における水道料金を比べてみる。

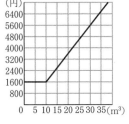

A市における水道料金が，B市における水道料金より高額となるときの使用した水の量の範囲を求めよ。

66. 12km離れた2地点P，Qがある。Aさんは時速4kmで歩いてP地点からQ地点に向かった。また，BさんはAさんが出発してから30分後に，Aさんと同じ道をP地点から時速8kmで自転車でQ地点に向かい，Q地点に着くとただちに同じ道を同じ速さでひき返した。

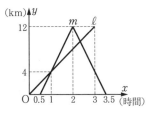

右の図は，その経過を表したグラフである。ただし，AさんがP地点を出発してからx時間後のP地点からの距離を$y$kmとし，直線ℓはAさんの経過を，折れ線mはBさんの経過を表している。

(1) Aさんの経過を表す直線ℓの式を求め，そのときのxの変域を求めよ。

(2) Bさんの経過を表す折れ線mの式を，$0.5 \leqq x \leqq 2$ のときと $2 \leqq x \leqq 3.5$ のときに分けて求めよ。

(3) AさんがP地点を出発してから，Q地点からひき返すBさんに出会うまでの時間を求めよ。また，そのときの位置はP地点から何km離れた地点か。

●**例題17**●　右の図の台形 ABCD で，∠B＝∠C＝90°，
AB＝7cm，BC＝6cm，CD＝3cm である。点 P は
頂点 A を出発して，台形の辺上を B，C を通り D ま
で動く。

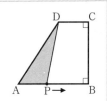

　　点 P が頂点 A から動いた距離を x cm，△APD の
面積を y cm^2 とする。ただし，$x＝0$，16 のときは
$y＝0$ とする。

(1)　次の(i)〜(iii)について，x の変域を示して，y を x の式で表せ。

　(i)　点 P が辺 AB 上を動くとき

　(ii)　点 P が辺 BC 上を動くとき

　(iii)　点 P が辺 CD 上を動くとき

(2)　△APD の面積が最も大きくなるときの y の値を求めよ。

(3)　△APD の面積が台形 ABCD の面積の $\dfrac{1}{2}$ となるときの x の値をすべ

　て求めよ。

(解説) (1)　点 P がどの辺上にあるかによって，三角形の面積の計算の方法が異なること
に注意して求める。とくに(ii)においては，△APD＝(台形 ABCD)－△ABP－△CDP，
(iii)においては，PD＝(7＋6＋3)－x (cm) である。

(2)　(1)で求めた x と y の関係を表すグラフをかいて，y の変化のようすを読みとり，y
の値が最大となるときを求める。

(解答) (1) (i)　点 P が辺 AB 上を動くとき，

　　　　すなわち $0≦x≦7$ のとき

　　　　AP＝x cm，頂点 D からの高さが 6 cm であるから

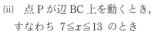

$$△APD＝\frac{1}{2}×6×x$$

　　　　ゆえに　$y＝3x$

　(ii)　点 P が辺 BC 上を動くとき，

　　　　すなわち $7≦x≦13$ のとき

　　　　　BP＝$x－7$

　　　　　PC＝(7＋6)－$x＝13－x$

　　　　　△APD＝(台形 ABCD)－△ABP－△CDP

$$＝\frac{1}{2}×(7＋3)×6－\frac{1}{2}×7×(x－7)－\frac{1}{2}×3×(13－x)$$

　　　　ゆえに　$y＝-2x＋35$

(iii) 点 P が辺 CD 上を動くとき，

すなわち $13 \leqq x \leqq 16$ のとき

$$PD = (7+6+3) - x = 16 - x$$

頂点 A からの高さが 6cm であるから

$$\triangle APD = \frac{1}{2} \times 6 \times (16 - x)$$

ゆえに $y = -3x + 48$ 　　　（答）　(i) $0 \leqq x \leqq 7$ のとき 　　$y = 3x$

(ii) $7 \leqq x \leqq 13$ のとき 　$y = -2x + 35$

(iii) $13 \leqq x \leqq 16$ のとき 　$y = -3x + 48$

(2) (1)で求めた x と y の関係を表すグラフは，下の図のようになる。

グラフより，y の値が最も大きくなるのは

$x = 7$ のときで $y = 21$

　　　　　　　　　（答）　$y = 21$

(3) 台形 ABCD の面積は $30\,\mathrm{cm}^2$ であるから，

$y = 15$ となる x の値を求める。

(i)のとき 　$3x = 15$ 　　　　よって 　$x = 5$

この値は変域 $0 \leqq x \leqq 7$ に適する。

(ii)のとき 　$-2x + 35 = 15$ 　　　よって 　$x = 10$

この値は変域 $7 \leqq x \leqq 13$ に適する。

ゆえに 　$x = 5,\ 10$ 　　　　　　　　　　　　　（答）　$x = 5,\ 10$

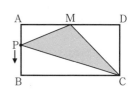

注 (3)で，グラフより，$y = 15$ と交点をもつのは(i)と(ii)の場合だけであることが限定できる。

演習問題

67. 右の図の長方形 ABCD で，AB$=2$cm，
AD$=4$cm，AM$=$MD である。点 P は頂点 A
を出発して，長方形の辺上を B を通り C まで動
く。

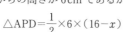

点 P が頂点 A から動いた距離を $x$cm，$\triangle$MPC
の面積を $y\,\mathrm{cm}^2$ とする。ただし，$x = 6$ のとき $y = 0$ とする。

(1) 次の(i)，(ii)について，x の変域を示して，y を x の式で表せ。

(i) 点 P が辺 AB 上にあるとき

(ii) 点 P が辺 BC 上にあるとき

(2) (1)で求めた x と y の関係を表すグラフをかけ。

(3) $y \geqq 3$ となるときの x の値の範囲を求めよ。

68. 右の図の長方形 ABCD で，AB＝4cm，BC＝3cm，CM＝MD である。点 P は頂点 A を出発して，長方形の辺上を B を通り C まで，秒速1cm で動く。

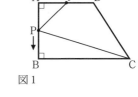

点 P が頂点 A を出発してから x 秒後の四角形 APMD の面積を $y\,\mathrm{cm}^2$ とする。

(1) 次の(i)，(ii)について，y を x の式で表せ。

 (i) $0 \le x \le 4$ (ii) $4 \le x \le 7$

(2) (1)で求めた x と y の関係を表すグラフをかけ。

(3) 四角形 APMD の面積が $7\,\mathrm{cm}^2$ となるときの x の値をすべて求めよ。

69. 図1は，$\angle A = \angle B = 90^\circ$，AB＝AD＝6cm の台形 ABCD である。点 P は頂点 A を出発して，辺 AB 上を秒速1cm で B まで進み，同じ速さで A にもどる。点 Q は，点 P と同時に頂点 A を出発して，辺 AD 上を秒速1cm で D まで進み，D で止まる。

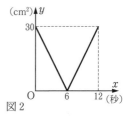

(1) 点 P が頂点 A を出発してから x 秒後の △APQ の面積を $y\,\mathrm{cm}^2$ とする。

 (i) $0 \le x \le 6$ のとき，y を x の式で表せ。

 (ii) $6 \le x \le 12$ のとき，y を x の式で表せ。

(2) 図2は，点 P が頂点 A を出発してからの時間 x 秒と △PBC の面積 $y\,\mathrm{cm}^2$ の関係を表すグラフである。

 (i) 辺 BC の長さを求めよ。

 (ii) $6 \le x \le 12$ のとき，△PBC＝△APQ となるような x の値を求めよ。

70. 2直線 $y = x$，$y = \dfrac{1}{2}x$ と，直線 $y = -\dfrac{1}{2}x + k$ との交点をそれぞれ A，B とし，A，B の x 座標，y 座標がともに整数となるような正の整数 k を考える。ただし，原点を O とする。

(1) k の最小値を求めよ。また，そのとき △OAB の周上にあって，x 座標，y 座標がともに整数である点の個数を求めよ。

(2) 辺 AB 上に，x 座標，y 座標がともに整数である点がちょうど6個あるときの k の値を求めよ。

(3) △OAB の周上にあって，x 座標，y 座標がともに整数である点がちょうど80個あるときの k の値を求めよ。

4章の問題

1 次の直線の式を求めよ。
(1) 傾きが3で，点(0, 2)を通る。
(2) 傾きが−2で，点(3, −2)を通る。
(3) 点(−3, 4)を通り，x軸に平行である。
(4) 点(−5, −4)を通り，x軸に垂直である。
(5) 2点(3, 0)，(−2, 5)を通る。
(6) 2点(4, 0)，(0, −5)を通る。
(7) 直線 $3x+2y=6$ とx軸上で交わり，点(−4, 2)を通る。
(8) 直線 $2x-3y+9=0$ に平行で，点(−2, −1)を通る。
(9) 2直線 $x+y=4$，$3x-2y=-3$ の交点と，点(−2, 3)を通る。

2 $y=ax+b$（a, bは定数）のグラフが，次の(1)〜(4)のようになるのは，a，bの値が(ア)〜(ケ)のいずれの場合であるか。

(1) (2) (3) (4)

(ア) $a>0$, $b>0$ (イ) $a>0$, $b<0$ (ウ) $a>0$, $b=0$
(エ) $a<0$, $b>0$ (オ) $a<0$, $b<0$ (カ) $a<0$, $b=0$
(キ) $a=0$, $b>0$ (ク) $a=0$, $b<0$ (ケ) $a=0$, $b=0$

3 右の図は，$-4 \leqq x \leqq 10$ のときの変数xと変数yの関係を表したグラフである。4点 A, B, C, D の座標は A(−4, −6), B(4, 6), C(8, −6), D(10, −3) である。

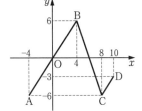

(1) 点(3, 0)を通り，線分 AB に平行な直線の式を求めよ。
(2) 右のグラフで，xに対応するyの値が−3となるようなxの値をすべて求めよ。
(3) 右のグラフで，xに対応するyの値と，$x+3$ に対応するyの値が等しくなるようなxの値をすべて求めよ。

4 右の図のように，座標平面の4点O(0，0)，A(12，0)，B(6，6)，C(0，6)を結んでできる台形OABCと，点D(8，1)がある。点Pは原点Oを出発して，x軸上を分速2cmでAまで動く。点Qは点Bを出発して，辺BC上を分速1cmでCまで動く。

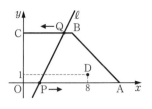

　点PとQが原点O，点Bをそれぞれ同時に出発するとき，出発してからt分後の2点P，Qを通る直線をℓとする。ただし，座標軸の1めもりを1cmとする。

(1) 台形QPABが平行四辺形になるのは，点Pが原点Oを出発してから何分後か。

(2) 直線ℓが点Dを通るのは，点Pが原点Oを出発してから何分何秒後か。

5 右の図のように，四角形ABCDは，△OPQに内接している長方形である。また，点P，Qの座標をそれぞれ(2，4)，(5，0)とし，点Aのx座標をa（aは定数）とする。

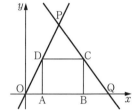

(1) 直線OPの式，および直線PQの式を求めよ。

(2) 点Cの座標をaを使って表せ。

(3) 長方形ABCDが正方形になるときのaの値を求めよ。

(4) 長方形ABCDの対角線の交点Mは，つねに直線 $y=bx+c$ 上にある。b，cの値を求めよ。

6 右の図のように，2点P(2，8)，Q(6，4)がある。

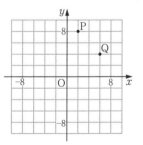

(1) x軸上に点Aを，線分の長さの和 PA+AQ が最小になるようにとるとき，点Aの座標を求めよ。

(2) y軸上に点B，x軸上に点Cを，線分の長さの和 PB+BC+CQ が最小になるようにとるとき，2点B，Cの座標を求めよ。

[7] 右の図のように，4点 O(0, 0)，A(8, 0)，
B(5, 4)，C(1, 4) を頂点とする台形 OABC と，
$y = -x + k$ で表される直線 ℓ がある。

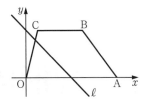

(1) 直線 AB の式を求めよ。

(2) 直線 ℓ と台形 OABC が共有点をもつような
k の値の範囲を求めよ。

(3) 直線 ℓ が台形 OABC の面積を 2 等分するとき，k の値を求めよ。

[8] 右の図のように，4点 O(0, 0)，A(8, 0)，
B(6, 8)，C(1, 5) を順に結んでできる四角形
OABC がある。点 C を通り対角線 OB に平行な直
線をひき，x 軸との交点を D とする。

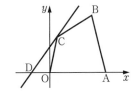

(1) 点 D の座標を求めよ。

(2) 点 B を通り，四角形 OABC の面積を 2 等分する直線の式を求めよ。

[9] 右の図のように，4点 O(0, 0)，A(5, 0)，
B(2, 6)，C(2, 0) がある。

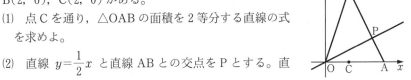

(1) 点 C を通り，△OAB の面積を 2 等分する直線の式
を求めよ。

(2) 直線 $y = \dfrac{1}{2}x$ と直線 AB との交点を P とする。直

線 $y = \dfrac{1}{2}x$ 上の点 D を，点 P の x 座標より大きくなるようにとる。このと
き，x 軸上の $x < 0$ の範囲に点 Q をとると，△QAD の面積が四角形 BOAD
の面積と等しくなった。点 Q の x 座標を求めよ。

[10] 平らな地面に x 軸，y 軸を定め，4点 O(0, 0)，A(5, 0)，B(5, 5)，
C(0, 5) に，長さがそれぞれ 1，3，d，2 のくいを地面に垂直に立て，4本の
くいの先端が頂点となるような四角形の板を置く。

(1) d の値を求めよ。

(2) $0 \leqq x \leqq 5$ のときの点 $(x, 0)$ における地面から板までの高さ h を，x を使っ
て表せ。

(3) $0 \leqq x \leqq 5$，$0 \leqq y \leqq 5$ のときの点 (x, y) における地面から板までの高さ h
を，x，y を使って表せ。

(4) (3)における h，x，y がともに整数になるような点 (x, y) をすべて求めよ。
ただし，$0 < x < 5$，$0 < y < 5$ とする。

5章

図形の性質の調べ方

1…平行線と角

1 **対頂角**

  2直線が交わってできる4つの角のうち，向かい合う2つの角を**対頂角**という。

  対頂角は等しい。

  右の図で，$\angle a = \angle c$, $\angle b = \angle d$

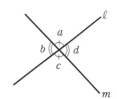

2 **同位角・錯角・同側内角**

  2直線に1つの直線が交わるとき，

  (1) 右の図で，$\angle a$ と $\angle e$, $\angle b$ と $\angle f$, $\angle c$ と $\angle g$, $\angle d$ と $\angle h$ のような位置関係にある2つの角を**同位角**という。

  (2) 右の図で，$\angle b$ と $\angle h$, $\angle c$ と $\angle e$ のような位置関係にある2つの角を**錯角**という。

  (3) 右の図で，$\angle b$ と $\angle e$, $\angle c$ と $\angle h$ のような位置関係にある2つの角を**同側内角**という。

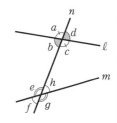

3 **平行線の性質**

  平行な2直線に1つの直線が交わるとき，

  (1) 同位角は等しい。

    右の図で，$\angle a = \angle e$, $\angle b = \angle f$, $\angle c = \angle g$, $\angle d = \angle h$

  (2) 錯角は等しい。

    右の図で，$\angle b = \angle h$, $\angle c = \angle e$

  (3) 同側内角の和は180°である。

    右の図で，$\angle b + \angle e = 180°$, $\angle c + \angle h = 180°$

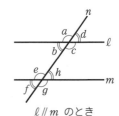

$\ell /\!/ m$ のとき

4　平行線になるための条件

　２直線に１つの直線が交わるとき，次のそれぞれの場合に，この２直線は平行となる。

(1)　同位角が等しいとき

(2)　錯角が等しいとき

(3)　同側内角の和が 180° であるとき
└───┘

基本問題

1. 右の図のように，３つの直線が１点で交わるとき，x の値を求めよ。

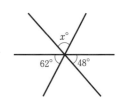

2. 右の図で，AB∥CD であるとき，x, y, z の値を求めよ。

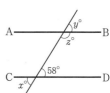

3. 右の図のように，６つの直線が交わるとき，次の問いに答えよ。

(1)　平行な２直線の組をすべて答えよ。また，その理由をいえ。

(2)　x, y の値を求めよ。

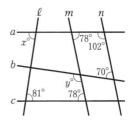

4. 右の図のように，２直線 AB，CD が点 O で交わるとき，

　　　∠AOC＝∠BOD（対頂角は等しい）

であることを説明せよ。

●**例題1**● 右の図で，AB∥CD であるとき，x の値を求めよ。

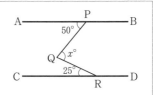

(解説) 平行線の性質を利用するために，点 Q を通る直線 AB の平行線をひく。また，直線 AB に平行な直線は，直線 CD にも平行になるから，直線 CD に平行な直線をひいてもよい。

(解答) 右の図のように，点 Q を通る直線 AB（または CD）の平行線 QX を点 B, D の側にひく。

AB∥QX より ∠PQX＝∠APQ＝50°（錯角）

QX∥CD より ∠XQR＝∠QRC＝25°（錯角）

ゆえに $x°$＝∠PQX＋∠XQR＝50°＋25°＝75°

（答） $x=75$

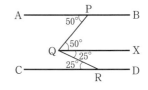

演習問題

5. 次の図で，AB∥CD であるとき，x の値を求めよ。

6. 右の図で，AB∥CD であるとき，$b-a$, $c+d$ の値を求めよ。

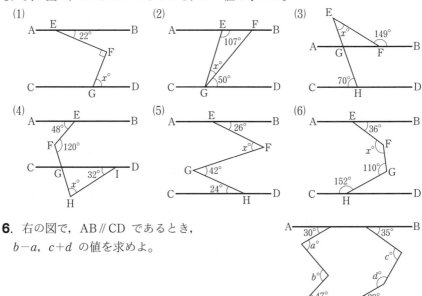

7. 右の図のように，長方形の紙 ABCD を，線
分 EF を折り目として折り返した。

∠GFB＝36° であるとき，∠GFE と∠FED′
の大きさを求めよ。

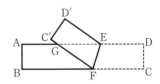

8. △ABC で，

$$∠A＋∠B＋∠C＝180°$$

であることを，右の図を利用して説明せよ。

ただし，点 D は辺 BC の延長上にあり，

BA∥CE である。

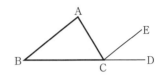

●例題2● 右の図で，AB∥EG，

∠AFC＝∠CFG であるとき，CD∥EG であ
ることを説明せよ。

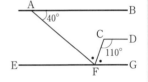

(**解説**) 2直線が平行であることを示すには，次のいずれか1つがいえればよい。

(i) 同位角が等しい。　(ii) 錯角が等しい。　(iii) 同側内角の和が180°である。

(**解答**) AB∥EG より　∠BAF＋∠AFG＝180°（同側内角）

ゆえに　∠AFG＝180°－40°＝140°

∠AFC＝∠CFG であるから

$$∠CFG＝\frac{1}{2}∠AFG＝\frac{1}{2}×140°＝70°$$

よって　∠DCF＋∠CFG＝110°＋70°＝180°

ゆえに，同側内角の和が180°であるから　CD∥EG

(**別解**) AB∥EG より　∠AFE＝∠BAF＝40°（錯角）

よって　∠AFG＝180°－40°＝140°

∠AFC＝∠CFG であるから

$$∠AFC＝\frac{1}{2}∠AFG＝\frac{1}{2}×140°＝70°$$

ゆえに　∠EFC＝∠AFE＋∠AFC＝40°＋70°＝110°

よって　∠EFC＝∠DCF

ゆえに，錯角が等しいから　CD∥EG

▶ 演習問題 ◀

9. 右の図の四角形 ABCD で，AB∥DC，
∠A＝∠C であるとき，AD∥BC であることを
説明せよ。

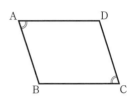

10. 右の図で，AB∥CD であるとき，AB∥EF
であることを説明せよ。

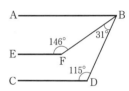

11. 右の図で，$a＝x＋y$ であるとき，AB∥CD であ
ることを説明せよ。

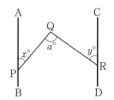

12. 次の図で，AB∥CD であることを説明せよ。

(1)

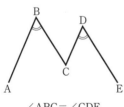

∠ABC＝∠CDE
BC∥DE

(2)

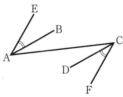

∠EAB＝∠FCD
AE∥FC

13. 右の図で，AB∥CD とし，∠AEF，∠EFD の
二等分線をそれぞれ EP，FQ とするとき，EP∥QF
であることを説明せよ。

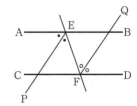

2…多角形の角と対角線

1 **三角形の内角と外角**
(1) 三角形の内角の和は **180°**（2∠R）である。
右の図で，$a+b+c=180$
(2) 三角形の外角は，それと隣り合わない2つの内角の和に等しい。
右の図で，$a+b=d$
なお，∠A，∠Bを，∠C の外角の**内対角**といい，上の性質は，
「三角形の外角は，その内対角の和に等しい」といいかえられる。

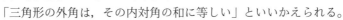

2 **多角形の内角と外角**
(1) 四角形の内角の和は **360°**（4∠R）である。
(2) n 角形の内角の和は **180°×$(n-2)$**（2$(n-2)$∠R）である。
(3) n 角形の外角の和は，n に関係なくつねに **360°**（4∠R）である。

3 **多角形の対角線**
多角形の隣り合わない頂点を結ぶ線分を，その多角形の**対角線**という。
n 角形の対角線の数は $\dfrac{1}{2}n(n-3)$ である。

注 ∠R は直角（90°）を表す記号である。

基本問題

14. 次の図で，∠A の大きさを求めよ。

(1)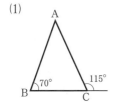
(2)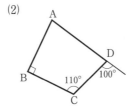
(3)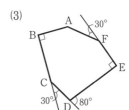

15. △ABC で，∠A，∠B，∠C の大きさの比が 1：2：3 のとき，∠A，∠B，∠C の大きさを求めよ。

16. 次の正多角形の1つの内角，および外角の大きさを求めよ。

(1) 正五角形 　　　　(2) 正八角形 　　　　(3) 正十二角形

17. n 角形の対角線の数を，次のように求めた。□□にあてはまる数または式を入れよ。

　　n 角形では，1つの頂点から □㋐□ 本の対角線がひける。また，頂点の数は □㋑□ 個であるから，全部で □㋒□ 本の対角線がひけることになるが，これでは1本の対角線を □㋓□ 回ずつ数えていることになる。ゆえに，n 角形の対角線は，全部で □㋔□ 本である。

18. 次の多角形の対角線の数を求めよ。

(1) 六角形 　　　　(2) 十角形

●**例題3**● 　右の図で，x の値を求めよ。

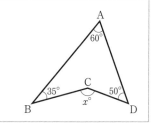

解説 線分 BC（または DC）を延長し，2つの三角形に分けて外角と内対角の性質を利用する方法や，点 B と D を結んで △ABD と △CBD の内角に着目する方法などがある。

解答 線分 BC の延長と線分 AD との交点を E とする。

　　　△ABE で
　　　　　∠BED＝∠A＋∠B＝60°＋35°＝95°
　　　△CDE で
　　　　　∠BCD＝∠CED＋∠D＝95°＋50°
　　　　　　　　＝145°

（答）　$x=145$

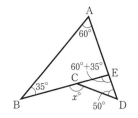

別解 点 B と D を結ぶ。

　　　△ABD で
　　　　　∠CBD＋∠CDB＝180°－60°－35°－50°＝35°
　　　△CBD で
　　　　　∠BCD＝180°－（∠CBD＋∠CDB）
　　　　　　　　＝180°－35°＝145°

（答）　$x=145$

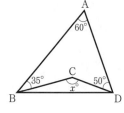

演習問題

19. 図1，図2で，$x° = \angle A + \angle B + \angle C$ であることを説明せよ。

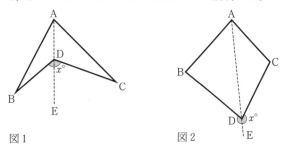

図1　　　　　　図2

20. 次の図で，x の値を求めよ。

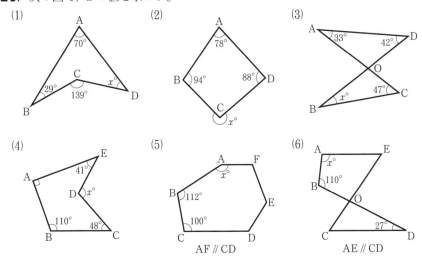

(5) AF // CD

(6) AE // CD

21. 正多角形について，次の問いに答えよ。
(1) 1つの内角の大きさが 140° の正多角形は，正何角形か。
(2) 1つの外角の大きさが 18° の正多角形は，正何角形か。
(3) 1つの内角の大きさが，1つの外角の 7 倍である正多角形は，正何角形か。
(4) 1つの内角の大きさが，1つの外角より 140° 大きい正多角形の対角線の数を求めよ。

22. 次の図で，AB∥CD であるとき，x の値を求めよ。

(1)　　　　　　　　　(2)　　　　　　　　　(3)

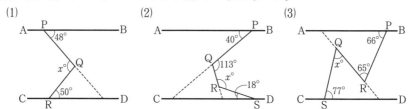

23. 右の図の △ABC で，∠ABC＝∠ACB とし，
∠DAC の二等分線を AE とするとき，AE∥BC である
ことを説明せよ。

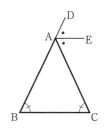

●**例題4**●　右の図の四角形 ABCD で，∠ABC，
∠BCD の二等分線の交点を I とするとき，
∠BIC の大きさを求めよ。

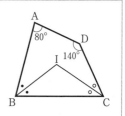

（解説）四角形 ABCD の内角の和が 360° であることから，∠ABC＋∠BCD を求める。

　△IBC で，∠BIC＋∠IBC＋∠ICB＝∠BIC＋$\frac{1}{2}$（∠ABC＋∠BCD）＝180° から，∠BIC

を求める。

（解答）四角形 ABCD で　∠ABC＋∠BCD＝360°－80°－140°＝140°

　　　　BI，CI はそれぞれ ∠ABC，∠BCD の二等分線であるから

$$∠IBC＝\frac{1}{2}∠ABC,　∠ICB＝\frac{1}{2}∠BCD$$

$$∠IBC＋∠ICB＝\frac{1}{2}∠ABC＋\frac{1}{2}∠BCD$$

$$＝\frac{1}{2}（∠ABC＋∠BCD）＝\frac{1}{2}×140°＝70°$$

　　　　ゆえに，△IBC で　∠BIC＝180°－70°＝110°　　　　　　　（答）　110°

演習問題

24. 次の図で, x の値を求めよ。

(1)

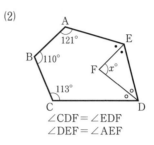

∠ABI＝∠CBI
∠ACI＝∠BCI

(2)

∠CDF＝∠EDF
∠DEF＝∠AEF

(3)

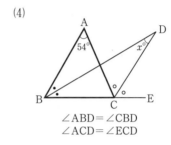

∠ABD＝∠DBE＝∠EBC
∠ACD＝∠DCE＝∠ECB

(4)

∠ABD＝∠CBD
∠ACD＝∠ECD

25. 右の図で, AB∥CD で, QE, QF はそれぞれ
∠AEP, ∠CFP の二等分線であるとき, p を q の
式で表せ。

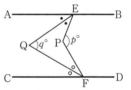

26. 右の図のような四角形 ABCD で, ∠B の外
角の二等分線と ∠C の二等分線との交点を E
とする。∠A＝160°, ∠D は ∠CEB の 3 倍の
大きさであるとき, ∠D の大きさを求めよ。

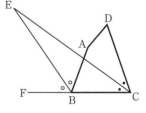

27. 右の図の四角形 ABCD で，∠B，∠D の二等
分線の交点を E とする。∠A=$a°$，∠C=$c°$ とす
るとき，x を a，c の式で表せ。

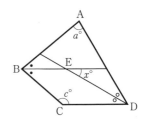

●**例題5**● 右の図で，印をつけた ∠A，∠B，∠C，
∠D，∠E，∠F，∠G の和を求めよ。

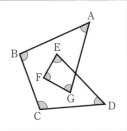

(解説) 点 A と D，点 E と G を結ぶと，求める角の和は，四角形 ABCD と △EFG の内角
の和である。

(解答) 点 A と D，点 E と G を結び，線分 AG と DE との交点を H とする。

∠EHG＝∠AHD（対頂角）

△HEG と △HDA において，1 つの角が等しいから，
他の 2 つの角の和は等しい。

よって ∠HEG＋∠HGE＝∠HAD＋∠HDA

ゆえに，求める角の和は，四角形 ABCD と △EFG の
内角の和に等しいから

360°＋180°＝540°

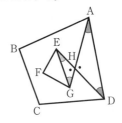

（答） 540°（6∠R）

(別解) 線分 AG と DE との交点を H とし，右の図のように点 I をとる。

∠EHG＝∠AHD（対頂角）

四角形 EFGH と四角形 AHDI において，1 つの角が
等しいから，他の 3 つの角の和は等しい。

ゆえに ∠E＋∠F＋∠G＝∠HAI＋∠AID＋∠IDH

よって，求める角の和は，五角形 ABCDI の内角の和
となる。

ゆえに 180°×（5－2）＝540°

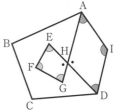

（答） 540°（6∠R）

演習問題

28. 次の図で，印をつけた角の和を求めよ。

(1)

(2)

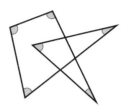

(3)

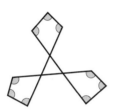

(4)

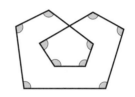

29. 次の問いに答えよ。

(1) n を 5 以上の奇数とする。
どの内角も鈍角である n 角
形の各辺を延長して，n 個の
頂点をつくると，一筆書きの
できる図形になる。たとえば，
右の図は五角形，七角形の場
合である。

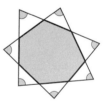

このとき，印をつけた n 個の角の和は，$180° \times (n-4)$ であることを説明
せよ。

(2) 次の図で，印をつけた角の和を求めよ。

(i)

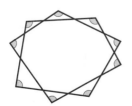

(ii)

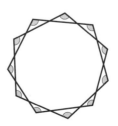

30. 右の図のように，正九角形 ABCDEFGHI で，辺 EF の延長と辺 IH の延長との交点を J とするとき，∠FJH の大きさを求めよ。

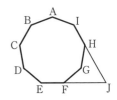

●**例題6**● 六角形 ABCDEF で，内角の大きさがすべて等しいとき，3 組の向かい合う辺はすべて平行であることを説明せよ。

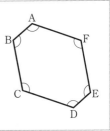

(解説) AB∥ED を説明するためには，∠F または ∠C の二等分線をひいて考える。他の 2 組も同様に考えられる。

(解答) 六角形 ABCDEF の内角の和は　$180° \times (6-2) = 720°$
であるから，1 つの内角は
$$720° \div 6 = 120°$$
右の図のように，∠F の二等分線を FG とすると
$$\angle AFG = \angle EFG$$
ゆえに　$\angle AFG = \angle EFG = 120° \div 2 = 60°$
$$\angle A + \angle AFG = 120° + 60° = 180°$$
同様に　$\angle E + \angle EFG = 180°$
同側内角の和が $180°$ であるから
$$AB \parallel FG$$
$$ED \parallel FG$$
よって　$AB \parallel ED$
$BC \parallel FE$，$CD \parallel AF$ についても同様に説明できる。
ゆえに，3 組の向かい合う辺はすべて平行である。

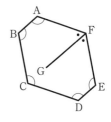

(参考) 辺 AF の延長と辺 DE の延長との交点を H として，$\angle A + \angle H = 180°$ を示してもよい。

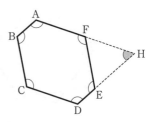

演習問題

31. 右の図のように，内角の大きさがすべて等しい
五角形 ABCDE で，∠A の三等分線を AM，AN
とするとき，AM∥ED であることを説明せよ。

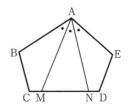

32. 右の図のように，∠A＝∠C である四角形 ABCD
で，∠B，∠D の二等分線をそれぞれ BM，DN とす
るとき，BM∥ND であることを説明せよ。

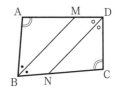

進んだ問題の解法

||||**問題1** 右の図のように，正 a 角形，正 b 角形，
正 c 角形が1つの頂点に集まり，たがいに辺を
共有している。このとき，$\dfrac{1}{a}+\dfrac{1}{b}+\dfrac{1}{c}=\dfrac{1}{2}$ であ
ることを説明せよ。

解法 90°を∠R で表すと，正 a 角形の1つの内角は，$2(a-2)\angle \mathrm{R} \div a=\left(2-\dfrac{4}{a}\right)\angle \mathrm{R}$

同様に，正 b 角形，正 c 角形の内角も考えると，これら3つの内角の和が $4\angle \mathrm{R}$ になる。

解答 正 a 角形の1つの内角は $2(a-2)\angle \mathrm{R} \div a=\left(2-\dfrac{4}{a}\right)\angle \mathrm{R}$

同様に，

正 b 角形の1つの内角は $\left(2-\dfrac{4}{b}\right)\angle \mathrm{R}$

正 c 角形の1つの内角は $\left(2-\dfrac{4}{c}\right)\angle \mathrm{R}$

3つの正多角形が1つの頂点に集まるから，これら3つの内角の和は $4\angle \mathrm{R}$ である。

ゆえに $\left(2-\dfrac{4}{a}\right)\angle \mathrm{R}+\left(2-\dfrac{4}{b}\right)\angle \mathrm{R}+\left(2-\dfrac{4}{c}\right)\angle \mathrm{R}=4\angle \mathrm{R}$

よって $\dfrac{4}{a}\angle \mathrm{R}+\dfrac{4}{b}\angle \mathrm{R}+\dfrac{4}{c}\angle \mathrm{R}=2\angle \mathrm{R}$

ゆえに $\dfrac{1}{a}+\dfrac{1}{b}+\dfrac{1}{c}=\dfrac{1}{2}$

別解 正a角形の1つの外角は 4∠R÷a=$\dfrac{4}{a}$∠R

同様に，正b角形，正c角形の1つの外角は，それぞれ $\dfrac{4}{b}$∠R，$\dfrac{4}{c}$∠R

ゆえに $\left(2∠R-\dfrac{4}{a}∠R\right)+\left(2∠R-\dfrac{4}{b}∠R\right)+\left(2∠R-\dfrac{4}{c}∠R\right)=4∠R$

よって $\dfrac{4}{a}∠R+\dfrac{4}{b}∠R+\dfrac{4}{c}∠R=2∠R$

ゆえに $\dfrac{1}{a}+\dfrac{1}{b}+\dfrac{1}{c}=\dfrac{1}{2}$

注 右の図のように考えると，正a角形，正b角形，正c角形の外角の和が2∠Rになることがわかる。

||||||進んだ問題||||||

33. 右の図の四角形 ABCD と合同な四角形を使い，平面をしきつめることができる。右の図の頂点 A のまわりを合同な四角形でしきつめた図をかけ。ただし，長さの等しい辺をそろえて並べるものとする。

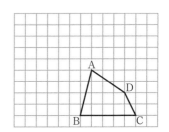

34. 正三角形，正方形，正六角形，正八角形のタイルで平面をしきつめることを考える。ただし，それぞれの正多角形の1辺の長さはすべて等しく，頂点は必ず他の正多角形の頂点と重なることにする。

(1) タイルの1つの内角の大きさを調べて，右の表の空らんをうめよ。

タイルの辺の数	3	4	6	8
1つの内角の大きさ				

(2) 右の図のように，1種類のタイルで平面をしきつめる場合，正六角形のタイル以外に，平面をしきつめることができるタイルの形をすべていえ。

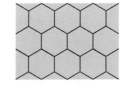

(3) 2種類のタイルで平面をしきつめる場合，1つの頂点に3つの正多角形が集まる。このとき使った2種類のタイルとその枚数をいえ。

3… 証明と定理

1. **定義**

ことばや記号の示す内容や意味をはっきりと述べたものを**定義**という。

(例) 二等辺三角形の定義は，「2辺の長さが等しい三角形」である。

2. **仮定と結論**

(1) その主張することがらが正しい（真）か，正しくない（偽）かのどちらかに決まることがらを**命題**という。

(2) 命題「p である ならば q である」において，「p である」を**仮定**，「q である」を**結論**という。

「p である ならば q である」を，記号 $\Longrightarrow$ を使って「$p \Longrightarrow q$」と書く。

(3) 命題「$p \Longrightarrow q$」に対して，命題「$q \Longrightarrow p$」をその**逆**という。なお，ある命題「$p \Longrightarrow q$」が正しくても，その逆「$q \Longrightarrow p$」は必ずしも正しいとは限らない。

3. **証明と公理・定理**

(1) 定義や根拠となることがらを使って，仮定から結論を導き出すことを**証明**という。

(2) 証明しなくても明らかに正しいものとすることがらを**公理**という。

(3) 正しいことが証明されたことがらのうち，基本的なものや重要なものを**定理**という。

(4) **根拠となることがらの例**

① **公理の例**

(i) 異なる2点を通る直線は，ただ1つある。

(ii) $A=B$, $B=C$ ならば $A=C$ である。

② **定理の例**

(i) 対頂角は等しい。

(ii) 三角形の内角の和は $180°$ である。

4. **反例**

ある命題が正しくないことを示すには，仮定を満たしているが，結論が成り立たない例を1つあげればよい。この例を**反例**という。

基本問題

35. 次のことばの定義を書け。
(1) 直角三角形　　(2) 奇数　　(3) 線分の中点　　(4) 円

36. 次の命題の仮定と結論を書け。
(1) $x=2$, $y=3$ ならば, $2x-y=1$ である。
(2) △ABC で, ∠A$=90°$ ならば ∠B$+$∠C$=90°$ である。
(3) 2つの整数 a, b が偶数ならば, ab は4の倍数である。

●**例題7**　次の命題の仮定と結論を書け。また, 逆をつくり, それが正しいかどうかを調べよ。
(1) 2つの数 a, b で, $a>0$, $b<0$ ならば $ab<0$ である。
(2) 4の倍数は偶数である。
(3) 長方形の4つの内角はすべて直角である。

解説　仮定や結論は, それぞれが文章として意味が通るように, 主語を補うなどして表現する。
　また, 問題文が「逆をつくり, それが正しいかどうかを調べよ」で終わっていたとしても, 逆が正しくないときは, 反例を1つ示すようにする。

解答　(1)　(仮定) 2つの数 a, b で, $a>0$, $b<0$
　　　　　(結論) その2つの数 a, b で, $ab<0$
　　　　　(逆)　 2つの数 a, b で, $ab<0$ ならば $a>0$, $b<0$ である。
　　　　　逆は正しくない。
　　　　　(反例) $a=-2$, $b=3$ のとき, $ab=-6$ である。
　　　(2)　(仮定) ある整数は4の倍数である。
　　　　　(結論) その整数は偶数である。
　　　　　(逆)　 ある整数が偶数ならば, その整数は4の倍数である。
　　　　　　　　(偶数は4の倍数である)
　　　　　逆は正しくない。
　　　　　(反例) 2は偶数であるが, 4の倍数ではない。
　　　(3)　(仮定) ある四角形は長方形である。
　　　　　(結論) その四角形の4つの内角はすべて直角である。
　　　　　(逆)　 4つの内角がすべて直角である四角形は長方形である。
　　　　　逆は正しい。

演習問題

37. 次の命題の仮定と結論を書け。また，逆をつくり，それが正しいかどうか
を調べよ。
(1) 一の位の数が5である整数は5の倍数である。
(2) 奇数と奇数の和は偶数である。
(3) 正三角形は二等辺三角形である。
(4) 面積の等しい2つの三角形は合同である。

38. 次の命題は偽である。それぞれ反例を1つ示せ。
(1) 2つの数 a, b で，$ab>0$ ならば，$a>0$，$b>0$ である。
(2) 3つの数 a, b, c で，$ac=bc$ ならば $a=b$ である。
(3) 4つの辺の長さが等しい四角形は正方形である。

●**例題8**● 右の図のように，∠AEF，∠EFC
の二等分線の交点をGとする。∠EGF＝90°
であるとき，AB∥CD であることを証明せよ。

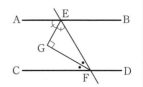

解説 仮定と結論をしっかり意識しながら，理由を考えて証明する。

証明 （仮定）上の図で，EG，FG はそれぞれ ∠AEF，∠EFC の二等分線
∠EGF＝90°
（結論）AB∥CD
（証明）∠AEG＝∠FEG＝$a°$，∠EFG＝∠CFG＝$b°$ とする。
△EGF で，∠EGF＝90°（仮定）であるから
∠FEG＋∠EFG＝$a°+b°=90°$
よって ∠AEF＋∠EFC＝$2a°+2b°=2(a°+b°)=180°$
ゆえに，同側内角の和が180°であるから AB∥CD

注 一般に，（証明）の前の（仮定）と（結論）は，とくに指示がない限り省略する。ただ
し，この節では，練習のために書くこととする。

演習問題

39. 右の図で，O は線分 AB 上の点であり，
∠AOC，∠BOC の二等分線をそれぞれ OP，OQ
とするとき，∠POQ＝90° であることを証明せよ。

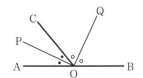

40. 右の図のように，4 つの直線 AB，CD，EF，
GH が点 P，Q，R，S で交わっている。このと
き，∠APE＝∠BRH ならば ∠CQF＝∠DSG
であることを証明せよ。

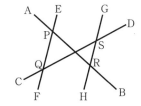

41. 右の図の △ABC で，∠A の二等分線と辺
BC との交点を D とするとき，
$$∠ADC − ∠ADB = ∠B − ∠C$$
であることを証明せよ。

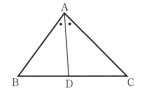

▏▎▍進んだ問題▕▏

42. 右の図のように，△ABC の ∠B，∠C の二等
分線の交点を I とする。

(1) $∠BIC = 90° + \dfrac{1}{2}∠A$ であることを証明せよ。

(2) ∠B，∠C の外角の二等分線の交点を O とす
るとき，$∠BOC = 90° - \dfrac{1}{2}∠A$ であることを
証明せよ。

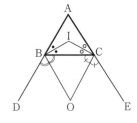

5章の問題

1 次の図で，$\ell /\!/ m$ であるとき，x，y の値を求めよ。

(1)
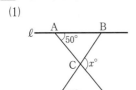

(2)
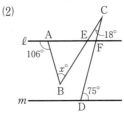

(3)
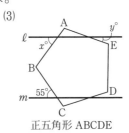

正五角形 ABCDE

2 次の図で，x の値を求めよ。

(1)
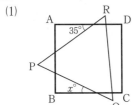

正方形 ABCD
正三角形 PQR

(2)
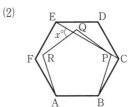

正六角形 ABCDEF
正五角形 ABPQR

3 次の図で，印をつけた角の和を求めよ。

(1)

(2)

4 右の図のように，∠ABC＝66° の △ABC で，辺 AB
上に点 D をとり，線分 CD を折り目として折り返し，
頂点 A が移った点を E とする。ED /\!/ BC のとき，
∠EDC の大きさを求めよ。

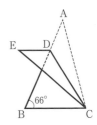

5 多角形について，次の問いに答えよ。

(1) 1つの内角と外角の大きさの比が 8：1 である正多角形は正何角形か。

(2) 内角の和が 1440° である多角形は何角形か。

6 右の図で，AB∥CD であるとき，
$$a+b+180=p+q$$
であることを証明せよ。

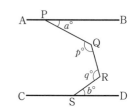

7 右の図の △ABC で，∠A＝2∠B である。∠B の外角の二等分線を BP，∠C の外角の三等分線を CQ，CR とする。

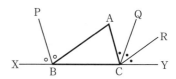

(1) AB∥RC であることを証明せよ。

(2) PB∥AC であるとき，∠A の大きさを求めよ。

||||||進んだ問題||||||

8 四角形 ABCD で，∠A，∠B，∠C，∠D の外角の大きさの比が
$$a：(a+1)：(a+2)：(a+3)$$
であるとき，∠A，∠B，∠C，∠D の内角の大きさの比は
$$(a+3)：(a+2)：(a+1)：a$$
であることを証明せよ。

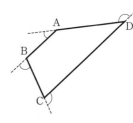

9 右の図で，∠ACB，∠ADB の二等分線の交点を E とするとき，
$$\angle CED=\frac{1}{2}(\angle CAD+\angle CBD)$$
であることを証明せよ。

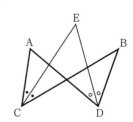

三角形の合同

1…三角形の合同

---

1 **合同**

　2つの図形があって，一方の図形を移動して他方の図形にぴったり重ね合わせることができるとき，この2つの図形は**合同**であるという。

　△ABC と △A′B′C′ が合同であるとき，記号≡を使って

△ABC≡△A′B′C′ と書く。このとき，対応する順に頂点を書く。

2 **多角形の合同**

(1)　辺数の等しい2つの多角形で，辺の長さが順にそれぞれ等しく，それらの辺にはさまれる角の大きさがそれぞれ等しいとき，この2つの多角形は**合同**である。

(2)　合同な2つの多角形において，対応する辺の長さは等しく，対応する角の大きさは等しい。

3 **三角形の合同条件**

　2つの三角形は，次のそれぞれの場合に合同である。

(1)　3辺がそれぞれ等しいとき

　　　　　　（3辺の合同）

　　右の図で，

　$a=a'$，$b=b'$，$c=c'$

(2)　2辺とその間の角がそれぞれ等しいとき

　　　（2辺挟角の合同　または

　　　2辺と間の角の合同）

　$b=b'$，$c=c'$，$\angle A=\angle A'$

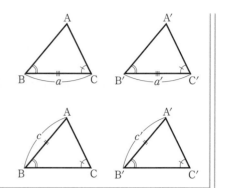

(3) 2角とその間の辺がそれぞれ
   等しいとき
      （2角夾辺の合同　または
      2角と間の辺の合同）
   ∠B＝∠B′，∠C＝∠C′，$a＝a′$
(4) 2角とその1つの角の対辺
   がそれぞれ等しいとき
      （2角1対辺の合同）
   ∠B＝∠B′，∠C＝∠C′，$c＝c′$

――――**基本問題**――――

1. 次の図の三角形の中から合同なものを選び，記号≡を使って表せ。また，そ
のときの合同条件を書け。

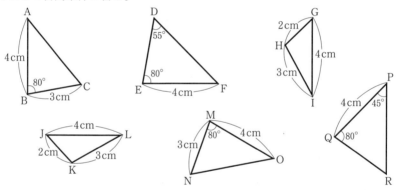

2. 右の図の四角形 ABCD で，点 M は
辺 AD 上にあり，△MAB≡△DMC
のとき，△CMB の面積をp，qを使っ
て表せ。

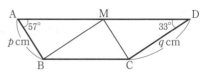

3. △ABC≡△DEF であるためには，次の □ にどのような辺または角を入
れればよいか。考えられるものをすべて答え，そのときの合同条件を書け。
(1) AB＝DE，　∠A＝∠D，　□＝□
(2) AB＝DE，　BC＝EF，　□＝□

●**例題1**● △ABC≡△A′B′C′
のとき，辺 BC，B′C′ の中点
をそれぞれ M，M′ とすると，
∠BAM＝∠B′A′M′ であるこ
とを証明せよ。

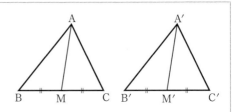

解説 ∠BAM と ∠B′A′M′ が対応する角となる △ABM と △A′B′M′ の合同を示す。
このとき，三角形の合同条件 (i) 3辺 (ii) 2辺夾角 (iii) 2角夾辺 (iv) 2角1対辺
のうち，どれを使えばよいかを考える。

証明 △ABM と △A′B′M′ において
　　　　△ABC≡△A′B′C′（仮定）であるから
　　　　　　AB＝A′B′ ………①
　　　　　　∠B＝∠B′ ………②
　　　　　　BC＝B′C′
　　　　M，M′ はそれぞれ辺 BC，B′C′ の中点であるから

$$BM＝\frac{1}{2}BC,\ B′M′＝\frac{1}{2}B′C′$$

　　　　よって　BM＝B′M′ ………③
　　　　①，②，③より　△ABM≡△A′B′M′（2辺夾角）
　　　　ゆえに　∠BAM＝∠B′A′M′

注 三角形の頂点とその対辺の中点を結ぶ線分を，その三角形の**中線**という。上の図では，
線分 AM が △ABC の中線である。

演習問題

4. 四角形 ABCD で，AB＝DC，AC＝DB のとき，
∠BAC＝∠CDB であることを証明せよ。

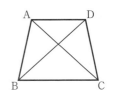

5. 右の図の △ABC で，AB＝AC，∠A の二等分線と
辺 BC との交点を H とするとき，AH⊥BC であるこ
とを証明せよ。

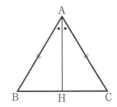

6. 右の図の四角形 ABCD で，AD∥BC，
AD＝BC，BE＝DF のとき，△AED≡△CFB
であることを証明せよ。

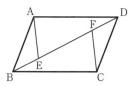

7. 右の図で，△ABC≡△A′B′C′
のとき，次のことを証明せよ。
(1)　∠A，∠A′ の二等分線と
辺 BC，B′C′ との交点をそれ
ぞれ D，D′ とするとき，
$$AD＝A′D′$$

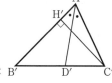

(2)　頂点 C，C′ から対辺 AB，A′B′ にそれぞれ垂線 CH，C′H′ をひくとき，
$$CH＝C′H′$$

8. 右の図で，長方形 ABCD≡長方形 GCEF のとき，
∠BGC＝∠EDC であることを証明せよ。

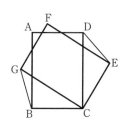

9. 右の図で，線分 AB，CD，EF は1点 O で交
わり，AO＝BO，CO＝DO，EO＝FO である。
このとき，∠ACE＝∠BDF であることを証明
せよ。

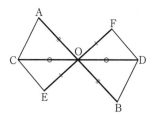

10. 右の図の∠XOY で，次の手順により，半直線 OP を作図した。
①　O を中心として適当な半径の円をかき，2辺
OX，OY との交点をそれぞれ A，B とする。
②　A，B をそれぞれ中心として同じ半径の円を
かき，その交点を P とする。
③　半直線 OP をひく。
このとき，∠AOP＝∠BOP（半直線 OP は∠XOY の二等分線）であること
を証明せよ。

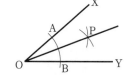

11. 右の図のように，△ABC の外側に直角二等辺三
角形 ABE，ACD をつくる。このとき，次のことを
証明せよ。
(1) EC＝BD
(2) EC⊥BD

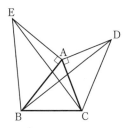

進んだ問題の解法

|||||問題1 右の図の四角形 ABCD と
四角形 A′B′C′D′ で，AB＝A′B′，
BC＝B′C′，CA＝C′A′，∠A＝∠A′，
∠C＝∠C′ ならば，
四角形 ABCD≡四角形 A′B′C′D′
であることを証明せよ。

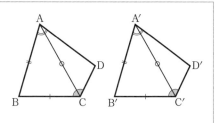

解法 2つの四角形で，4つの辺の長さが順に等しく，それらの辺にはさまれる角の大き
さがそれぞれ等しいとき，この2つの四角形は合同である。
　この問題では，それぞれの四角形を2つの三角形に分けて，△ABC≡△A′B′C′，
△ACD≡△A′C′D′ であることを示し，四角形 ABCD≡四角形 A′B′C′D′ を導く。

証明 △ABC と △A′B′C′ において
　　　仮定より　AB＝A′B′，BC＝B′C′，CA＝C′A′
　　　よって　　△ABC≡△A′B′C′（3辺）
　　　ゆえに　　∠CAB＝∠C′A′B′ ……①，∠BCA＝∠B′C′A′ ……②，∠B＝∠B′
　　　△ACD と △A′C′D′ において
　　　　　　CA＝C′A′（仮定）
　　　∠DAC＝∠A－∠CAB，∠D′A′C′＝∠A′－∠C′A′B′，∠A＝∠A′（仮定）と①より
　　　　　　∠DAC＝∠D′A′C′
　　　∠ACD＝∠C－∠BCA，∠A′C′D′＝∠C′－∠B′C′A′，∠C＝∠C′（仮定）と②より
　　　　　　∠ACD＝∠A′C′D′
　　　よって　　△ACD≡△A′C′D′（2角夾辺）
　　　ゆえに　　CD＝C′D′，DA＝D′A′，∠D＝∠D′
　　　よって　　AB＝A′B′，BC＝B′C′，CD＝C′D′，DA＝D′A′
　　　　　　∠A＝∠A′，∠B＝∠B′，∠C＝∠C′，∠D＝∠D′
　　　ゆえに　　四角形 ABCD≡四角形 A′B′C′D′

||||| **進んだ問題** |||||

12. 次の図の四角形 ABCD と四角形 A′B′C′D′ で，(1)～(4)の場合に合同である
ことを証明せよ。

(1) AB＝A′B′，BC＝B′C′，CD＝C′D′，
DA＝D′A′，∠A＝∠A′

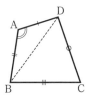

(2) AB＝A′B′，BC＝B′C′，∠A＝∠A′，
∠B＝∠B′，∠C＝∠C′

(3) AB＝A′B′，BC＝B′C′，CD＝C′D′，
∠B＝∠B′，∠C＝∠C′

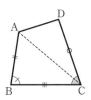

(4) AB＝A′B′，BC＝B′C′，CD＝C′D′，
DA＝D′A′，AC＝A′C′

▶研究◀ 2辺とその1つの対角がそれぞれ等しい三角形

> 2つの三角形で，2辺とその1つの対角がそれぞれ等しいとき，2つの三角形は合同であるか，またはもう1つの対角がたがいに補角（2つの角の和が180°）であるかのどちらかである。
>
> すなわち，△ABC と △A′B′C′ において，
>
> $$AB=A′B′,\quad AC=A′C′,\quad ∠B=∠B′ \text{ ならば,}$$
>
> (i) △ABC≡△A′B′C′ または (ii) ∠C＋∠C′＝180°

◁証明▷ △A′B′C′ を移動して，辺 A′B′ を AB に重ね，辺 B′C′ を BC の側におくと，

∠B＝∠B′ より，辺 B′C′ は直線 BC に重なる。このとき，頂点 C′ は頂点 C と重なる場合と重ならない場合がある。

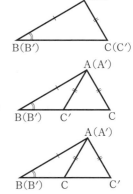

(i) 頂点 C と C′ が重なるとき

 △ABC と △A′B′C′ はぴったり重なるから

  △ABC≡△A′B′C′

(ii) 頂点 C と C′ が重ならないとき

 △ABC と合同でない △A′B′C′ が考えられる。

 △ACC′ は AC＝AC′ の二等辺三角形であるから

 ∠ACC′＝∠AC′C より ∠ACB＋∠AC′B＝180°

 ゆえに ∠C＋∠C′＝180°

(i)，(ii)より，△ABC と △A′B′C′ において

  AB＝A′B′，AC＝A′C′，∠B＝∠B′ ならば

  △ABC≡△A′B′C′ または ∠C＋∠C′＝180°

注 AB≦AC（A′B′≦A′C′）ならば，頂点 C と C′ が必ず重なるから，△ABC≡△A′B′C′

∠B≧90°（∠B′≧90°）のときも AB＜AC（A′B′＜A′C′）となり，△ABC≡△A′B′C′

すなわち，次のいずれかである場合は，△ABC≡△A′B′C′ である。

 (i) AB＝AC (ii) AB＜AC (iii) ∠B＝90° (iv) ∠B＞90°

▶研究問題◀

13. 次のうち，△ABC と △A′B′C′ が，つねに合同であるものはどれか。

(ア) AB＝A′B′＝10cm， AC＝A′C′＝6cm， ∠B＝∠B′＝30°

(イ) AB＝A′B′＝6cm， AC＝A′C′＝10cm， ∠B＝∠B′＝120°

(ウ) AB＝A′B′＝6cm， AC＝A′C′＝10cm， ∠B＝∠B′＝30°

(エ) AB＝A′B′＝AC＝A′C′＝6cm， ∠B＝∠B′＝30°

(オ) AB＝A′B′＝6cm， AC＝A′C′＝8cm， ∠B＝∠B′＝90°

2 … いろいろな三角形

1. **二等辺三角形**

   2つの辺の長さが等しい三角形を**二等辺三角形**といい，長さの等しい2辺がつくる角を**頂角**，頂角に対する辺を**底辺**，底辺の両端の角を**底角**という。

   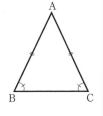

   (1) 二等辺三角形の2つの底角は等しい。

   (2) 2つの角が等しい三角形は二等辺三角形である。

   (3) 二等辺三角形の頂角の二等分線は，底辺を垂直に2等分する。

   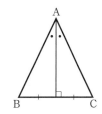

   注 二等辺三角形では，
   - (i) 底辺の垂直二等分線
   - (ii) 頂角の頂点からひいた中線
   - (iii) 頂角の二等分線
   - (iv) 頂角の頂点から底辺にひいた垂線

   はすべて一致して，二等辺三角形の対称軸となる。

2. **直角三角形**

   1つの角が直角である三角形を**直角三角形**といい，直角に対する辺を**斜辺**という。

   (1) 直角三角形では，斜辺がいちばん大きい辺である。

   (2) **直角三角形の合同条件**

   2つの直角三角形は，次のそれぞれの場合に合同である。

   ① 斜辺と1つの鋭角がそれぞれ等しいとき（**斜辺と1鋭角の合同**）

   ② 斜辺と他の1辺がそれぞれ等しいとき（**斜辺と1辺の合同**）

3. **正三角形**

   3つの辺の長さが等しい三角形を**正三角形**という。

   (1) 正三角形の3つの内角は等しく $60°$ である。

   (2) 3つの内角が等しい（$60°$ である）三角形は正三角形である。

4. **鋭角三角形・鈍角三角形**

   $90°$ より小さい角を**鋭角**，$90°$ より大きく $180°$ より小さい角を**鈍角**という。3つの角がすべて鋭角である三角形を**鋭角三角形**，1つの角が鈍角である三角形を**鈍角三角形**という。

●**基本問題**●

14. 次の図で，x の値を求めよ。

(1)
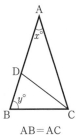
AB＝AD

(2)
∠ABC＝90°
AB＝AD

(3)
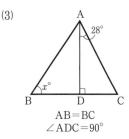
AB＝BC
∠ADC＝90°

15. 次の図で，x，y の値を求めよ。

(1)
AB＝AC
AD＝DC＝CB

(2)
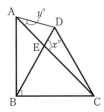
直角二等辺三角形 ABC
正三角形 DBC

16. 右の図のような 2 つの直角三角形 ABC，
DEF で，∠B＝∠E＝90° とする。
△ABC≡△DEF であるためには，次の ☐
にどのような辺または角を入れればよいか。考
えられるものをすべて答え，そのときの合同条
件を書け。

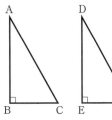

(1) AC＝DF，☐＝☐
(2) AB＝DE，☐＝☐

17. AB＝AC の二等辺三角形 ABC で，∠B＝∠C であ
ることを，次の 2 通りの方法で証明せよ。

(1) △ABC と △ACB の合同をいう。
(2) 辺 BC の中点を M とし，△ABM と △ACM の合
同をいう。

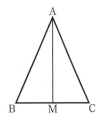

●**例題2**● 右の図のように，AB＝AC の二等辺三
角形 ABC の辺 BC 上に点 P をとる。点 P を通り辺
BC に垂直な直線と，辺 BA の延長，辺 AC との交
点をそれぞれ Q，R とするとき，△AQR は二等辺
三角形であることを証明せよ。

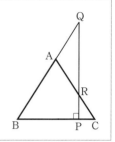

(解説) 二等辺三角形であることを証明するには，次のどちらかがいえればよい。
　(i)　2 辺の長さが等しい。　(ii)　2 角の大きさが等しい。

(証明) △ABC で，AB＝AC であるから　∠B＝∠C
　　　　　BC⊥QP（仮定）より
　　　　　△QBP で　∠PQB＝90°－∠B
　　　　　△RPC で　∠PRC＝90°－∠C
　　　　　ゆえに　　∠PQB＝∠PRC
　　　　　また　　　∠PRC＝∠ARQ（対頂角）
　　　　　よって　　∠PQB＝∠ARQ
　　　　　すなわち　∠AQR＝∠ARQ
　　　　　ゆえに，△AQR は　AQ＝AR の二等辺三角形である。

演習問題

18. 次の図で，x の値を求めよ。

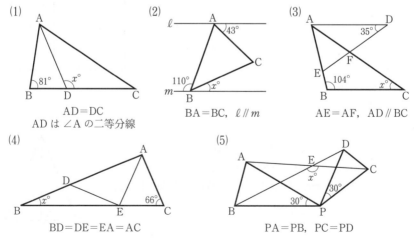

(1)
AD＝DC
AD は ∠A の二等分線

(2)
BA＝BC，ℓ ∥ m

(3)
AE＝AF，AD ∥ BC

(4)
BD＝DE＝EA＝AC

(5)
PA＝PB，PC＝PD

19. 右の図のように，△ABC の辺 BC の中点を M とし，M から辺 AB，AC にそれぞれ垂線 MD，ME をひく。∠BMD＝∠CME のとき，△ABC は二等辺三角形であることを証明せよ。

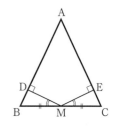

20. 右の図で，$\ell \parallel m$，$a \parallel b$，△ABC≡△DCB のとき，△CED は二等辺三角形であることを証明せよ。

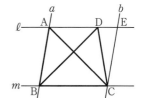

21. 右の図で，△ABC≡△AB′C′，AB∥C′B′ であり，辺 BC と B′C′ との交点を D とするとき，△ABD は二等辺三角形であることを証明せよ。

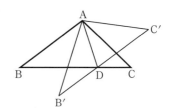

22. 右の図のような正五角形 ABCDE がある。頂点 B を通り辺 ED に平行な直線と，線分 EC の延長との交点を F とするとき，△CBF は二等辺三角形であることを証明せよ。

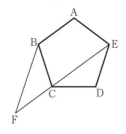

23. 右の図のように，OA＝OB の二等辺三角形 OAB で，辺 AB 上の点 P から辺 OB に垂線 PQ をひき，点 Q から辺 OA に垂線 QR をひくと，RP⊥AB になった。このとき，△QRP は二等辺三角形であることを証明せよ。

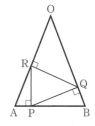

24. 次の問いに答えよ。

(1) ∠A＝90°の直角三角形 ABC で，斜辺 BC
上に点 D を，∠BAD＝∠ABD となるよう
にとるとき，AD＝BD＝CD であることを証
明せよ。

(2) △ABC で，辺 BC の中点を M とするとき，
AM＝BM＝CM ならば ∠BAC＝90° であ
ることを証明せよ。

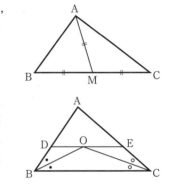

25. 右の図のように，△ABC の ∠B，∠C の二
等分線の交点を O とする。点 O を通り辺 BC
に平行な直線と，辺 AB，AC との交点をそれ
ぞれ D，E とする。このとき，次のことを証明
せよ。

(1) DB＝DO

(2) △ADE の周の長さは，辺 AB，AC の長さの和に等しい。

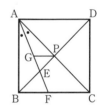

26. 右の図のように，正方形 ABCD の対角線の交点を P
とし，∠BAC の二等分線と対角線 BD，辺 BC との交
点をそれぞれ E，F とする。点 P を通り辺 BC に平行な
直線と，線分 AF との交点を G とするとき，次の問い
に答えよ。

(1) ∠BEF の大きさを求めよ。

(2) 右の図の中に，二等辺三角形は何種類あるか。ただし，合同な二等辺三角
形は 1 種類とする。

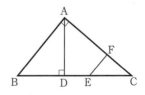

27. 右の図のように，∠A＝90°の直角三角形 ABC
で，頂点 A から辺 BC に垂線 AD をひき，辺 BC
上に BE＝BA，辺 AC 上に AF＝AD となる点 E，
F をとる。このとき，∠EFA＝90° であることを証
明せよ。

●**例題3**● 右の図のように，∠A＝90°の直
角三角形 ABC で，辺 BC 上に点 D を，
BD＝BA となるようにとり，D を通る辺 BC
の垂線と辺 AC との交点を E とする。この
とき，AE＝DE であることを証明せよ。

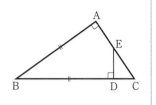

（**解説**） 点 B と E を結んで，線分 AE と DE をふくむ △ABE と △DBE の合同を示す。

△ABE，△DBE は直角三角形であるから，三角形の合同条件に加えて，直角三角形
の合同条件「斜辺と 1 鋭角の合同」，「斜辺と 1 辺の合同」も利用できる。

（**証明**） 点 B と E を結ぶ。

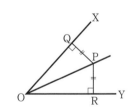

    △ABE と △DBE において

        ∠BAE＝∠BDE＝90°

        BE は共通

        BA＝BD（仮定）

    よって △ABE≡△DBE（斜辺と 1 辺）

    ゆえに AE＝DE

（**参考**） 点 A と D を結んで，△EAD が二等辺三角形であることを示してもよい。

演習問題

28. 右の図のように，∠XOY の内部の点 P から半
直線 OX，OY にそれぞれ垂線 PQ，PR をひく。
PQ＝PR のとき，半直線 OP は ∠XOY の二等分線
であることを証明せよ。

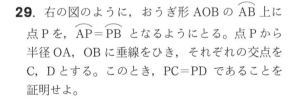

29. 右の図のように，おうぎ形 AOB の $\overset{\frown}{AB}$ 上に
点 P を，$\overset{\frown}{AP}＝\overset{\frown}{PB}$ となるようにとる。点 P から
半径 OA，OB に垂線をひき，それぞれの交点を
C，D とする。このとき，PC＝PD であることを
証明せよ。

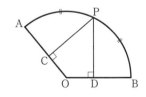

30. 右の図のように，∠A＝90° の直角二等辺三
角形 ABC で，∠B の二等分線と辺 AC との交点
を D とするとき，AB＋AD＝BC であることを
証明せよ。

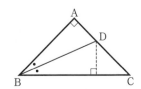

●**例題4**●　右の図のように，正三角形 ABC の 3
辺 BC，CA，AB の延長上にそれぞれ点 D，E，
F を，CD＝AE＝BF となるようにとるとき，
△DEF は正三角形であることを証明せよ。

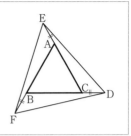

(解説)　正三角形であることを証明するには，次のいずれかがいえればよい。

(ⅰ)　3 辺の長さが等しい。

(ⅱ)　3 つの角の大きさが等しい。

(ⅲ)　2 辺の長さが等しく，1 つの内角が 60° である。

　この例題では，まず △AEF≡△BFD を示して，EF＝FD を導く。

(証明)　△AEF と △BFD において

$$AE＝BF（仮定）………①$$

AB＝BC（正三角形 ABC の辺），BF＝CD（仮定）より

$$AF＝BD ………②$$

また　　　　　　　$\angle EAF＝\angle FBD（＝180°－60°）………③$

①，②，③より　△AEF≡△BFD（2 辺夾角）

ゆえに　　　　　$EF＝FD ………④$

同様に，△AEF≡△CDE（2 辺夾角）であるから

$$EF＝DE ………⑤$$

④，⑤より　　　$DE＝EF＝FD$

ゆえに，△DEF は正三角形である。

(参考)　3 つの三角形の合同を，次のようにまとめて証明してもよい。

　△AEF と △BFD と △CDE において，

$$AE＝BF＝CD（仮定）………①$$

$$\angle EAF＝\angle FBD＝\angle DCE（＝180°－60°）………②$$

AB＝BC＝CA（正三角形 ABC の辺）と①より，

$$AF＝BD＝CE ………③$$

　①，②，③より，△AEF≡△BFD≡△CDE（2 辺夾角）

(参考)　△AEF≡△BFD（2 辺夾角）より，$\angle AEF＝\angle BFD$

　$\angle DFE＝\angle AFE＋\angle BFD＝\angle AFE＋\angle AEF＝\angle CAB＝60°$

　これより，解説の(ⅲ)を使って示してもよい。

演習問題

31. 右の図の六角形 ABCDEF で，△ABC は正三角形，六角形 AGCDEF は正六角形である。六角形 ABCDEF の面積は，△GCA の面積の何倍か。

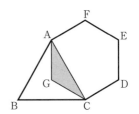

32. 右の図で，△ABC≡△ADE，AE∥BD のとき，△ABD は正三角形であることを証明せよ。

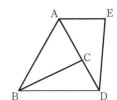

33. 右の図のように，正三角形 ABC の辺 BA の延長上に点 D をとり，△DCE が正三角形となるように点 E をとる。このとき，
　　　　　AE∥BC
であることを証明せよ。

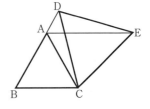

34. 右の図のように，線分 AB 上に点 P をとり，線分 AP，BP を 1 辺とする正三角形 APC，PBD を線分 AB について同じ側につくる。線分 AD と CB との交点を Q とするとき，∠AQB=120° であることを証明せよ。

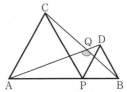

35. 図 1，図 2 で，正三角形 ABC の 3 辺 BC，CA，AB 上にそれぞれ点 D，E，F を，BD＝CE＝AF となるようにとる。

(1) 図 1 で，△DEF は正三角形であることを証明せよ。

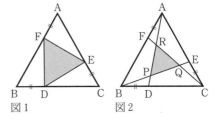

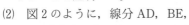

(2) 図 2 のように，線分 AD，BE，CF の交点をそれぞれ P，Q，R とするとき，△PQR は正三角形であることを証明せよ。

|||||進んだ問題|||||

36. 次の問いに答えよ。

(1) ∠A＝90°の直角三角形 ABC で，辺 BC の
中点を M とするとき，AM＝BM＝CM であ
ることを証明せよ。

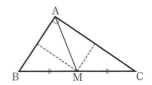

(2) 右の図の △ABC で，BD＝DC，BE⊥AC，
CF⊥AB とするとき，∠FDE の大きさを ∠A を使っ
て表せ。

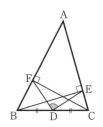

37. 右の図のように，∠A＝90°の直角三角形
ABC の頂点 A から斜辺 BC に垂線AD をひき，
∠B の二等分線と線分 AD，辺 AC との交点を
それぞれ E，F とする。また，点 F から斜辺
BC に垂線FG をひくとき，

　　　　AE＝EG＝GF＝FA

であることを証明せよ。

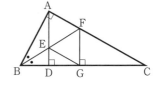

進んだ問題の解法 ||||||||||||||||||||||||||||||||||||||||||||||||||||||||||||||||||||||||||||||

|||||問題2　右の図のように，正方形 ABCD で，辺 BC
上に点 P をとり，∠DAP の二等分線と辺 CD との
交点を Q とする。このとき，AP＝BP＋DQ である
ことを証明せよ。

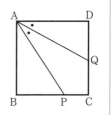

|解法|　辺 CD の延長上に点 R を，DR＝BP となるようにとると，△ABP≡△ADR であ
る。このとき，AP＝AR であるから，△RAQ で RA＝RQ であることを示せばよい。

[証明] 辺 CD の延長上に点 R を，DR＝BP となるようにとり，点 A と R を結ぶ。

△ABP と △ADR において

AB＝AD（正方形 ABCD の辺）

BP＝DR

∠ABP＝∠ADR（＝90°）

よって　　　△ABP≡△ADR（2辺夾角）

ゆえに　　　AP＝AR ………①　　∠PAB＝∠RAD

∠RAD＝∠PAB＝a°，∠DAQ＝∠QAP＝b° とする。

△RAQ で　∠RAQ＝∠RAD＋∠DAQ＝a°＋b°

また，RC // AB（正方形 ABCD の対辺）より，

∠RQA＝∠QAB（錯角）であるから

∠RQA＝∠QAB＝∠PAB＋∠QAP＝a°＋b°

ゆえに　　　∠RAQ＝∠RQA

よって，△RAQ は二等辺三角形であるから　RA＝RQ ………②

また　　　RQ＝RD＋DQ＝BP＋DQ ………③

①，②，③より　AP＝BP＋DQ

(参考) 線分 PB の延長上に点 S を，BS＝DQ となるようにとって，示してもよい。

‖‖‖進んだ問題‖‖‖

38. 右の図で，線分 AB の中点を M とし，
∠PAM＝∠QBM＝∠PMQ＝90° とする。このとき，
PQ＝AP＋BQ であることを証明せよ。

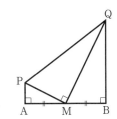

39. 右の図のように，線分 AB について同じ側に点
P，Q があって，AP＝BQ である。2点 P，Q を結
ぶ直線が，線分 AB の中点 M を通るとき，
∠APM＝∠BQM
であることを証明せよ。

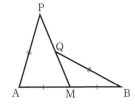

▶▶研究◀◀ 三角形の辺と角

1　**三角形の辺と角の大小関係**

(1)　△ABC で,

AB>AC ならば ∠C>∠B

(2)　△ABC で,

∠C>∠B ならば AB>AC

2　**三角形の 3 辺の長さの性質**

三角形の 2 辺の長さの和は, 他の 1 辺の長さより大きい。

△ABC で, BC=a, CA=b, AB=c とするとき,

$b+c>a$,　$c+a>b$,　$a+b>c$

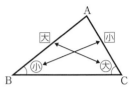

◁証明▷　1 (1)　AB>AC であるから, 辺 AB 上に AD=AC

となる点Dをとることができる。

△ADC で, AD=AC より

∠ADC=∠ACD

△DBC で, ∠ADC=∠B+∠BCD

よって　　∠ACB=∠ACD+∠BCD

　　　　　　=∠ADC+∠BCD=∠B+2∠BCD

∠BCD>0 より　∠ACB>∠B

ゆえに, △ABC で, AB>AC ならば ∠C>∠B

(2)　辺 AB と AC の大小は, AB>AC, AB=AC, AB<AC のうちのいずれかである。

AB=AC とすると, △ABC は二等辺三角形となるから

∠C=∠B

AB<AC とすると, (1)より

∠C<∠B

どちらの場合も仮定の ∠C>∠B に反する。

よって　　　AB>AC

ゆえに, △ABC で, ∠C>∠B ならば AB>AC

注　命題「$p \Longrightarrow q$」が正しくて, その命題の逆「$q \Longrightarrow p$」も正しいとき, 記号⟺を使って「$p \Longleftrightarrow q$」と書いてもよい。

△ABC で, AB>AC $\Longrightarrow$ ∠C>∠B, ∠C>∠B $\Longrightarrow$ AB>AC であるから,

△ABC で, AB>AC $\Longleftrightarrow$ ∠C>∠B と書いてもよい。

2　辺 BA の延長上に点 D を，AD＝AC となるようにとり，点 C と D を結ぶ。

△ACD で，AC＝AD より　　　∠ACD＝∠ADC

∠BCD＞∠ACD であるから　　∠BCD＞∠ADC

すなわち，△BCD で，

∠BCD＞∠BDC であるから　　BD＞BC

BD＝BA＋AD，AD＝AC より　　BA＋AC＞BC

よって　$b+c>a$

同様に　$c+a>b$，$a+b>c$

ゆえに　$b+c>a$，$c+a>b$，$a+b>c$

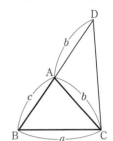

注　$b+c>a$，$c+a>b$，$a+b>c$ を a に着目すると，

$b+c>a$，$a>b-c$，$a>c-b$ となるから，$\boldsymbol{b+c>a>|b-c|}$ と表すことができる。

注　3 つの正の数 a，b，c について，不等式 $b+c>a$，$c+a>b$，$a+b>c$ がすべて成り立つとき，3 辺の長さが a，b，c の三角形をつくることができる。このことから，3 つの不等式を**三角形の成立条件**ということがある。

▶研究問題◀

40. 次の問いに答えよ。

(1)　△ABC で，∠A＝35°，∠B＝75° のとき，3 辺のうち，最も大きい辺（最大辺）は，AB，BC，CA のどれか。

(2)　△ABC で，AB＝7cm，BC＝10cm，CA＝8cm のとき，3 つの角のうち，最も大きい角は，∠A，∠B，∠C のどれか。

(3)　△ABC で，∠A＝60°，∠B＞∠C のとき，3 辺 AB，BC，CA を長さの大きい順に答えよ。

41. 三角形の 3 辺の長さを 3cm，4cm，x cm（ただし，$x>4$）とするとき，x の値の範囲を求めよ。

42. ∠A＝90° の直角三角形 ABC で，3 辺のうち，BC が最も大きい辺（最大辺）であることを証明せよ。

43. 正三角形 ABC の内部に点 P をとるとき，PB＋PC＞PA であることを証明せよ。

44. 右の図のように，AB＝AC の二等辺三角形 ABC の辺 BC 上に点 P，辺 BC の延長上に点 Q をとる。このとき，AQ＞AB＞AP であることを証明せよ。

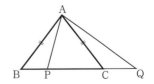

6章の問題

1 次の図で，x の値を求めよ。

(1)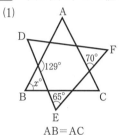

AB＝AC

(2)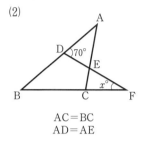

AC＝BC
AD＝AE

(3)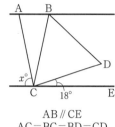

AB∥CE
AC＝BC＝BD＝CD

2 右の図で，線分 AB 上に点 D，線分 AC 上に点 E
があり，線分 CD と BE との交点を F とする。
AD＝AE，∠ADC＝∠AEB であるとき，△FBC は
二等辺三角形であることを証明せよ。

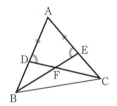

3 右の図で，△ABC≡△ACD であるとき，四角形
ABCD の面積を求めよ。

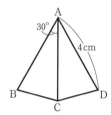

4 右の図で，△ABC≡△DEA，AB＝AC
であるとき，∠CBE の大きさを求めよ。

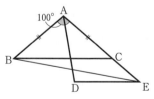

5 右の図のように，正方形 ABCD の辺 AB 上に
点 E をとり，辺 AD の延長上に点 F を，DF＝BE
となるようにとる。また，線分 EF と対角線 BD と
の交点を M とするとき，M は線分 EF の中点であ
ることを証明せよ。

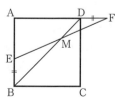

⑥ 右の図のように，半径5cmの円Oの周上に頂点
をもつ正十角形があり，その頂点を A, B, C, D, E,
F, G, H, I, J とする。また，直線CBとOAとの
交点をPとする。

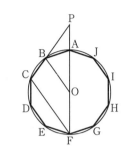

(1) ∠CFA，∠BCF，∠BPO の大きさを求めよ。

(2) 線分の長さの差 CF−CB を求めよ。

⑦ 右の図のように，△ABC の ∠B，∠C の二
等分線の交点をIとする。△AIB を直線IBにつ
いて対称移動したとき，頂点 A に対応する点を
A′ とし，△AIC を直線IC について対称移動した
とき，A に対応する点を A″ とする。

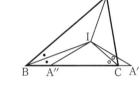

(1) 2点 A′，A″ は直線BC上にある。その理由
をいえ。

(2) △IA′A″ はどのような三角形か。

(3) ∠IAB＝∠IAC であることを証明せよ。

⑧ 右の図のように，1辺の長さが6cmの正方形
ABCD を，その対角線の交点Oを中心として反時計
まわりに回転させると正方形 EFGH となる。辺 AB
と辺 EF，EH との交点をそれぞれ P，Q とする。

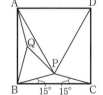

(1) QA＝QE であることを証明せよ。

(2) △EPQ の3辺の長さの和を求めよ。

(3) BP：PQ：QA＝4：5：3 のとき，影の部分の面
積を求めよ。

⑨ 右の図のように，正方形 ABCD の辺 BC を底辺と
し，底角が15°の二等辺三角形 PBC を正方形の内側に
つくる。つぎに，△PBC と合同な △QAB を辺 AB を底
辺として正方形の内側につくる。このとき，次のことを
証明せよ。

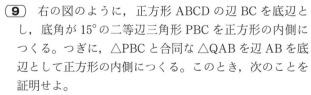

(1) △PQB は正三角形である。

(2) △PDA は正三角形である。

7章

四角形の性質

1…平行四辺形

☐1 **平行四辺形**

2組の対辺がそれぞれ平行な四角形を**平行四辺形**という。

平行四辺形には次の性質がある。

(1) 2組の対辺の長さがそれぞれ等しい。

(2) 2組の対角の大きさがそれぞれ等しい。

(3) 対角線がそれぞれの中点で交わる。

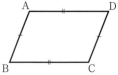 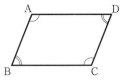 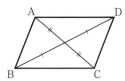

☐2 **平行四辺形になるための条件**

四角形は，次のそれぞれの場合に平行四辺形になる。

(1) 2組の対辺がそれぞれ平行であるとき（定義）

(2) 2組の対辺の長さがそれぞれ等しいとき

(3) 2組の対角の大きさがそれぞれ等しいとき

(4) 対角線がそれぞれの中点で交わるとき

(5) 1組の対辺が平行で，かつその長さが等しいとき

注 平行四辺形 ABCD を，記号 ☐ を使って ☐ABCD と書く。

基本問題

1. ☐ABCD で，∠A は ∠B の2倍の大きさである。このとき，∠A, ∠B, ∠C, ∠D の大きさを求めよ。

2. 次の図の □ABCD で，x の値を求めよ。

(1)

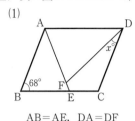

AB＝AE，DA＝DF

(2)

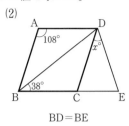

BD＝BE

(3)

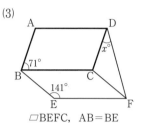

□BEFC，AB＝BE

3. 次の条件を満たす四角形 ABCD のうち，つねに平行四辺形となるものはどれか。ただし，O は対角線の交点である。

(ア) AB＝DC，　AD＝BC
(イ) AB＝BC，　CD＝DA
(ウ) OA＝OB，　OC＝OD
(エ) OA＝OC，　OB＝OD
(オ) ∠A＝∠B，　∠C＝∠D
(カ) ∠A＝∠C，　∠B＝∠D
(キ) AB＝DC，　∠A＋∠B＝180°
(ク) AB＝DC，　∠B＋∠C＝180°

●**例題1**● 右の図は，□ABCD を対角線 BD を折り目として折り返したものである。E は頂点 C の移った点，P は線分 BE と辺 AD との交点であるとき，AP＝EP であることを証明せよ。

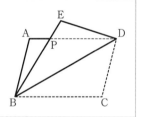

解説 □ABCD について，平行四辺形の定義や性質のうち，利用できるものを考え，△PBD が二等辺三角形であることを示す。または，△PAB≡△PED を示してもよい。

証明 △EBD と △CBD は，対角線 BD について対称であるから

$$∠PBD＝∠CBD ………①$$
$$BE＝BC ………②$$

AD∥BC（仮定）より　∠CBD＝∠PDB（錯角）
これと①より　∠PBD＝∠PDB
ゆえに，△PBD は二等辺三角形であるから

$$PB＝PD ………③$$

また　　　　　AD＝BC（□ABCD の対辺）
これと②より　AD＝BE ………④
AP＝AD－PD，EP＝BE－PB であるから，③，④より

$$AP＝EP$$

（別解）　△PAB と △PED において
　　　　　□ABCD より　AB＝CD，∠A＝∠C ………①
　　　　　△EBD と △CBD は，対角線 BD について対称であるから
　　　　　　　　　　　ED＝CD，∠E＝∠C ………②
　　　　　①，②より　　AB＝ED，∠A＝∠E
　　　　　また　　　　　∠APB＝∠EPD（対頂角）
　　　　　よって　　　　△PAB≡△PED（2角1対辺）
　　　　　ゆえに　　　　AP＝EP

演習問題

4. 右の図のように，□ABCD の対角線の交点 O を
通る直線と，1組の対辺 AB，CD との交点をそれ
ぞれ P，Q とするとき，O は線分 PQ の中点である
ことを証明せよ。

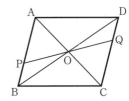

5. 右の図の □ABCD で，∠B の二等分線と辺 AD
との交点を E とする。このとき，CD＋DE＝BC で
あることを証明せよ。

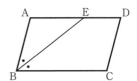

6. 右の図のように，□ABCD の頂点 A，C から対
角線 BD にそれぞれ垂線 AE，CF をひくとき，
AE＝CF であることを証明せよ。

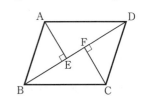

7. 右の図の □ABCD で，辺 DC の延長上に点 E
を，EC＝CD となるようにとり，線分 AE と辺
BC との交点を F とする。このとき，F は辺 BC
の中点であることを証明せよ。

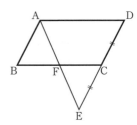

8. 右の図のように，□ABCD の辺 BC，CD をそれ
ぞれ 1 辺とする正三角形 BPC，CQD を □ABCD
の外側につくる。

(1)　△ABP≡△QDA であることを証明せよ。

(2)　△APQ は正三角形であることを証明せよ。

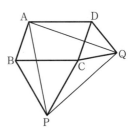

●**例題2**●　次の図の □ABCD で，影の部分の四角形は平行四辺形である
ことを証明せよ。

(1)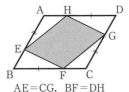

AE＝CG，BF＝DH

(2)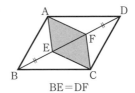

BE＝DF

（**解説**）平行四辺形になるための条件のうち，どの条件にあてはまるかを考える。

（**証明**）(1)　△AEH と △CGF において

　　　　AD＝BC（□ABCD の対辺），BF＝DH（仮定）より

　　　　　　　AH＝CF

　　　　　　　AE＝CG（仮定）

　　　　　　　∠A＝∠C（□ABCD の対角）

　　　よって　△AEH≡△CGF（2 辺夾角）

　　　ゆえに　EH＝GF　………①

　　　同様に，△BFE≡△DHG（2 辺夾角）となるから　EF＝GH　………②

　　　①，②より，四角形 EFGH は，2 組の対辺の長さがそれぞれ等しいから平行四
　　　辺形である。

　　(2)　□ABCD の対角線の交点を O とすると

　　　　　　　OA＝OC　………①

　　　　　　　OB＝OD　………②

　　　②と BE＝DF（仮定）より

　　　　　　　OE＝OF　………③

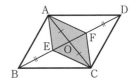

　　　①，③より，四角形 AECF は，対角線がそれぞれの中点で交わるから平行四辺
　　　形である。

演習問題

9. 右の図のように，AB＜AD の □ABCD で，∠B と ∠D の二等分線と辺 AD，BC との交点をそれぞれ E，F とする。このとき，四角形 EBFD は平行四辺形であることを証明せよ。

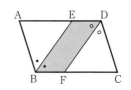

10. 右の図のように，△ABC の辺 AB，AC をそれぞれ 1 辺とする正三角形 APB，ACQ を △ABC の外側につくる。また，辺 BC を 1 辺とする正三角形 BCR を △ABC と同じ側につくる。このとき，四角形 PAQR は平行四辺形であることを証明せよ。

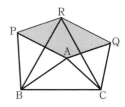

11. 右の図のように，□ABCD の対角線の交点を O とする。線分 BO，OD 上にそれぞれ点 E，F を，OE＝OF となるようにとり，線分 AE の延長と辺 BC との交点を G，線分 CF の延長と辺 AD との交点を H とする。このとき，四角形 AGCH は平行四辺形であることを証明せよ。

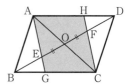

12. 右の図のように，□ABCD の対角線 AC の中点 M を通る直線と，辺 AD，BC との交点をそれぞれ E，F とする。このとき，四角形 EBFD は平行四辺形であることを証明せよ。

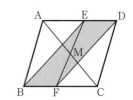

13. 右の図の □ABCD で，E，F，G，H はそれぞれ辺 AB，BC，CD，DA の中点である。このとき，4 つの線分 AF，BG，CH，DE で囲まれてできる四角形 PQRS は，平行四辺形であることを証明せよ。

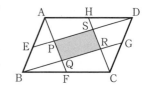

14. 右の図の □ABCD の辺 AD，BC 上にそれぞれ点 S，Q を，AS＝CQ となるようにとり，辺 AB，DC 上にそれぞれ点 P，R を，PS∥QR となるようにとる。このとき，四角形 PQRS は平行四辺形であることを証明せよ。

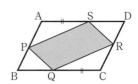

15. 右の図のように，AB＝AC の二等辺三角形 ABC で，辺 BC 上の点 P から辺 AB，AC に平行な直線をひき，辺 AC，AB との交点をそれぞれ Q，R とするとき，線分の長さの和 PQ＋PR は一定であることを証明せよ。

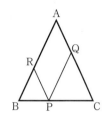

16. 右の図の △ABC の辺 AB，AC の中点をそれぞれ D，E とし，線分 DE の延長上に点 F を，EF＝DE となるようにとる。

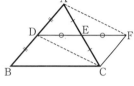

(1) 四角形 DBCF は平行四辺形であることを証明せよ。

(2) DE∥BC，DE＝$\dfrac{1}{2}$BC が成り立つことを証明せよ。

|||||進んだ問題|||||

17. 四角形は，次の(ア)〜(エ)の性質のうち，どの 2 つの性質をもつときに平行四辺形となるかを調べた。

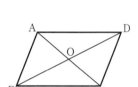

(ア) 1 組の対辺が平行である。

(イ) 1 組の対辺の長さが等しい。

(ウ) 1 組の対角の大きさが等しい。

(エ) 1 つの対角線が他の対角線の中点を通る。

(1) 四角形は，(ア)と(エ)の性質をもつとき，平行四辺形であるといえる。このことを，次の場合について証明せよ。

四角形 ABCD の対角線の交点を O とし，AD∥BC，OB＝OD のとき，四角形 ABCD は平行四辺形である。

(2) 四角形は，(ア)と(イ)の性質をもつとき，必ずしも平行四辺形であるとはいえない。その例として，AD∥BC，AB＝CD であるが，平行四辺形ではない四角形 ABCD を 1 つかけ。

(3) 次のことがらについて，四角形が必ず平行四辺形であるならば○を，必ずしも平行四辺形であるとはいえないならば×をつけよ。

(ⅰ) 四角形が(ア)と(ウ)の性質をもつ。　　(ⅱ) 四角形が(イ)と(ウ)の性質をもつ。

(ⅲ) 四角形が(イ)と(エ)の性質をもつ。　　(ⅳ) 四角形が(ウ)と(エ)の性質をもつ。

2…いろいろな四角形

1 **長方形**

　4つの角の大きさが等しい四角形を**長方形**という。

　(1)　長方形の対角線は長さが等しく，かつそれぞれの中点で交わる。

　(2)　対角線の長さが等しい平行四辺形は長方形である。

2 **ひし形**

　4つの辺の長さが等しい四角形を**ひし形**という。

　(1)　ひし形の対角線はそれぞれの中点で垂直に交わる。

　(2)　対角線が垂直に交わる平行四辺形はひし形である。

3 **正方形**

　4つの角の大きさと4つの辺の長さが等しい四角形を**正方形**という。

　(1)　正方形の対角線は長さが等しく，かつそれぞれの中点で垂直に交わる。

　(2)　対角線の長さが等しく，かつそれぞれの中点で垂直に交わる四角形は正方形である。

4 **台形**

　1組の対辺が平行な四角形を**台形**という。

　平行でない1組の対辺の長さが等しい台形を**等脚台形**という。

　①　等脚台形の1つの底の両側の角（底角）は等しい。

　②　等脚台形の対角線の長さは等しい。

5 **いろいろな四角形**

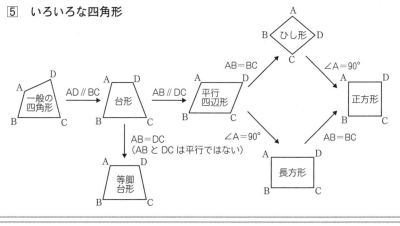

●基本問題●

18. 次の図で，x の値を求めよ。

(1)
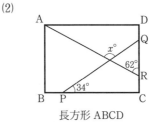

正方形 ABCD

(2)

長方形 ABCD

(3)
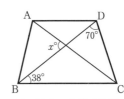

ひし形 ABCD

(4)
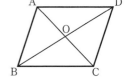

AD∥BC の台形 ABCD
AD＝DC

19. □ABCD に次の条件を加えると，それぞれどのような四角形になるか。ただし，O は対角線の交点である。

(1) AB⊥BC

(2) OA⊥OD

(3) OB＝OC かつ AC⊥BD

20. 次の条件を満たす □ABCD のうち，つねに長方形となるものはどれか。

(ア) ∠ABC＋∠ADC＝180°

(イ) ∠CAB＝∠CAD

(ウ) ∠ACB＝∠DBC

(エ) ∠CAB＋∠DBA＝90°

(オ) ∠CAB＝∠CDB

21. □ABCD について，次のことを証明せよ。

(1) ∠A＝90° のとき，□ABCD は長方形である。

(2) AB＝AD のとき，□ABCD はひし形である。

●例題3● 右の図で，四角形 ABCD は正方形で，△EBC は正三角形である。x, y の値を求めよ。

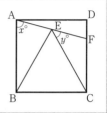

（解説） 正方形 ABCD と正三角形 EBC であることから，△BEA が二等辺三角形であることを示す。

（解答） 四角形 ABCD は正方形であるから　BA＝BC

　　　　△EBC は正三角形であるから　BE＝BC

　　　　よって　BA＝BE

　　　　ゆえに，△BEA は二等辺三角形であるから　∠BEA＝∠BAE

　　　　　　　　∠ABE＝∠ABC－∠EBC＝90°－60°＝30°

　　　　よって　$x°＝∠BAE＝\dfrac{1}{2}(180°－∠ABE)＝\dfrac{1}{2}(180°－30°)＝75°$

　　　　また　　$y°＝∠CEF＝180°－∠BEA－∠CEB$

　　　　　　　　　　＝180°－75°－60°＝45°　　　　　　　　　　　（答）　x＝75, y＝45

演習問題

22. 次の図で，x, y の値を求めよ。

(1)

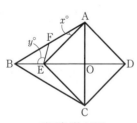

正三角形 ABC
正方形 AECD
AF＝BF

(2)

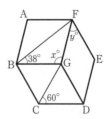

ひし形 ABGF
ひし形 BCDG
ひし形 DEFG

23. 右の図で，四角形 ABCD は AD∥BC，AB＝DC の等脚台形である。x, y の値を求めよ。

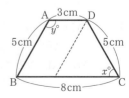

●**例題4**● 右の図のように，□ABCD の対
角線の交点 O を通りたがいに垂直な直線
と，辺 AB，BC，CD，DA との交点をそ
れぞれ P，Q，R，S とするとき，四角形
PQRS はひし形であることを証明せよ。

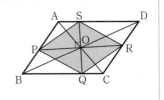

(**解説**) 四角形 PQRS がひし形であることを証明するためには，それが平行四辺形で，か
つ対角線 PR，SQ が垂直に交わることを示せばよい。

(**証明**) △ASO と △CQO において

　　　　　　AO＝CO（□ABCD の対角線）

　　　AD∥BC（仮定）より　∠SAO＝∠QCO（錯角）

　　　　　　∠SOA＝∠QOC（対頂角）

　　　よって　△ASO≡△CQO（2 角夾辺）

　　　ゆえに　SO＝QO ………①

　　　同様に，△BPO≡△DRO（2 角夾辺）となるから

　　　　　　PO＝RO ………②

　　　①，②より，四角形 PQRS は，対角線がそれぞれの中点で交わるから平行四辺形
　　　であり，かつ PR⊥SQ（仮定）より，ひし形である。

演習問題

24. 次のそれぞれの場合に，□ABCD は長方形であることを証明せよ。

(1) 対角線 AC，BD の長さが等しい。

(2) 辺 AD の中点を M とすると，BM＝CM である。

25. 次のそれぞれの場合に，□ABCD はひし形であることを証明せよ。

(1) 対角線 AC が ∠A を 2 等分する。

(2) 頂点 A から直線 BC，CD にそれぞれ垂線 AE，AF をひくと，AE＝AF
である。

26. AD∥BC の台形 ABCD で，∠B＝∠C ならば，
台形 ABCD は等脚台形であることを証明せよ。た
だし，辺 AB と DC は平行ではない。

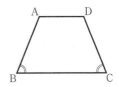

27. 右の図のような，AB＜AD の長方形 ABCD で，辺 BC，AD 上にそれぞれ点 P，Q をとり，ひし形 APCQ を作図せよ。また，AC を対角線とする正方形 ARCS を作図せよ。

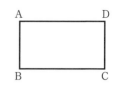

28. 右の図のように，△ABC の ∠A の二等分線と辺 BC との交点を D，線分 AD の垂直二等分線と辺 AB，AC との交点をそれぞれ E，F とする。このとき，四角形 AEDF はひし形であることを証明せよ。

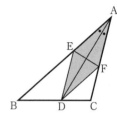

29. 右の図のように，長方形 ABCD の辺 AD，BC 上にそれぞれ点 P，Q をとり，線分 PQ の中点を M とするとき，△MAD≡△MBC であることを証明せよ。

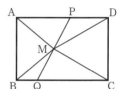

30. 右の図のように，▱ABCD の ∠A，∠B，∠C，∠D の二等分線をひき，それらの交点を E，F，G，H とするとき，四角形 EFGH は長方形であることを証明せよ。

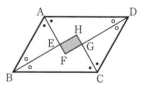

31. 右の図のように，正方形 ABCD の 4 辺 AB，BC，CD，DA 上にそれぞれ点 P，Q，R，S を，PR⊥QS となるようにとるとき，PR＝QS であることを証明せよ。

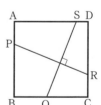

32. 右の図のように，正方形 ABCD の対角線の交点を O とし，辺 AB，BC 上にそれぞれ点 E，F を，∠EOF＝90° となるようにとる。

このとき，四角形 OEBF の面積は，正方形 ABCD の面積の $\frac{1}{4}$ であることを証明せよ。

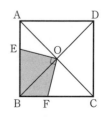

進んだ問題の解法 ||||||||||||||||||||||||||||||||||||||||||||||||||||||||||||

> |||||**問題1** 右の図のように，∠C＝90°の
> 直角三角形 ABC の辺 AB，AC をそれ
> ぞれ1辺とする正方形 ADEB，ACFG
> を△ABC の外側につくり，頂点 D と G
> を結ぶ。辺 CA の延長と線分 DG との
> 交点を M とするとき，M は線分 DG の
> 中点であることを証明せよ。

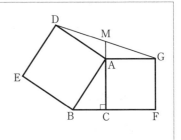

解法 DG が対角線になるような平行四辺形ができることを示す。

線分 AM の延長と，頂点 D を通り辺 AG に平行な直線との交点を N として，四角形
DAGN を考える。

証明 線分 AM の延長と，頂点 D を通り辺 AG に平行な直線との交点を N とする。

△DAN と△ABC において

DA＝AB（正方形 ADEB の辺）

AG∥DN より

∠DNA＝∠NAG＝90°（錯角）

よって　∠DNA＝∠ACB＝90°

また　　∠DAN＝∠ABC（＝90°－∠CAB）

ゆえに　△DAN≡△ABC

（斜辺と1鋭角　または 2角1対辺）

よって　DN＝AC

AC＝AG（正方形 ACFG の辺）より　DN＝AG

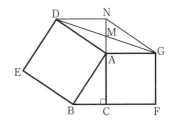

四角形 DAGN は，1組の対辺が平行で，かつその長さが等しいから平行四辺形である。

ゆえに，対角線がそれぞれの中点で交わるから，M は線分 DG の中点である。

|||||**進んだ問題**|||||

33. 右の図のような，∠A＝90°の直角三角形 ABC
で，斜辺 BC の中点を M とするとき，
AM＝BM＝CM であることを証明せよ。

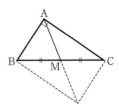

34. 右の図の AD∥BC の台形 ABCD で，AC＝DB な
らば，台形 ABCD は等脚台形であることを証明せよ。

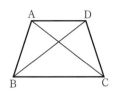

進んだ問題の解法 ‖‖

‖‖‖**問題2** 右の図の立方体 ABCD–EFGH で，辺
BF の中点を P とする。この立方体を，3 点 A，
P，G を通る平面で切るとき，切り口はどのよ
うな四角形になるか。理由をつけて答えよ。

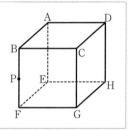

解法 空間で，平行な 2 平面に 1 平面が交わっているとき，その 2 つの交線は平行である。
3 点 A，P，G をふくむ平面と辺 DH との交点を Q とすると，面 APGQ は，平行な 2 平
面 ABFE と DCGH に交わっているから，それぞれの交線 AP と QG は平行である。同
様に，AQ∥PG である。

解答 3 点 A，P，G をふくむ平面と辺 DH との交点を Q とする。
面 ABFE と面 DCGH が平行であるから　AP∥QG
同様に，面 AEHD と面 BFGC が平行であるから　AQ∥PG
よって，四角形 APGQ は，2 組の対辺が平行であるから平行四辺形である。
△ABP と △GFP において
$\qquad$ AB＝GF（立方体の辺）
$\qquad$ BP＝FP（仮定）
$\qquad$ ∠ABP＝∠GFP（＝90°）
ゆえに　△ABP≡△GFP（2 辺夾角）
よって　AP＝GP
ゆえに，切り口の四角形 APGQ は平行四辺形で，
かつ隣り合う辺の長さが等しいからひし形である。

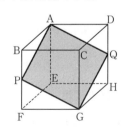

‖‖‖‖‖進んだ問題‖‖‖‖‖

35. 上の問題 2 の立方体を，次の 3 点を通る平面で切るとき，切り口はどのよ
うな四角形になるか。理由をつけて答えよ。
$\quad$⑴　3 点 A，F，G $\qquad\qquad\qquad$ ⑵　3 点 A，P，H

3…平行線と面積

□1 **等積**

　2つの図形の面積が等しいとき，これらの図形は**等積**であるという。合同な2つの図形は等積である。

　△ABC と △DEF の面積が等しいとき，これらの2つの三角形は**等積**であるといい，△ABC＝△DEF と書く。

□2 **平行線と面積**

　(1)　底辺 BC が共通な △ABC と △A′BC で，
　　　次のどちらかが成り立つとき，
　　　△ABC＝△A′BC である。
　　　①　AA′∥BC である。
　　　②　線分 AA′ が底辺 BC またはその延長に
　　　　　よって2等分される。

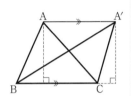

　(2)　底辺 BC が共通な △ABC と △A′BC で，
　　　△ABC＝△A′BC ならば，次のどちらかが
　　　成り立つ。
　　　①　AA′∥BC である。
　　　②　線分 AA′ が底辺 BC またはその延長に
　　　　　よって2等分される。

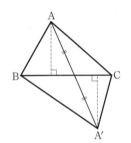

基本問題

36. 次の図で，△ABC の面積を求めよ。

(1)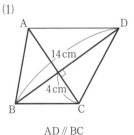

AD∥BC

(2)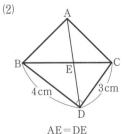

AE＝DE

(3)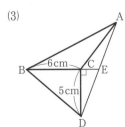

AE＝DE

37. 右の図のように, □ABCD の対角線 BD 上の点を
P とするとき,
$$\triangle PAB = \triangle PCB$$
であることを証明せよ。

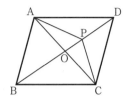

38. 右の図の △ABC で, 辺 BC 上の点 P を通り
辺 AC に平行な直線と, 頂点 B を通り線分 AP
に平行な直線との交点を Q とする。△ABP と等
積である三角形を 2 つ答えよ。

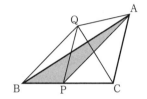

●**例題5**● 右の図で, □ABCD の辺 BC 上の
点を E とし, 線分 AE の延長と辺 DC の延
長との交点を F とするとき,
△DEC=△BFE であることを証明せよ。

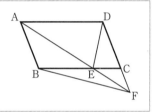

（**解説**） △DEC と等積である三角形をさがす。対角線 AC をひくと, 辺 CE が共通で,
AD∥EC であるから, △DEC と △AEC は等積である。また, 辺 CF が共通で,
AB∥CF であるから, △AFC と △BFC は等積である。

（**証明**） 点 A と C を結ぶ。

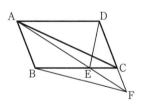

　　　△DEC と △AEC において
　　　　　　　EC は共通
　　　　　　　AD∥EC（□ABCD の対辺）
　　　よって　　　△DEC=△AEC ………①
　　　△AFC と △BFC において
　　　　　　　FC は共通
　　　　　　　AB∥CF（□ABCD の対辺）
　　　ゆえに　　　△AFC=△BFC ………②
　　　△AEC=△AFC−△EFC, △BFE=△BFC−△EFC と②より
　　　　　　　△AEC=△BFE ………③
　　　①, ③より　△DEC=△BFE

演習問題

39. AD∥BC の台形 ABCD の対角線の交点を P とするとき，

$$\triangle PAB = \triangle PCD$$

であることを証明せよ。

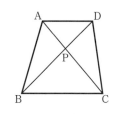

40. 右の図の AD∥BC の台形 ABCD で，頂点 A を通り辺 CD に平行な直線と，頂点 C を通り対角線 BD に平行な直線との交点を E とするとき，

$$\triangle BEC = \triangle ABD$$

であることを証明せよ。

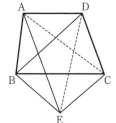

41. 右の図のように，□ABCD の内部の点を P とするとき，

$$\triangle ABP + \triangle CDP = \frac{1}{2}\square ABCD$$

であることを証明せよ。

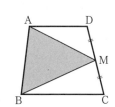

42. 右の図の AD∥BC の台形 ABCD で，辺 CD の中点を M とするとき，△ABM の面積は台形 ABCD の面積の $\frac{1}{2}$ であることを証明せよ。

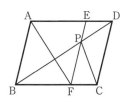

43. 右の図のように，□ABCD の対角線 BD 上の点 P を通り辺 AB に平行な直線と，辺 AD，BC との交点をそれぞれ E, F とするとき，

$$\triangle ABF = \triangle PBC$$

であることを証明せよ。

44. 右の図の AD∥BC の台形 ABCD で，対角線 AC 上に点 E をとり，直線 DE と辺 BC との交点を F とする。△BFE＝△DEC となるとき，

AB∥DF

であることを証明せよ。

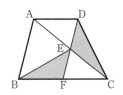

45. 右の図のように，▱ABCD の辺 BC，CD 上にそれぞれ点 E，F を，△ABE＝△AFD となるようにとるとき，

BD∥EF

であることを証明せよ。

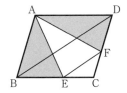

●**例題6**● 右の図のような四角形 ABCD がある。頂点 A を通る直線をひいて，この四角形の面積を 2 等分したい。その方法を述べ，それが正しいことを証明せよ。

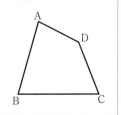

解説 四角形 ABCD と面積が等しく，1 つの頂点が A であるような三角形をつくり，その三角形の面積を A を通る直線で 2 等分する。このように，面積を変えずに図形の形を変えることを**等積変形**という。

解答 （方法）① 点 A と C を結ぶ。

② 頂点 D を通り対角線 AC に平行な直線をひき，辺 BC の延長との交点を E とする。

③ 線分 BE の中点 F を求め，点 A と F を結ぶ。
AF が求める線分である。

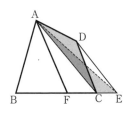

（証明）△ACD と △ACE において

AC は共通　　　DE∥AC

よって　△ACD＝△ACE

ゆえに　（四角形 ABCD）＝△ABC＋△ACD＝△ABC＋△ACE＝△ABE

F は線分 BE の中点であるから　$\triangle ABF=\dfrac{1}{2}\triangle ABE$

よって　$\triangle ABF=\dfrac{1}{2}\times$（四角形 ABCD）

ゆえに，線分 AF は四角形 ABCD の面積を 2 等分する。

演習問題

46. 次の問いに答えよ。

(1) 図1で，（図形 ABCD）＝△ABP となるように，辺 BC 上に点 P を作図したい。その方法を述べよ。

(2) 図2で，（五角形 ABCDE）＝△AQR となるように，直線 CD 上に点 Q，R を作図したい。その方法を述べよ。

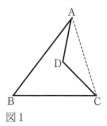

図1

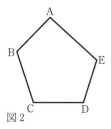

図2

47. 右の図は，△ABC の辺 BC 上の点 P を通り，この三角形の面積を2等分する線分 PQ を求めたものである。この方法を述べ，それが正しいことを証明せよ。

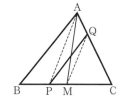

進んだ問題の解法

||||**問題3** 右の図のように，∠A＝90° の直角三角形 ABC の辺 BC，CA，AB をそれぞれ1辺とする正方形 CBGF，ACIH，BAED をつくる。

このとき，

（正方形 CBGF）

＝（正方形 ACIH）＋（正方形 BAED）

であることを証明せよ。

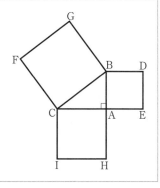

解法　頂点 A から辺 GF にひいた垂線で正方形 CBGF を 2 つの長方形に分けて，その 2 つの長方形の面積が，それぞれ正方形 ACIH，BAED の面積に等しくなることを示す。それらの長方形，正方形を対角線で 2 等分した三角形の面積が等しいことを証明するために，三角形の合同と等積変形を利用する。

証明　頂点 A から辺 GF にひいた垂線 AJ と辺 BC との交点を K とする。

点 K と G，点 A と G，点 C と D，点 A と D を結ぶ。

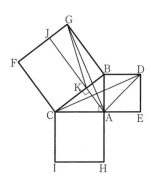

△KGB と △AGB において

　　　　GB は共通　　　　AK ∥ BG

よって　△KGB＝△AGB ………①

△AGB と △DCB において

　　　　AB＝DB（正方形 BAED の辺）

　　　　GB＝CB（正方形 CBGF の辺）

　　　　∠ABG＝∠DBC（＝90°＋∠ABC）

ゆえに　△AGB≡△DCB（2 辺夾角）

よって　△AGB＝△DCB ………②

また，△DCB と △DAB において

　　　　BD は共通

　　　　BD ∥ CA（正方形 BAED の対辺）

よって　△DCB＝△DAB ………③

①，②，③より　△KGB＝△DAB

ゆえに　（長方形 JKBG）＝（正方形 BAED）………④

同様に　（長方形 JFCK）＝（正方形 ACIH）………⑤

（正方形 CBGF）＝（長方形 JKBG）＋（長方形 JFCK）であるから，

④，⑤より　（正方形 CBGF）＝（正方形 ACIH）＋（正方形 BAED）

注　正方形 CBGF，ACIH，BAED の面積を，それぞれ BC^2，CA^2，AB^2 と表すと，この等式は $BC^2＝CA^2＋AB^2$ となる。これを**三平方の定理（ピタゴラスの定理）**といい，「新 A クラス中学数学問題集 3 年」（→8 章，p.182）でくわしく学習する。

||||| 進んだ問題 |||||

48. 右の図の四角形 ABCD で，P，Q はそれぞれ対角線 AC，BD の中点である。また，直線 PQ と辺 BA の延長との交点を R とするとき，

$$△RCD＝\frac{1}{2}×（四角形 ABCD）$$

であることを証明せよ。

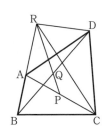

7章の問題

1 次の図で，x の値を求めよ。

(1)
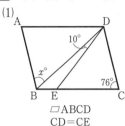
□ABCD
CD＝CE

(2)
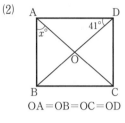
OA＝OB＝OC＝OD

(3)
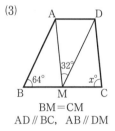
BM＝CM
AD∥BC, AB∥DM

2 右の図で，△ABC≡△DEF，BC∥FE のとき，四角形 AGDH は平行四辺形であることを証明せよ。

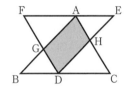

3 右の図の △ABC で，∠A の二等分線と辺 BC との交点を D とし，D を通り辺 AC に平行な直線と，辺 AB との交点を P とする。
(1) △APD は二等辺三角形であることを証明せよ。
(2) 辺 AC 上に点 Q を，CQ＝AP となるようにとるとき，PQ∥BC であることを証明せよ。

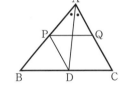

4 右の図のように，□ABCD の辺 AD，BC の中点をそれぞれ M，N とする。四角形 ANCM が次のような四角形であるとき，辺 AB と対角線 AC との間にはどのような関係があるか。
(1) 四角形 ANCM はひし形である。
(2) 四角形 ANCM は長方形である。

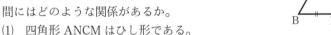

5 右の図のように，□ABCD の対角線 AC 上の点 P を通り，辺 AD，AB にそれぞれ平行な直線 EF，GH をひくとき，四角形 EBHP と四角形 GPFD の面積は等しいことを証明せよ。

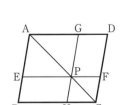

⑥ 右の図で，四角形 ABCD は平行四辺形，
△AEB は ∠A＝90° の直角二等辺三角形，
△ADF は ∠A＝90° の直角二等辺三角形である。
また，対角線 CA の延長と線分 EF との交点を H
とする。このとき，次のことを証明せよ。

(1) AC＝FE

(2) AH⊥FE

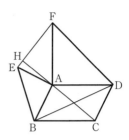

⑦ 右の図のように，A，B，C を中心とする半径の
等しい3つの円が点 O で交わっている。点 O 以外の
交点をそれぞれ P，Q，R とするとき，次のことを証
明せよ。

(1) 四角形 ABPQ は平行四辺形である。

(2) △ABC≡△PQR

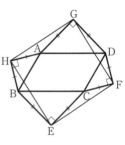

||||| **進んだ問題** |||||

⑧ 右の図のように，□ABCD の各辺を斜辺として，
その外側に直角二等辺三角形 AHB，BEC，CFD，
DGA をつくるとき，四角形 EFGH は正方形である
ことを証明せよ。

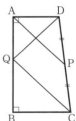

⑨ 右の図のような ∠A＝∠B＝90° の台形 ABCD で，辺
CD の中点を P とする。また，辺 AB 上の点 Q のうち，
線分の長さの和 QC＋QD を最小にする点を Q′ とする。

(1) 辺 AB について頂点 D と対称な点を E とするとき，
線分 EC と辺 AB との交点が Q′ であることを証明せよ。

(2) AP＝4cm のとき，Q′C＋Q′D の長さを求めよ。

8章

データの分布と比較

1…データの散らばりと四分位数

1 **四分位数**

　データを値の小さい順に並べて，4つに等しく分けたときの3つの区切りの値を**四分位数**という。

　四分位数は，値の小さいほうから順に**第1四分位数**，**第2四分位数**，**第3四分位数**といい，それぞれ Q_1，Q_2，Q_3 で表す。

　第2四分位数は中央値である。

2 **四分位数の求め方**

① 　データを値の小さい順に並べ，中央値を求める。この中央値が第2四分位数である。

② 　データを，中央値を境にして最小値をふくむグループと，最大値をふくむグループに分ける。ただし，データの個数が奇数のときは，中央値はどちらのグループにもふくめない。

● データの個数が奇数の場合

● データの個数が偶数の場合

③ 　最小値をふくむグループの中央値が第1四分位数，最大値をふくむグループの中央値が第3四分位数である。

3 **範囲と四分位範囲**

　データの散らばり具合を表す値として，範囲と四分位範囲がある。

(1) **範囲（レンジ）** データの最大値と最小値の差を**範囲**または**レンジ**という。

　　　（範囲）＝（最大値）－（最小値）

(2) **四分位範囲** データの第3四分位数と第1四分位数の差を**四分位範囲**という。

$$（四分位範囲）= Q_3 - Q_1$$

四分位範囲は，データを値の小さい順に並べたときの，中央付近の約50％のデータの区間の大きさを表しているため，範囲と比べて，極端に離れた値の影響を受けにくい。

また，四分位範囲を2で割った値を**四分位偏差**という。

$$（四分位偏差）= \frac{Q_3 - Q_1}{2}$$

〇**基本問題**〇

1. 下の(i)～(iii)のデータについて，次の問いに答えよ。

(i) 15 17 24 21 31 25 21 30 17 20 16

(ii) 20 33 26 27 38 30 34 22 31 27 29 33

(iii) 16 14 32 28 20 10 16 35 25 32 20 30 18

(1) それぞれのデータの四分位数を求めよ。

(2) それぞれのデータの範囲，四分位範囲，四分位偏差を求めよ。

2. 小さい順に並べた10個のデータ 1，3，4，5，5，a，8，b，11，12 の平均値が6.4，四分位範囲が6であるとき，a，b の値を求めよ。

3. 次のデータは，9人の生徒に実施した50点満点の小テストの得点である。

36 44 39 40 45 43 a b c

この9人の得点の平均値と中央値はいずれも41点であり，第1四分位数は38.5点である。a，b，c の値を求めよ。また，四分位範囲を求めよ。ただし，$a<b<c$ とする。

||||**進んだ問題**||||

4. 次のデータは，生徒12人のハンドボール投げの記録（単位は m）である。

16 20 26 28 15 18 21 29 20 22 25 a

このデータから四分位範囲を求めたところ，7.5mであった。このとき，考えられる a の値をすべて求めよ。

2 … 箱ひげ図

1 **箱ひげ図**

　データの散らばり具合を，最小値，第1四分位数，中央値（第2四分位数），第3四分位数，最大値を使って表すことを**5数要約**という。

　下の図のように，5数要約を箱と線（ひげ）を用いて1つの図に表したものを**箱ひげ図**という。箱の横の長さは四分位範囲を表している。

2 **箱ひげ図のかき方**

① 　第1四分位数を左端，第3四分位数を右端とする長方形（箱）をかく。

② 　箱の中に中央値を示す線をひく。

③ 　箱の左端と最小値を，箱の右端と最大値を，それぞれ線分（ひげ）で結ぶ。

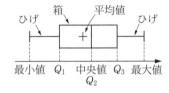

注 　箱ひげ図は縦向きにかいてもよい。

注 　右の図のように，平均値を＋で示すこともある。

●例題1● 　次のデータは，生徒13人の握力測定の記録（単位は kg）である。このデータの箱ひげ図をかけ。

$$25 \quad 27 \quad 30 \quad 37 \quad 23 \quad 29 \quad 28 \quad 33 \quad 35 \quad 33 \quad 26 \quad 24 \quad 29$$

(解説) データを値の小さい順に並べ，最小値，第1四分位数，中央値，第3四分位数，最大値を求め，箱ひげ図をかく。

(解答) データを値の小さい順に並べると

$$23 \quad 24 \quad 25 \quad 26 \quad 27 \quad 28 \quad 29 \quad 29 \quad 30 \quad 33 \quad 33 \quad 35 \quad 37$$

よって，最小値は 23，最大値は 37，中央値は 29

第1四分位数は $\dfrac{25+26}{2}=25.5$，第3四分位数は $\dfrac{33+33}{2}=33$

ゆえに，このデータの箱ひげ図は下の図のようになる。　　　　　(答) 下の図

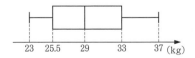

演習問題

5. 基本問題1で求めた四分位数をもとにして，(i)～(iii)それぞれのデータの箱ひげ図をかけ。

6. 次のデータは，相撲の力士14人の体重を測定した記録（単位は kg）である。

　　170　198　165　204　180　163　227　176　163　172　180　a　b　c

　　このデータの箱ひげ図が下の図のようになるとき，a，b，c の値を求めよ。
ただし，$a<b<c$ とする。

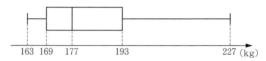

7. 右の図は，生徒100人に対して，数学と英語の
それぞれ100点満点のテストを実施した結果を，
箱ひげ図で表したものである。この箱ひげ図から
読み取れることとして正しいものを，次の(ア)～(オ)
からすべて選べ。

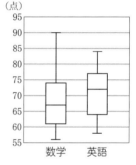

　(ア)　数学と英語の両方の得点が，80点以上85点
　　　未満の生徒がいる。

　(イ)　85点より得点の高い生徒が数学にはいるが，
　　　英語にはいない。

　(ウ)　数学の得点が70点以上である生徒は，50人よりも多い。

　(エ)　英語の得点が70点以上である生徒は，50人よりも多い。

　(オ)　数学の上から50番目の生徒の得点は，英語の下から25番目の生徒の得点
　　　よりも高い。

8. 右の図は，生徒60人に対して，A，B，C3科
目のそれぞれ1問1点で10点満点のテストを実
施した結果を，箱ひげ図で表したものである。次
の(1)～(3)は，それぞれどの科目について説明した
ものか。

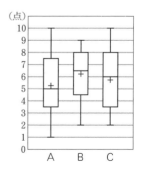

　(1)　データ全体の散らばり具合が最も大きい。

　(2)　四分位範囲が最も小さい。

　(3)　平均点より得点の高い生徒は，ちょうど30
　　　人である。

3…ヒストグラムと箱ひげ図

1 **ヒストグラムと箱ひげ図**

　次の図は，4つのヒストグラムとそれぞれに対応する箱ひげ図を表したものである。

(1) 右にかたよった分布

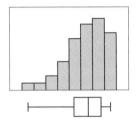

(2) 左にかたよった分布

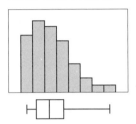

(3) ほぼ左右対称な分布

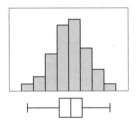

(4) 散らばりの小さな分布

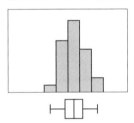

　箱ひげ図からは，ヒストグラムのようにデータの個数やくわしい分布のようすはわからないが，データのおおまかな分布のようすを読み取ることができる。

　また，箱ひげ図は複数のデータの分布を比較するのに適しているという特徴がある。右の図は，1年間のあるテーマパークの1日の入場者数を，月別に箱ひげ図で表したものである。

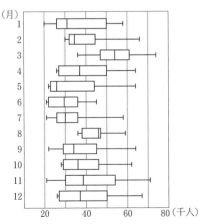

●基本問題●

9. 図1は，A町のある年の4月における，1
日の平均湿度の記録からつくったヒストグラ
ムである。

(1) 図1から，第1四分位数，中央値，第3
四分位数がふくまれる階級をそれぞれ答え
よ。

(2) このヒストグラムに対応する箱ひげ図は，
図2の(ア)〜(ウ)のうちどれか。

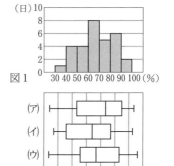

図1

図2

●**例題2**● 次の図は，4つの異なるデータからつくったヒストグラムと箱
ひげ図である。(1)〜(4)のヒストグラムに対応する箱ひげ図を(ア)〜(エ)からそ
れぞれ選び，その理由を述べよ。

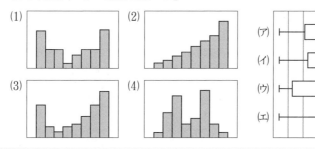

(解説) ヒストグラムの形がおおむね左右対称なときは，箱ひげ図の形も左右対称である。
また，ヒストグラムの山があるところにデータが集まっている。

(解答) (1)と(4)はヒストグラムの形がおおむね左右対称であるから，対応する箱ひげ図は(イ)
か(ウ)である。

(1)はヒストグラムの両端に山があるため，第1四分位数がより左側に，第3四分位
数がより右側にかたよっている(ウ)である。

(2)と(3)はヒストグラムの右側に山があるため，対応する箱ひげ図は，中央値が右側
にかたよっている(ア)か(エ)である。

(3)はヒストグラムの左端にも山があるため，第1四分位数がより左側にかたよって
いる(ア)である。

（答） (1)−(ウ)， (2)−(エ)， (3)−(ア)， (4)−(イ)

演習問題

10. 図1は,生徒33人の通学時間を調べてつくったヒストグラムである。この
ヒストグラムに対応する箱ひげ図は,図2の(ア)～(エ)のうちどれか。

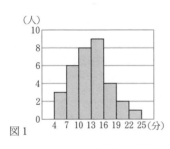

図1

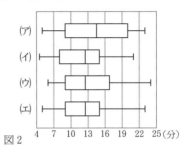

図2

11. 次の図は,ある3都市の1年間における,1日の最高気温の記録からつくっ
たヒストグラムと箱ひげ図である。(1)～(3)のヒストグラムに対応する箱ひげ図
を(ア)～(ウ)からそれぞれ選び,(1)−(ア)のように答えよ。

(1)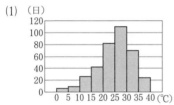

(2)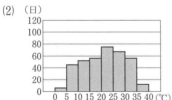

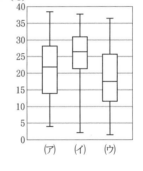

(3)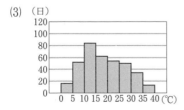

8章の問題

1 次のデータは，生徒16人のハンドボール投げの記録（単位はm）である。

22.6　21.7　19.2　23.2　21.4　22.3　20.3　19.8
22.4　23.2　25.8　19.5　20.8　17.7　20.5　20.2

(1) このデータの四分位数を求めよ。また，箱ひげ図をかけ。

(2) もう1人生徒が投げて，上の16人のいずれかの生徒と同じ記録であったとき，17人のデータの中央値として考えられる値をすべて求めよ。

2 次のデータは，生徒20人が最近1か月間に読んだ本の冊数を調べた結果（単位は冊）である。

5　2　3　3　6　4　2　4　3　5　4　3　3　4　2　5　4　*a*　*b*　*c*

このデータの箱ひげ図が下の図のようになるとき，*a*，*b*，*c* の値を求めよ。ただし，*a*<*b*<*c* とする。

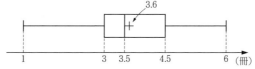

3 次の表は，ある中学校のA，B，C組の合計124人の生徒に実施したテストの得点の度数分布表である。A〜C組に対応する箱ひげ図を，右の(ア)〜(ウ)からそれぞれ選び，A−(ア)のように答えよ。

階級(点)	A組 度数(人)	B組 度数(人)	C組 度数(人)
以上　未満 45 〜 50	5	4	3
50 〜 55	7	5	5
55 〜 60	7	8	5
60 〜 65	10	10	6
65 〜 70	6	6	14
70 〜 75	5	6	6
75 〜 80	2	2	2
計	42	41	41

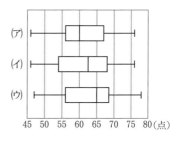

4 次の図は，ある中学校の A，B，C 組のそれぞれ 12 人の生徒が行った 100 m 走の記録を，箱ひげ図で表したものである。

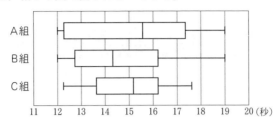

(1) 四分位範囲が最も小さいのはどの組か。

(2) 各組の速いほうの 4 人でリレーをすると，どの組が勝つと考えられるか。

(3) 各組の速いほうから 3，4，6，7 番目の 4 人でリレーをすると，どの組が勝つと考えられるか。

5 次の図は，ある年の東京の 1 日の平均気温を，月別に箱ひげ図で表したものである。

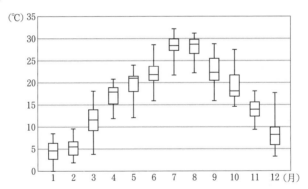

　この箱ひげ図から読み取れることとして正しいものを，次の(ア)〜(オ)からすべて選べ。

(ア) 2 月の範囲が小さいのは，日数が少ないからである。

(イ) 3 月のデータで，8 月のデータよりも平均気温が高い日はない。

(ウ) 6 月と 9 月のデータの平均値は等しい。

(エ) 5 月から 9 月までは，それぞれ平均気温が 20℃ 以上の日が 15 日以上ある。

(オ) 平均気温が最も高い日は 8 月，平均気温が最も低い日は 1 月にそれぞれある。

9章

場合の数と確率

1…場合の数

---

1 **和の法則**

2つのことがら A, B があり，これらは同時に起こることはない。A の起こる場合が m 通り，B の起こる場合が n 通りあるとき，A または B のどちらかが起こる場合の数は，**($m+n$) 通り**である。

2 **積の法則**

2つのことがら A, B がある。A の起こる場合が m 通り，そのそれぞれに対して B の起こる場合が n 通りあるとき，A と B がともに起こる場合の数は，**($m \times n$) 通り**である。

○基本問題○

1. あるクラブに男子 12 人，女子 9 人の部員が所属している。この中から次のように代表を選ぶとき，選び方は何通りあるか。

(1) 1 人の代表を選ぶ。

(2) 男子 1 人，女子 1 人の代表を選ぶ。

2. A 市と B 市の間には 2 系統の電車 a, b と，
3 路線のバス c, d, e が通っている。また，
B 市と C 市の間には 1 系統の電車 x と，2 路線のバス y, z が通っている。

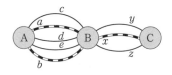

(1) A 市から C 市まで行く方法は何通りあるか。

(2) A 市から C 市まで行きはバスだけ，帰りは電車だけを利用して往復する方法は何通りあるか。

3. 右の図のように，星がえがかれている旗に色をぬる。赤，
青，黄の3色をAグループの色，黒，緑，桃，紫，橙の5
色をBグループの色とする。

(1) 星の外側はぬらないで，星にAグループまたはBグ
ループの色をぬると，何通りの旗ができるか。

(2) 星にAグループの色をぬり，その外側にBグループの色をぬると，何通
りの旗ができるか。

(3) 星とその外側に，それぞれ異なるグループの色をぬると，何通りの旗がで
きるか。

●**例題1**● 2，3，4，5の4つの数を使って3けたの整数をつくる。同じ数
を何回使ってもよいとする。

(1) 整数は何個できるか。

(2) 5の倍数は何個できるか。

(3) 偶数は何個できるか。

(解説) (1) 百の位の数は4通り，十の位も4通り，一の位も4通りある。

(2) 一の位の数は5である。

(3) 一の位の数は2または4の2通りある。

(解答) (1) 百の位，十の位，一の位は2，3，4，5のどの数でもよいから，それぞれ4通
りの数の使い方がある。

ゆえに，積の法則より　4×4×4=64　　　　　　　　　　（答）64個

(2) 一の位は5である。百の位，十の位は2，3，4，5のどの数でもよいから，そ
れぞれ4通りの数の使い方がある。

ゆえに，積の法則より　1×4×4=16　　　　　　　　　　（答）16個

(3) 一の位は2または4の2通りある。百の位，十の位は2，3，4，5のどの数で
もよいから，それぞれ4通りの数の使い方がある。

ゆえに，積の法則より　2×4×4=32　　　　　　　　　　（答）32個

演習問題

4. 5円，10円，50円，100円の4枚の硬貨を投げるとき，表と裏の出方は何通
りあるか。

5. Aさん，Bさん，Cさんの3人がじゃんけんを1回するとき，グー，チョキ，
パーの出し方は何通りあるか。

6. 0，1，2，3，4，5の6つの数を使って3けたの整数をつくる。同じ数を何回
使ってもよいとする。
(1) 整数は何個できるか。
(2) 各位の数がすべて奇数である整数は何個できるか。
(3) 5の倍数は何個できるか。

7. サッカーの大会で，広島県からA，Bの2チーム，岡山県からA，Bの2チー
ム，山口県，島根県，鳥取県から各1チームの計5県から7チームが集まって
いる。この中から4チームを選んで1つのグループをつくり，残った3チーム
でもう1つのグループをつくる。このとき，同じ県のチームが同じグループに
ならないつくり方は，何通りあるか。

8. a，b，c，d，eから，3つの文字を取って1列に並べる。同じ文字を何回使っ
てもよいとする。なお，a，b，c，d，eの中で，a，eは母音字であり，b，c，
dは子音字である。
(1) 並べ方は何通りあるか。
(2) 最初の文字が母音字である並べ方は何通りあるか。
(3) 子音字だけを使う並べ方は何通りあるか。

●**例題2**●　a，b，b，b，cから，3つの文字を取って1列に並べるとき，
並べ方は何通りあるか。

解説　順序よく樹形図をかいて求める。
解答　並べ方を樹形図でかくと，下のようになる。

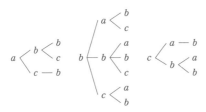

(答) 13通り

注　abb，abc，acb，bab，…，cbbのように，辞書に出てくる単語の順に並べることを
辞書式順序に配列するという。樹形図を辞書式順序に配列することにより，数え落とし
や重複を防ぐとよい。

演習問題

9. a, b, b, c, c, c から，3つの文字を取って1列に並べるとき，並べ方は何通りあるか。

10. 0，1，1，1，2，2から，3つの数を使って3けたの整数をつくる。整数は何個できるか。

11. 4つの箱と4個のボールに，それぞれ1から4までの番号が書いてある。箱にボールを1つずつ入れる。
(1) 1番の箱に1番のボールを入れ，その他の箱には箱の番号と異なる番号のボールを入れる。ボールの入れ方は何通りあるか。
(2) すべての箱に，箱の番号と異なる番号のボールを入れる。ボールの入れ方は何通りあるか。

進んだ問題の解法

|||||問題1 1から100までの正の整数のうち，次のような数は何個あるか。
(1) 3の倍数
(2) 3の倍数または4の倍数

解法 (1) 100を3で割ったときの商が，3の倍数の個数である。
(2) 3の倍数の個数と4の倍数の個数の和の中には，3の倍数であり4の倍数でもある数，すなわち3と4の最小公倍数12の倍数が2回数えられている。

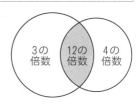

解答 (1) $100 = 3 \times 33 + 1$　　　　　(答) 33個
(2) (1)より，3の倍数は33個ある。
4の倍数は，$100 = 4 \times 25$ より25個ある。
3と4の最小公倍数12の倍数は，$100 = 12 \times 8 + 4$ より8個ある。
ゆえに，求める個数は $(33 + 25) - 8 = 50$　　　　　(答) 50個

|||||**進んだ問題**|||||

12. 1から100までの正の整数のうち，次のような数は何個あるか。
(1) 2の倍数または3の倍数
(2) 2の倍数，または3の倍数，または5の倍数である数

2…順列（並べ方）

1 **異なる n 個のものから r 個を取ってできる順列の数**

異なる n 個のものから r 個を取って，それらを1列に並べるとき，1番目には，n 通りの置き方がある。2番目には，1番目に1個使ったから $(n-1)$ 通り，3番目には，2個使ったから $(n-2)$ 通り，…，r 番目には，$(r-1)$ 個使ったから $(n-r+1)$ 通りの置き方がある。

1番目	2番目	3番目	…	r番目
□	□	□	…	□
n 通り	$(n-1)$ 通り	$(n-2)$ 通り	…	$(n-r+1)$ 通り

よって，順列（並べ方）の数 $_n\mathrm{P}_r$ は，積の法則より，

$$_n\mathrm{P}_r=\underline{n(n-1)(n-2)\cdots(n-r+1)}$$

> n からはじめて1ずつ小さい数を r 個かける

（例）　異なる7個から3個取ってできる順列の数は，

$$_7\mathrm{P}_3=\underline{7\times6\times5}=210$$

> 7からはじめて1ずつ小さい数を3個かける

2 **階乗**

$_n\mathrm{P}_n$ は n から1までの自然数の積

$$n(n-1)(n-2)\cdots\times3\times2\times1$$

になる。これを記号 $n!$（n の階乗と読む）で表す。

$$_n\mathrm{P}_n=n!=n(n-1)(n-2)\cdots\times3\times2\times1$$

（例）　$_6\mathrm{P}_6=6!=6\times5\times4\times3\times2\times1=720$

基本問題

13. 次の値を求めよ。

(1)　$_6\mathrm{P}_3$　　　(2)　$_7\mathrm{P}_4$　　　(3)　$_4\mathrm{P}_4$　　　(4)　$_n\mathrm{P}_2$　　　(5)　$5!$

14. 赤球 1 個，白球 1 個，青球 1 個の計 3 個の球がある。

(1) 2 つの箱 A，B に，球を 1 個ずつ入れる方法は何通りあるか。

(2) 3 つの箱 A，B，C に，球を 1 個ずつ入れる方法は何通りあるか。

15. 色の異なる 5 枚の旗がある。この中から 3 枚を使って縦 1 列に並べて信号を送りたい。何種類の信号が送れるか。

16. A，B，C，D，E，F の 6 人全員で駅伝のチームをつくるとき，走る順番は何通りあるか。

17. 10 人の中から班長，副班長，会計係の 3 人を選ぶ方法は何通りあるか。

●**例題3**● 1，2，3，4，5 の 5 つの数から，異なる 3 つの数を使って 3 けたの整数をつくる。

(1) 整数は何個できるか。　　　　(2) 奇数は何個できるか。

（**解説**）(1) 百の位に使う数は 1 から 5 の 5 通り，そのそれぞれに対して十の位の数の使い方は，百の位に使った数以外の 4 通り，さらに，そのそれぞれに対して一の位の数の使い方は，十の位と百の位に使った数以外の 3 通りある。

また，この考えから，$_5P_3$ が使える。

(2) 一の位に使う数は 1，3，5 のいずれかの 3 通り，そのそれぞれに対して百の位の数の使い方は，一の位に使った数以外の 4 通り，さらに，そのそれぞれに対して十の位の数の使い方は，一の位と百の位に使った数以外の 3 通りある。

また，この考えから，百の位，十の位については $_4P_2$ が使える。

（**解答**）(1) 百の位の数の使い方は 5 通り，そのそれぞれに対して十の位の数の使い方は残りの 4 通り，さらに，一の位の数の使い方は残りの 3 通りある。

ゆえに，求める個数は　$5×4×3=60$　　　　　　　　　　　　（答）60 個

(2) 一の位の数は 1，3，5 のいずれかであるから，その使い方は 3 通り，そのそれぞれに対して百の位の数の使い方は残りの 4 通り，さらに，十の位の数の使い方は残りの 3 通りある。

ゆえに，求める個数は　$3×4×3=36$　　　　　　　　　　　　（答）36 個

（**別解**）(1) 3 けたの整数は，異なる 5 つの数から 3 つの数を取って並べてつくる。

ゆえに，求める個数は　$_5P_3=5×4×3=60$　　　　　　　　（答）60 個

(2) 一の位の数は 1，3，5 のいずれかであるから，その並べ方は 3 通りある。百の位と十の位は，残りの異なる 4 つの数から 2 つの数を取って並べてつくる。

ゆえに，求める個数は　$3×_4P_2=3×4×3=36$　　　　　　　（答）36 個

演習問題

18. ある委員会に男子9人，女子5人が所属している。この中から委員長，副委員長，書記の3人を選ぶ。
(1) 全員の中から3人を選ぶ方法は何通りあるか。
(2) 委員長と書記を男子，副委員長を女子とする選び方は何通りあるか。
(3) 男子からも女子からも少なくとも1人を選ぶ。選び方は何通りあるか。

19. 9人の野球チームについて，次の問いに答えよ。
(1) 打順の3番，4番，5番を打つ人がそれぞれ決まっているとき，残りの打順の決め方は何通りあるか。
(2) 守備で，投手と捕手はそれぞれ決まっており，内野を守る4人と外野を守る3人はすでに選ばれている。このとき，守備の位置の決め方は何通りあるか。

20. 1，2，3，4，5，6の6つの数から，異なる4つの数を使って4けたの整数をつくる。
(1) 整数は何個できるか。
(2) 5の倍数は何個できるか。
(3) 4300より大きい整数は何個できるか。
(4) 3の倍数は何個できるか。

進んだ問題の解法

||||**問題2** 4人の男子と3人の女子の計7人が1列に並ぶ。
(1) 並び方は何通りあるか。
(2) 女子の両隣が男子である並び方は何通りあるか。
(3) 男子どうし，女子どうしが，ともにひとまとまりになる並び方は何通りあるか。

解法 (2) □に男子が並び，○に女子が並ぶとすると，7人が□○□○□○□と並べばよい。男子と女子について，それぞれの並び方の数を求める。
(3) 男子，女子それぞれをひとまとまりと考えて，そのまとまりの並び方は
$_2P_2=2\times1=2$（通り）ある。そのそれぞれに対して，男子，女子の並び方がある。

[解答] (1) 7人が1列に並ぶ並び方は

$$_7P_7=7\times6\times5\times4\times3\times2\times1=5040（通り）$$ （答） 5040通り

(2) はじめに4人の男子が並び，つぎに3つある男子の間に女子が並べばよい。

男子の並び方は $_4P_4=4\times3\times2\times1=24（通り）$

そのそれぞれに対して，女子の並び方は

$$_3P_3=3\times2\times1=6（通り）$$

ゆえに，求める並び方は $24\times6=144（通り）$ （答） 144通り

(3) 男子，女子それぞれをひとまとまりと考えて，そのまとまりの並び方は

$$_2P_2=2\times1=2（通り）$$

そのそれぞれに対して，男子の並び方は

$$_4P_4=4\times3\times2\times1=24（通り）$$

また，女子の並び方は $_3P_3=3\times2\times1=6（通り）$

ゆえに，求める並び方は $2\times24\times6=288（通り）$ （答） 288通り

||||| **進んだ問題** |||||

21. 父母と子ども3人の5人家族が1列に並ぶ。

(1) 父母が両端にいる並び方は何通りあるか。

(2) 父母が隣り合う並び方は何通りあるか。

(3) 子どもが両端にいる並び方は何通りあるか。

22. 0，1，2，3，4，5の6つの数を使って4けたの整数をつくる。

(1) 同じ数を何回使ってもよいとするとき，次のような整数は何個できるか。

 (i) 整数 (ii) 5の倍数 (iii) 偶数

(2) 異なる数を使うとき，次のような整数は何個できるか。

 (i) 整数 (ii) 5の倍数 (iii) 偶数

23. a，b，c，d，e の5つの文字をすべて並べてできた文字列を，辞書式順序に1番目から120番目まで配列する。

(1) 30番目の文字列は何か。

(2) $cdbae$ の文字列は何番目か。

24. 1から5までの異なる数が1つずつ書いてあるカードが，2枚ずつ合計10枚ある。その中から3枚を選んで3けたの整数をつくる。

(1) 整数は何個できるか。

(2) つくった3けたの整数を小さいものから順に並べると，321は何番目の整数か。

3…組合せ

---

1 **異なる n 個のものから r 個を取ってできる組合せの数**

(1) 異なる n 個のものから r 個を取ってできる組合せの数 $_nC_r$ は,

n からはじめて１ずつ
小さい数を r 個かける

$$_nC_r = \frac{\overbrace{n(n-1)(n-2)\cdots(n-r+1)}}{\underbrace{r(r-1)(r-2)\cdots\times 3\times 2\times 1}}$$

r から１までの
自然数をかける

(例) ７人の中から３人の代表を選ぶ組合せの数は,

$$_7C_3 = \frac{7\times 6\times 5}{3\times 2\times 1} = 35$$

(2) 異なる n 個のものから r 個を取ることは,$(n-r)$ 個を残すことと
同じであるから,

$$_nC_r = {_nC_{n-r}}$$

r の数が大きいときは,この式を使うと計算しやすい。

(例) $_{10}C_8 = {_{10}C_2} = \frac{10\times 9}{2\times 1} = 45$

基本問題

25. 次の値を求めよ。

(1) $_5C_2$ (2) $_8C_3$ (3) $_4C_4$ (4) $_{10}C_6$

26. 白,赤,黄,青,紫の花が１本ずつ計５本ある。次のように花びんに花を
入れるとき,入れ方は何通りあるか。

(1) ２本の花を入れる。

(2) ３本の花を入れる。

27. 地図に色をぬるとき,赤,青,桃,黄,緑,黒の６色の中から異なる３色
を選ぶ方法は何通りあるか。

●**例題4**● 　1から9までの数が1つずつ書いてある9枚のカードがある。このカードをよくきって，同時に3枚のカードをひく。

(1)　カードのひき方は何通りあるか。

(2)　偶数のカードが2枚，奇数のカードが1枚であるひき方は何通りあるか。

解説　(1)　カードの枚数が多いとき，3枚の組を$\{1, 2, 3\}$, $\{1, 2, 4\}$, $\{1, 2, 5\}$, …と，すべて書きあげて数えるのはむずかしい。

　　9枚のカードから3枚をひいてできる順列は$(9 \times 8 \times 7)$通りであるが，それを書きあげると，右のようになる。

$$(1, 2, 3), \cdots, (7, 8, 9)$$
$$(1, 3, 2), \cdots, (7, 9, 8)$$
$$(2, 1, 3), \cdots, (8, 7, 9)$$
$$(2, 3, 1), \cdots, (8, 9, 7)$$
$$(3, 1, 2), \cdots, (9, 7, 8)$$
$$(3, 2, 1), \cdots, (9, 8, 7)$$

　　この中で，たとえば$(1, 2, 3)$, $(1, 3, 2)$, $(2, 1, 3)$, $(2, 3, 1)$, $(3, 1, 2)$, $(3, 2, 1)$の$(3 \times 2 \times 1)$通りは，同じカードの組$\{1, 2, 3\}$の1通りからできている。同様に，どの3枚の組についても$(3 \times 2 \times 1)$通りの順列ができる。

　　したがって，求めるカードのひき方（組合せ）をx通りとすると，

$$x \times (3 \times 2 \times 1) = 9 \times 8 \times 7$$

ゆえに，$x = \dfrac{9 \times 8 \times 7}{3 \times 2 \times 1}$

　　この考えから，

$$_9C_3 = \dfrac{9 \times 8 \times 7}{3 \times 2 \times 1}$$

を導くことができる。

(2)　積の法則より，（偶数のカード4枚から2枚を取る組合せの数）×（奇数のカード5枚から1枚を取る組合せの数）が求める数である。

解答　(1)　求める数は，異なる9枚のカードから3枚を取る組合せの数に等しい。

　　ゆえに　$_9C_3 = \dfrac{9 \times 8 \times 7}{3 \times 2 \times 1} = 84$（通り）　　　　　　　　（答）　84通り

　　(2)　偶数のカード4枚から2枚を取る組合せの数は

$$_4C_2 = \dfrac{4 \times 3}{2 \times 1} = 6 \text{（通り）}$$

　　奇数のカード5枚から1枚を取る組合せの数は

$$_5C_1 = \dfrac{5}{1} = 5 \text{（通り）}$$

　　ゆえに，求める数は　$6 \times 5 = 30$（通り）　　　　　　　　　　　（答）　30通り

演習問題

28. 右の図のように，円周上に A，B，C，D，E，F，G，H の異なる 8 つの点がある。

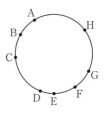

(1) これらの中から 2 点を結んでできる線分は，いくつあるか。

(2) これらの中から 3 点を結んでできる三角形は，いくつあるか。

29. 男子 12 人，女子 8 人の計 20 人の中から 4 人の委員を選ぶ。

(1) 委員の選び方は何通りあるか。

(2) 委員の 2 人が男子，2 人が女子である選び方は何通りあるか。

(3) 男子からも女子からも少なくとも 1 人を委員に選ぶ。選び方は何通りあるか。

30. 幸子さんと恵さんをふくめた 10 人の中から 5 人の代表を選ぶ。

(1) 代表の選び方は何通りあるか。

(2) 幸子さんと恵さんの 2 人が代表になる選び方は何通りあるか。

(3) 幸子さんと恵さんのうち，少なくとも 1 人が代表になる選び方は何通りあるか。

31. 右の図のような異なる 2 直線 ℓ，m がある。直線 ℓ 上には 5 つの点があり，直線 m 上には 7 つの点がある。

(1) これらの中の 4 点を頂点とする四角形は，何個できるか。

(2) これらの中の 3 点を頂点とする三角形は，何個できるか。

32. 異なる 9 冊の本がある。A さんに 4 冊，B さんに 3 冊，C さんに 2 冊配る方法は何通りあるか。

33. 赤，青，白，黒，黄の球が 1 個ずつ計 5 個と，赤，青，白，黒，黄の色をぬった箱が 1 箱ずつ計 5 箱ある。これらの箱に球を 1 個ずつ入れる。

(1) 球の入れ方は全部で何通りあるか。

(2) 3 つの箱だけに箱と同色の球を入れる方法は何通りあるか。

(3) 2 つの箱だけに箱と同色の球を入れる方法は何通りあるか。

進んだ問題の解法

> ||||問題3 右の図のように，すべて正方形に区画され
> た道路を，A地点からF地点まで遠まわりしない
> で行く。
> (1) 行き方は何通りあるか。
> (2) L地点を通る行き方は何通りあるか。

A J I H
B K L G
C D E F

[解法] 樹形図をかいて求める。

　また，組合せの考えを使う。交差点から次の交差点までの1区間を右または下に進
むことをそれぞれ→，↓で表すと，遠まわりしないで行くには→を3回，↓を2回使う。
したがって，5回のうち2回↓に行くところを決めればよい。

[解答] (1) 樹形図をかくと，
　　　　　右のようになる。
　　　　　（答）10通り

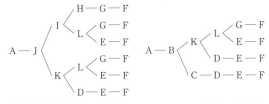

(2) (1)の樹形図のうち，L地点を通るものは6通りある。　　　（答）6通り

[別解] (1) 交差点から次の交差点までの1区間を右または下に進むことをそれぞれ→，↓
で表す。A地点からF地点まで行くことは，→3回，↓2回を組合せることであ
る。このことは，5つの□□□□□から2か所を選んで↓をかく（残り3か所は
→になる）ことと同じである。
　　　よって，求める数は，異なる5個のものから2個を取る組合せの数に等しい。
　　　ゆえに　$_5C_2 = \dfrac{5 \times 4}{2 \times 1} = 10$（通り）　　　　　（答）10通り

(2) (1)と同様に，A地点からL地点まで行く方法は　$_3C_1 = 3$（通り）
　　L地点からF地点まで行く方法は　$_2C_1 = 2$（通り）
　　ゆえに　$3 \times 2 = 6$（通り）　　　　　　　　　　　　　　（答）6通り

||||進んだ問題||||

34. 右の図のように，すべて正方形に区画された道路
を，A地点からD地点まで遠まわりしないで行く。
(1) 行き方は何通りあるか。
(2) B地点を通る行き方は何通りあるか。
(3) BC間が通行止めのとき，行き方は何通りあるか。

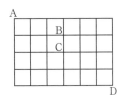

4 … 確率

1 **同様に確からしい**

実験や観察で，起こりうるすべてのことの起こりやすさが同じである と考えられるとき，それらのことは**同様に確からしい**という。

2 **確率の定義**

実験や観察で，起こりうる場合が全部で N 通りあり，それらのすべ てのことが同様に確からしいとする。このうち，ことがら A の起こる 場合が a 通りあるとき，$\dfrac{a}{N}$ を A の起こる**確率**という。

3 **確率の性質**

ことがら A の起こる確率を p とするとき，

(1) $0 \leqq p \leqq 1$ である。

(2) ことがら A が**必ず起こる**とき，$p=1$ である。

(3) ことがら A が**決して起こることがない**とき，$p=0$ である。

(4) ことがら A が**起こらない確率**は，$1-p$ である。

基本問題

35. 次のことがら A，B は，どちらが起こりやすいといえるか。

(1) ジョーカーを除く 52 枚のトランプをよくきって，1 枚のカードをひく。

 A．ひいたカードがハートである。

 B．ひいたカードが絵札である。

(2) 10 本のくじの中に 3 本の当たりくじがはいっている。この中から 1 本の くじをひく。

 A．当たる。 B．はずれる。

(3) 2 枚の 10 円硬貨を投げる。

 A．2 枚とも表が出る。 B．表と裏が 1 枚ずつ出る。

(4) 赤球 10 個，白球 4 個，青球 6 個の計 20 個の球が袋の中にはいっている。 袋の中の球をよくかき混ぜて，1 個の球を取り出す。

 A．取り出した球が赤球である。

 B．取り出した球が赤球ではない。

36. ジョーカーを除く 52 枚のトランプをよくきって，1 枚のカードをひくとき，次の確率を求めよ。

(1) ひいたカードがハートである確率

(2) ひいたカードが絵札である確率

37. 赤球 5 個，白球 4 個，青球 3 個の計 12 個の球が袋の中にはいっている。袋の中の球をよくかき混ぜて，1 個の球を取り出すとき，次の確率を求めよ。

(1) 取り出した球が赤球である確率

(2) 取り出した球が白球でない確率

●**例題5**● 1 から 24 までの数が 1 つずつ書いてある 24 枚のカードがある。このカードをよくきって 1 枚ひくとき，次の確率を求めよ。

(1) 1 けたの数が書いてあるカードをひく確率

(2) 3 の倍数が書いてあるカードをひく確率

(3) 5 の倍数でない数が書いてあるカードをひく確率

(**解説**) 起こりうるすべての場合は，「1 のカードをひく」「2 のカードをひく」「3 のカードをひく」…「24 のカードをひく」の 24 通りある。

(3) 確率の性質より，5 の倍数でない確率は，次のように求めることができる。

$$（5 の倍数でない確率）＝1－（5 の倍数である確率）$$

(**解答**) 24 枚のカードから 1 枚ひくとき，カードのひき方は全部で 24 通りあり，どのひき方も同様に確からしい。

(1) 1 けたの数のカードは，1 から 9 までの 9 枚ある。

ゆえに，求める確率は $\dfrac{9}{24}＝\dfrac{3}{8}$ (答) $\dfrac{3}{8}$

(2) 3 の倍数のカードは，$24＝3×8$ より 8 枚ある。

ゆえに，求める確率は $\dfrac{8}{24}＝\dfrac{1}{3}$ (答) $\dfrac{1}{3}$

(3) 5 の倍数のカードは，$24＝5×4＋4$ より 4 枚ある。

よって，5 の倍数である確率は $\dfrac{4}{24}＝\dfrac{1}{6}$

ゆえに，求める確率は $1－\dfrac{1}{6}＝\dfrac{5}{6}$ (答) $\dfrac{5}{6}$

(**注**) この問題では，カードをよくきってあるから，どのカードをひくことも同様に確からしいと考えた。今後，確率を求める問題では，「カードをよくきって」「袋の中の球をよくかき混ぜて」などとは断らない。

演習問題

38. 1つのさいころを1回投げるとき，次の確率を求めよ。
(1) 4以上の目が出る確率　　　　(2) 3の倍数の目が出る確率
(3) 1の目が出ない確率

39. 1から24までの数が1つずつ書いてある24枚のカードがある。この中からカードを1枚ひくとき，次の確率を求めよ。
(1) 24の約数が書いてあるカードをひく確率
(2) 2の倍数または3の倍数が書いてあるカードをひく確率
(3) 素数でない数が書いてあるカードをひく確率

40. Aさん，Bさんの2人がじゃんけんを1回するとき，次の確率を求めよ。
(1) Aさんが勝つ確率　　　　(2) 勝負がつかない確率

41. 4枚の10円硬貨を1回投げるとき，次の確率を求めよ。
(1) 表と裏が2枚ずつ出る確率　　　(2) 少なくとも2枚は表が出る確率

●**例題6**● 赤球3個，白球4個の計7個の球が袋の中にはいっている。この袋から同時に2個の球を取り出すとき，次の確率を求めよ。
(1) 取り出した球が2個とも白球である確率
(2) 取り出した球が赤球1個，白球1個である確率
(3) 取り出した球のうち，少なくとも1個は赤球である確率

(解説) 3個の赤球，4個の白球をそれぞれたがいに区別して考える。
起こりうるすべての場合を書きあげ，条件に適するものを数える。
または，組合せの考えを利用する。

(解答) 赤球を a, b, c，白球を A, B, C, D と名づけて区別すると，
7個の球から同時に取り出した2個の球の組は，全部で次の21
通りあり，どの取り出し方も同様に確からしい。

$$\{a, \ b\}, \ \{a, \ c\}, \ \{a, \ A\}, \ \{a, \ B\}, \ \{a, \ C\}, \ \{a, \ D\}$$
$$\{b, \ c\}, \ \{b, \ A\}, \ \{b, \ B\}, \ \{b, \ C\}, \ \{b, \ D\}$$
$$\{c, \ A\}, \ \{c, \ B\}, \ \{c, \ C\}, \ \{c, \ D\}$$
$$\{A, \ B\}, \ \{A, \ C\}, \ \{A, \ D\}$$
$$\{B, \ C\}, \ \{B, \ D\}$$
$$\{C, \ D\}$$

(1) 2個とも白球である組は
$$\{A,\ B\},\ \{A,\ C\},\ \{A,\ D\},\ \{B,\ C\},\ \{B,\ D\},\ \{C,\ D\}$$
の6通りある。

ゆえに, 求める確率は $\dfrac{6}{21}=\dfrac{2}{7}$ (答) $\dfrac{2}{7}$

(2) 赤球1個, 白球1個であるのは, 赤球が a, b, c の3通り, そのそれぞれに対して, 白球が A, B, C, D の4通りあるから, $3\times4=12$(通り)ある。

ゆえに, 求める確率は $\dfrac{12}{21}=\dfrac{4}{7}$ (答) $\dfrac{4}{7}$

(3) 少なくとも1個が赤球であることは, 2個とも白球ではないことである。

2個とも白球である確率は, (1)より $\dfrac{2}{7}$ である。

ゆえに, 求める確率は $1-\dfrac{2}{7}=\dfrac{5}{7}$ (答) $\dfrac{5}{7}$

別解 7個の球から同時に2個取り出すとき, 取り出し方は全部で $_7C_2=\dfrac{7\times6}{2\times1}=21$(通り)あり, どの取り出し方も同様に確からしい。

(1) 2個とも白球である取り出し方は, $_4C_2=\dfrac{4\times3}{2\times1}=6$(通り)ある。

ゆえに, 求める確率は $\dfrac{6}{21}=\dfrac{2}{7}$ (答) $\dfrac{2}{7}$

(2) 赤球1個, 白球1個である取り出し方は, $_3C_1\times_4C_1=3\times4=12$(通り)ある。

ゆえに, 求める確率は $\dfrac{12}{21}=\dfrac{4}{7}$ (答) $\dfrac{4}{7}$

参考 (3)で, 赤球が1個であるのは12通り, 2個とも赤球であるのは3通りあるから, $\dfrac{12+3}{21}=\dfrac{5}{7}$ と求めてもよい。

演習問題

42. A, B, C, D, E の5人が1列に並ぶとき, 次の確率を求めよ。
(1) Aが左端に, Bが右端に並ぶ確率
(2) AとBが隣り合う確率

43. 赤球6個, 白球2個の計8個の球が袋の中にはいっている。この袋から同時に2個の球を取り出すとき, 次の確率を求めよ。
(1) 取り出した球が2個とも赤球である確率
(2) 取り出した球が赤球1個, 白球1個である確率

44. 12本のくじの中に4本の当たりくじがはいっている。この中から同時に2本のくじをひくとき，次の確率を求めよ。
(1) ひいたくじが2本とも当たりくじである確率
(2) ひいたくじが2本ともはずれくじである確率

45. ジョーカーを除く52枚のトランプから，同時に2枚のカードをひくとき，次の確率を求めよ。
(1) ひいたカードの1枚はハートで，1枚がスペードである確率
(2) ひいたカードのうち，少なくとも1枚は絵札である確率

46. 袋の中に，6枚のカード⓪，①，②，③，④，⑤がはいっている。この袋からカードを1枚取り出し，それをもとにもどさないで続けてもう1枚カードを取り出し，取り出した順に左から右に並べて整数をつくる。たとえば，①②のように並んだ場合は整数12を表し，⓪②のように並んだ場合は1けたの整数2を表すものとする。
(1) 2けたの整数になる確率を求めよ。
(2) 2けたの整数で3の倍数になる確率を求めよ。

47. Aさん，Bさん，Cさんの3人がじゃんけんを1回するとき，次の確率を求めよ。
(1) Aさんだけが勝つ確率
(2) 勝負がつかない確率

48. 正方形の頂点Aに，将棋の駒を置く。さいころを投げて，出た目の数だけ駒を正方形の頂点AからA→B→C→D→A→B→…の順に移す。たとえば，さいころを2回投げて，1回目に出た目の数が3のとき駒はA→B→C→Dと頂点Dに移り，2回目に出た目の数が2のときD→A→Bと頂点Bに移る。

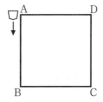

(1) 1回だけ投げて，駒が頂点Cに移る確率を求めよ。
(2) 2回投げて，駒が頂点Aに移る確率を求めよ。

5…確率の計算

┌───┐
│ ① **2つのことがら A または B の起こる確率**
│　起こりうる場合が全部で N 通りあり，それらが同様に確からしいと
│ する。2つのことがら A，B について，A が起こる場合を a 通り，B が
│ 起こる場合を b 通り，A と B がともに起こる場合を c 通りとすると，
│
│ $$（A \text{ または } B \text{ の起こる確率}）=\frac{a+b-c}{N}$$
└───┘

●**例題7**●　大小2つのさいころを同時に投げるとき，次の確率を求めよ。
(1) 目の和が 10 または 11 になる確率
(2) 目の和が 4 の倍数または 6 の倍数になる確率

解説　大きいさいころの目の
出方は 6 通り，そのそれぞ
れに対して，小さいさいこ
ろの目の出方は 6 通りある。
したがって，大小2つのさ
いころの目の出方（大，小）
は，右のように全部で 6×6＝36（通り）ある。

$(1, 1)$, $(1, 2)$, $(1, 3)$, $(1, 4)$, $(1, 5)$, $(1, 6)$
$(2, 1)$, $(2, 2)$, $(2, 3)$, $(2, 4)$, $(2, 5)$, $(2, 6)$
$(3, 1)$, $(3, 2)$, $(3, 3)$, $(3, 4)$, $(3, 5)$, $(3, 6)$
$(4, 1)$, $(4, 2)$, $(4, 3)$, $(4, 4)$, $(4, 5)$, $(4, 6)$
$(5, 1)$, $(5, 2)$, $(5, 3)$, $(5, 4)$, $(5, 5)$, $(5, 6)$
$(6, 1)$, $(6, 2)$, $(6, 3)$, $(6, 4)$, $(6, 5)$, $(6, 6)$

解答　2つのさいころを同時に投げるとき，目の出方は全部で 6×6＝36（通り）あり，ど
の出方も同様に確からしい。
(1) 目の和が 10 になる（大，小）は，$(4, 6)$，$(5, 5)$，$(6, 4)$ の3通りある。
　目の和が 11 になる（大，小）は，$(5, 6)$，$(6, 5)$ の2通りある。
　ゆえに，求める確率は $\dfrac{3+2}{36}=\dfrac{5}{36}$ 　　　　　（答）$\dfrac{5}{36}$
(2) 目の和が 4 の倍数になる（大，小）は，$(1, 3)$，$(2, 2)$，$(3, 1)$，$(2, 6)$，
　$(3, 5)$，$(4, 4)$，$(5, 3)$，$(6, 2)$，$(6, 6)$ の9通りある。
　目の和が 6 の倍数になる（大，小）は，$(1, 5)$，$(2, 4)$，$(3, 3)$，$(4, 2)$，
　$(5, 1)$，$(6, 6)$ の6通りある。
　このうち，目の和が 4 と 6 の最小公倍数，すなわち 12 の倍数になる $(6, 6)$ は
　重複している。
　ゆえに，求める確率は $\dfrac{9+6-1}{36}=\dfrac{7}{18}$ 　　　　　（答）$\dfrac{7}{18}$

●**例題8**● 1から5までの数が1つずつ書いてある5個の赤球と，6から9までの数が1つずつ書いてある4個の白球が袋の中にはいっている。この袋から同時に2個の球を取り出すとき，2個とも赤球であるか，または2個とも偶数である確率を求めよ。

(**解説**) 2個とも赤球であり，偶数でもある場合があることに注意して，起こりうる場合の数を調べる。

(**解答**) 9個の球から同時に2個を取り出すとき，取り出し方は全部で $_9C_2=36$（通り）あり，どの取り出し方も同様に確からしい。

2個とも赤球である場合は
$$_5C_2=10（通り）$$
2個とも偶数である場合は
$$_4C_2=6（通り）$$
また，2個とも赤球であり，偶数でもある場合は
$$_2C_2=1（通り）$$
ゆえに，求める確率は $\dfrac{10+6-1}{36}=\dfrac{5}{12}$

（答）$\dfrac{5}{12}$

演習問題

49. 大小2つのさいころを同時に投げるとき，次の確率を求めよ。
(1) 目の和が3の倍数になる確率
(2) 目の積が3の倍数になる確率

50. ジョーカーを除く52枚のトランプから，同時に2枚のカードをひくとき，2枚ともダイヤ，または2枚とも絵札である確率を求めよ。

51. A，B，C，D，E，Fの6人の中から3人の代表を選ぶとき，次の確率を求めよ。
(1) Aが代表になる確率
(2) BかCのうち，少なくとも1人が代表になる確率

52. 1から9までの数が1つずつ書いてある9枚のカードがある。この中から同時に2枚のカードをひき，ひいたカードに書いてある数の積をつくるとき，次の確率を求めよ。
(1) 積が8の倍数になる確率　　(2) 積が6の倍数になる確率
(3) 積が6の倍数または8の倍数になる確率

進んだ問題の解法 ||||||||||||||||||||||||||||||||||||||||||||||||

||||**問題4** 右の図のように，3点 A(1, 1)，B(3, 2)，C(2, 3) を頂点とする三角形がある。1つのさいころを2回投げて，1回目に出た目の数を a，2回目に出た目の数を b とするとき，$y=\dfrac{a}{b}x$ の式で表される直線 ℓ を考える。

(1) 直線 ℓ が辺 AB に平行である確率を求めよ。

(2) 直線 ℓ が △ABC と共有点をもつ確率を求めよ。

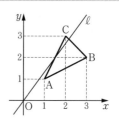

解法 (1) 直線 ℓ が辺 AB に平行となるのは，ℓ の傾きが直線 AB の傾きに等しいときである。

(2) 直線 ℓ が △ABC と共有点をもつのは，ℓ が辺 BC と交わるときであるから，直線 OB，OC の傾きをそれぞれ考える。

解答 さいころを2回投げるとき，目の出方は全部で $6\times6=36$（通り）あり，どの出方も同様に確からしい。

(1) 直線 AB の傾き $\dfrac{2-1}{3-1}=\dfrac{1}{2}$ より，直線 ℓ が辺 AB に平行となるのは ℓ の傾きが $\dfrac{1}{2}$ のときである。

傾きが $\dfrac{1}{2}$ になる $\dfrac{a}{b}$ は，$\dfrac{1}{2}$，$\dfrac{2}{4}$，$\dfrac{3}{6}$ の3通りある。

ゆえに，求める確率は $\dfrac{3}{36}=\dfrac{1}{12}$ （答） $\dfrac{1}{12}$

(2)

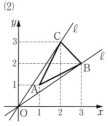

(2) 直線 OB，OC の傾きはそれぞれ $\dfrac{2}{3}$，$\dfrac{3}{2}$ であるから，直線 ℓ が △ABC と共有点をもつのは ℓ の傾きが $\dfrac{2}{3}$ 以上 $\dfrac{3}{2}$ 以下のときである。

$\dfrac{2}{3}\leqq\dfrac{a}{b}\leqq\dfrac{3}{2}$ になる $\dfrac{a}{b}$ は，右の表の影の部分のように 16 通りある。

ゆえに，求める確率は

$\dfrac{16}{36}=\dfrac{4}{9}$ （答） $\dfrac{4}{9}$

a＼b	1	2	3	4	5	6
1	$\frac{1}{1}$	$\frac{1}{2}$	$\frac{1}{3}$	$\frac{1}{4}$	$\frac{1}{5}$	$\frac{1}{6}$
2	$\frac{2}{1}$	$\frac{2}{2}$	$\frac{2}{3}$	$\frac{2}{4}$	$\frac{2}{5}$	$\frac{2}{6}$
3	$\frac{3}{1}$	$\frac{3}{2}$	$\frac{3}{3}$	$\frac{3}{4}$	$\frac{3}{5}$	$\frac{3}{6}$
4	$\frac{4}{1}$	$\frac{4}{2}$	$\frac{4}{3}$	$\frac{4}{4}$	$\frac{4}{5}$	$\frac{4}{6}$
5	$\frac{5}{1}$	$\frac{5}{2}$	$\frac{5}{3}$	$\frac{5}{4}$	$\frac{5}{5}$	$\frac{5}{6}$
6	$\frac{6}{1}$	$\frac{6}{2}$	$\frac{6}{3}$	$\frac{6}{4}$	$\frac{6}{5}$	$\frac{6}{6}$

||||| **進んだ問題** |||||

53. 右の図のように，4点 A(1，4)，B(2，1)，
C(5，2)，D(4，5) を頂点とする正方形 ABCD が
ある。1つのさいころを2回投げて，1回目に出た
目の数を a，2回目に出た目の数を b とするとき，
$y = \dfrac{a}{b}x$ の式で表される直線 ℓ を考える。

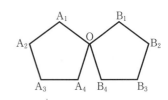

(1) 直線 ℓ が辺 AD に平行である確率を求めよ。

(2) 直線 ℓ が正方形 ABCD の面積を2等分する確率を求めよ。

(3) 直線 ℓ が正方形 ABCD と共有点をもつ確率を求めよ。

54. 右の図のように，1辺の長さが1である
2つの正五角形を頂点 O でつないだ図形が
ある。

　点 P は頂点 O を出発し，さいころを投げ
て出た目の数と同じだけ図形の頂点を，O→
A_1→A_2→A_3→A_4→O→B_1→B_2→B_3→B_4→O
→A_1→… の順に進む。たとえば，さいころを3回投げて出た目の数が順に4，
5，3のとき，点 P は1回目に頂点 O から A_4 まで進み，2回目に A_4 から B_4
まで，3回目に B_4 から A_2 まで進む。

(1) さいころを2回投げたとき，2回目にはじめて頂点 O に止まる確率を求め
　よ。

(2) さいころを2回投げたとき，1回も頂点 O に止まらずに，2回目に頂点
　B_1，B_2，B_3，B_4 のいずれかに止まる確率を求めよ。

(3) さいころを3回投げたとき，3回目にはじめて頂点 O に止まる確率を求め
　よ。

55. 右の図のように，円周を6等分する点 A，B，C，D，
E，F がある。これらの中から異なる3点を結んで三角
形をつくるとき，次の確率を求めよ。

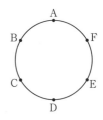

(1) 直角三角形ができる確率

(2) 二等辺三角形（正三角形をふくむ）ができる確率

▶▶研究◀◀ 期待値

1つのさいころを1回投げて，出た目の数を得点とするゲームを行う。得点と，その確率を表にすると，次のようになる。

得点	1点	2点	3点	4点	5点	6点	計
確率	$\frac{1}{6}$	$\frac{1}{6}$	$\frac{1}{6}$	$\frac{1}{6}$	$\frac{1}{6}$	$\frac{1}{6}$	1

このとき，（得点）×（その確率）の総和は，

$$1\times\frac{1}{6}+2\times\frac{1}{6}+3\times\frac{1}{6}+4\times\frac{1}{6}+5\times\frac{1}{6}+6\times\frac{1}{6}$$

$$=\frac{1+2+3+4+5+6}{6}=\frac{7}{2}（点）$$

となる。この$\frac{7}{2}$点をこのゲームの得点の**期待値**という。

期待値はこのゲームを何回も行ったとき，1回のゲームで得られる点の平均を表している。

▶**研究1**◀ 赤球1個，白球3個，青球6個の計10個の球が袋の中にはいっている。この袋から1個の球を取り出す。その球が赤球のとき5点，白球のとき3点，青球のとき1点の得点がもらえる。
(1) 得点と，その確率を表にせよ。
(2) 得点の期待値を求めよ。

◀**解説**▶ 袋の中の10個の球から1個を取り出すとき，それらのどれを取り出すことも同様に確からしいから，確率は同じ色の球の個数によって決まる。

◀**解答**▷ (1) 袋の中から1個の球を取り出すとき，

赤球である確率は $\frac{1}{10}$

白球である確率は $\frac{3}{10}$

青球である確率は $\frac{6}{10}=\frac{3}{5}$

（答） 右の表

得点	5点	3点	1点	計
確率	$\frac{1}{10}$	$\frac{3}{10}$	$\frac{3}{5}$	1

(2) （期待値）$=5\times\frac{1}{10}+3\times\frac{3}{10}+1\times\frac{3}{5}=2$

（答） 2点

▶研究問題◀

56.　ジョーカーを除く 52 枚のトランプから，1 枚のカードをひく。ひいたカードがエースのとき 10 点，絵札のとき 5 点，2〜10 のとき 3 点の得点がもらえる。
　(1)　得点と，その確率を表にせよ。
　(2)　得点の期待値を求めよ。

57.　2 枚の硬貨を投げるとき，表が出る硬貨の枚数を調べる。
　(1)　表が出る硬貨の枚数と，その確率を表にせよ。
　(2)　表が出る硬貨の枚数の期待値を求めよ。

> ▶研究2◀　右の表のような賞金のついた 10 本のくじがある。このくじを 1 本ひくためには，参加費 200 円を払う必要がある。このくじは，参加者にとって有利か不利かを判定せよ。

賞金	本数
500 円	2 本
300 円	3 本
50 円	5 本

◀解説▶　くじ 1 本あたりの価値（期待値）と参加費を比較する。

◁解答▷　くじを 1 本ひいたときの賞金と，その確率を表にすると，右のようになる。

賞金	500 円	300 円	50 円	計
確率	$\frac{1}{5}$	$\frac{3}{10}$	$\frac{1}{2}$	1

　　くじ 1 本あたりの価値（期待値）は
$$500\times\frac{1}{5}+300\times\frac{3}{10}+50\times\frac{1}{2}$$
$$=215（円）$$
であり，参加費 200 円より高額である。　　　　　　　（答）　有利である

▶研究問題◀

58.　右の表のような賞金のついた 20 本のくじがある。このくじを 1 本ひくためには，参加費 100 円を払う必要がある。このくじは，参加者にとって有利か不利かを判定せよ。

賞金	本数
500 円	1 本
200 円	2 本
80 円	7 本
50 円	10 本

9章の問題

1 右の図のように，A，B，C，D の 4 区画に分けられている区域がある。境界が接している区画は異なる色でぬることにして，赤，黄，緑，青，黒，白の 6 色でぬり分ける。

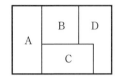

(1) ぬる色がすべて異なるぬり方は何通りあるか。

(2) 同じ色を使ってよいとき，ぬり方は何通りあるか。

2 1，2，3，4，5 の 5 つの数から，異なる 3 つの数を使って 3 けたの整数をつくる。

(1) 偶数は何個できるか。

(2) 300 より大きい整数は何個できるか。

(3) 4 の倍数は何個できるか。

(4) 3 の倍数は何個できるか。

3 右の図のように，正六角形の頂点には 1 から 6 までの番号がついている。大中小 3 つのさいころを同時に投げて，出た目の数と同じ番号の頂点を結んでできる図形が次のようになるとき，さいころの目の出方は何通りあるか。

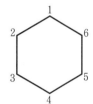

(1) 正三角形である。

(2) 三角形である。

(3) 直角三角形である。

4 1 から 5 までの数が 1 つずつ書いてある 5 枚の封筒がある。また，1 から 5 までの数が 1 つずつ書いてある 5 枚のカードがある。この 5 枚のカードを 1 枚ずつ 5 枚の封筒に入れる。

(1) 入れ方は何通りあるか。

(2) 封筒に書いてある数とカードに書いてある数が 1 組だけ一致して，残りすべての組で一致しない入れ方は何通りあるか。

5 1 から 10 までの数が 1 つずつ書いてある 10 枚のカードの中から，同時に 3 枚のカードを取り出すとき，次の確率を求めよ。

(1) 3 枚のカードに書いてある数の中で，最大の数が 8 である確率

(2) 3 枚のカードに書いてある数の中で，最小の数が 4 以下である確率

6 袋の中に，6枚のカード O, R, A, N, G, E がはいっている。この袋からカードを1枚ずつ合計4枚取り出し，取り出した順に左から右に並べる。

(1) 並べ方は何通りあるか。

(2) 並べたカードの両端が O と E になる確率を求めよ。

(3) 並べたカードに O と E がふくまれ，かつ O が E より左側になる確率を求めよ。

7 4人がじゃんけんを1回するとき，次の確率を求めよ。

(1) 1人だけが勝つ確率   (2) 2人だけが勝つ確率

(3) 勝負がつかない確率

8 右の図のような，正三角形 ABC と正方形 ACDE を組み合わせてできた図形がある。大小2つのさいころを同時に投げる。点 P は頂点 B を出発し，大きいさいころの出た目の数だけ正三角形の頂点を反時計まわりに移動し，点 Q は頂点 D を出発し，小さいさいころの出た目の数だけ正方形の頂点を反時計まわりに移動する。

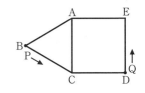

(1) 2点 P，Q が同じ頂点に移動する確率を求めよ。

(2) 3点 A，P，Q を結んでできる三角形が，二等辺三角形（正三角形を除く）となる確率を求めよ。

9 1から10までの数が1つずつ書いてある10個の球が，袋の中にはいっている。この袋から球を1個取り出し，それをもとにもどさないで，さらに1個取り出す。1回目に取り出した球に書いてある数を a，2回目に取り出した球に書いてある数を b とする。

(1) $a \times b$ が9の倍数になる確率を求めよ。

(2) $a+b$ が偶数になる確率を求めよ。

(3) 2つの数 A，B について，$AB=0$ ならば，$A=0$ または $B=0$ が成り立つ。このことを利用して，$(a-2b)(a-3b)=0$ になる確率を求めよ。

10 赤球3個，白球4個の計7個の球が袋の中にはいっている。この袋から同時に2個の球を取り出すとき，赤球1個につき5点，白球1個につき3点の得点がもらえる。

(1) 得点と，その確率を表にせよ。

(2) 得点の期待値を求めよ。

著者

市川　博規	東邦大付属東邦中・高校講師	
久保田顕二	桐朋中・高校教諭	
中村　直樹	駒場東邦中・高校教諭	
成川　康男	玉川大学教授	
深瀬　幹雄	筑波大附属駒場中・高校元教諭	
牧下　英世	芝浦工業大学教授	
町田多加志	筑波大附属駒場中・高校副校長	
矢島　弘	桐朋中・高校教諭	
吉田　稔	駒場東邦中・高校元教諭	

協力

木部　陽一　開成中・高校教諭

新Ａクラス中学数学問題集２年（6訂版）

発行者	斎藤　亮	2021年 2 月　初版発行

発行所　昇龍堂出版株式会社
　　　　〒101-0062　東京都千代田区神田駿河台2-9
　　　　TEL 03-3292-8211 / FAX 03-3292-8214 / http://www.shoryudo.co.jp/

組版所	錦美堂整版	印刷所	光陽メディア	製本所	井上製本所
装丁	麒麟三隻館	装画	アライ・マサト		

ISBN978-4-399-01502-9 C6341 ¥1400E　　　　　　　　　　　Printed in Japan

新Aクラス
中学数学問題集
2年

6訂版

解答編

昇龍堂出版

この解答編は薄くのりづけされています。軽く引けば簡単にとりはずすことができます。

1章　式の計算

p.2 **1.** （答）(1) 係数 -3，次数 2　(2) 係数 $-\dfrac{1}{4}$，次数 3　(3) 係数 0.5，次数 6

2. （答）

	(1)			(2)		(3)		
項	$2a$	$-3b$	$4c$	$-\dfrac{1}{2}x^2$	$2x$	x^2	$\dfrac{1}{3}xy$	$-3y^2$
係数	2	-3	4	$-\dfrac{1}{2}$	2	1	$\dfrac{1}{3}$	-3
多項式の次数	1			2		2		

3. （答）(1) a と $3a$，$-2b$ と $-b$　(2) $3a^2$ と a^2，$2a$ と $-a$，1 と -3

(3) $-\dfrac{1}{2}x^2yz$ と $-2x^2yz$

4. （答）(1) 2 次式　(2) 4 次式　(3) 1 次式　(4) 1 次式　(5) 6 次式

（解説）(5) x と y について $6x^2y$ は 3 次，$-3x^3y^2z$ は 5 次，$-2x^2y^4z^2$ は 6 次である。

p.3 **5.** （答）(1) $-2a$　(2) $4x$　(3) $-7y$　(4) $5p$　(5) $7ab$　(6) $-xy$

6. （答）(1) $2x$　(2) $-6m$　(3) $1.2t$　(4) $-0.6a+2.7b$　(5) 0　(6) $\dfrac{5}{3}x+\dfrac{1}{3}y$

7. （答）(1) $2a+3b+4c$　(2) $5x+3y-2z$　(3) $3\ell-2m-n$　(4) $4p-2q+5r$

(5) $-0.3xy-1.5x-2.4y$　(6) $-\dfrac{1}{2}a^2+ab-\dfrac{1}{3}b^2$

8. （答）(1) $8a-4b$　(2) $4a+3b$　(3) $2x+2y$　(4) $a+b$　(5) $-0.9x-1.4y$

(6) $-\dfrac{1}{6}x+\dfrac{7}{6}y$

p.4 **9.** （答）(1) 和 $8x-5y$，差 $-4x+3y$　(2) 和 $2a+c$，差 $4a-4b+7c$

(3) 和 $-2x^2-4x+3$，差 $4x^2+4x+1$　(4) 和 $3x^2-7xy$，差 $x^2-3xy+8y^2$

10. （答）(1) 和 $0.7a+0.1b$，差 $-0.1a+0.3b$　(2) 和 $-4.5x+1.3y$，差 $2.5x-1.5y$

(3) 和 $\dfrac{5}{4}x-\dfrac{1}{2}y$，差 $-\dfrac{1}{4}x-\dfrac{3}{2}y$　(4) 和 $\dfrac{17}{12}a^2-\dfrac{11}{4}a$，差 $\dfrac{1}{12}a^2-\dfrac{1}{4}a$

11. （答）(1) $7a+b$　(2) $3x+y-2$　(3) $-x^2-x-4$　(4) $-2y+7z$　(5) $\ell+6m-6n$

(6) $4x^2+2x+1$

p.5 **12.** （答）(1) $4a+b$　(2) $-x-4y$　(3) $-a-b+3$　(4) $5x-6$　(5) $0.2m+0.5n+1$

(6) $0.5y^2-3.2y+0.6$

13. （答）(1) $\dfrac{1}{2}a-\dfrac{1}{6}b$　(2) $-6a-\dfrac{4}{3}b$　(3) $\dfrac{1}{4}x-\dfrac{2}{15}y$　(4) $\dfrac{11}{8}x-\dfrac{13}{12}y$

14. （答）(1) $7a-4b$　(2) $-2x-3y$　(3) $-7x-1$　(4) $-1.1a^2-0.1$

(5) $\dfrac{5}{12}a^2-\dfrac{11}{30}a$

15. (答) (1) $6x+5y$　(2) $-3a+4b$　(3) $4x-8y$　(4) $1.7a-0.2b+0.7c$

(5) $2x+\dfrac{5}{12}y$

p.6　**16.** (答) (1) $3x+13y$　(2) $x-4y$　(3) $4x+16y$　(4) $5a-13b$　(5) $-4x-3y$

(6) $-x-5y$

17. (答) (1) $0.2a+0.3b-0.4$　(2) $0.1x+0.1y$　(3) $0.6a+0.2b$　(4) $0.4x+0.3y$

p.7　**18.** (答) (1) $\dfrac{7x-y}{6}$　(2) $\dfrac{x-9y}{15}$　(3) $\dfrac{a+11b}{4}$　(4) $\dfrac{3a+2b}{12}$ または $\dfrac{1}{4}a+\dfrac{1}{6}b$

(5) $\dfrac{9a-17b}{6}$　(6) $\dfrac{11}{12}x$　(7) $\dfrac{7x-8y}{15}$　(8) $-\dfrac{1}{7}a-\dfrac{1}{3}b$ または $\dfrac{-3a-7b}{21}$

(9) $\dfrac{-2x-17y+23}{12}$　(10) $-0.1a-b+1.3$

19. (答) (1) -44　(2) -9

(解説) それぞれ先に与式を整理してから，a, b の値を代入する。

(1) $3(-2a+b)-(4a-5b)=-6a+3b-4a+5b=-10a+8b$

$a=2$, $b=-3$ を代入して，$-10a+8b=-10\times2+8\times(-3)$

(2) $\dfrac{2}{3}(5a-3b)-\dfrac{3}{2}\left(2a-\dfrac{4}{9}b\right)=\dfrac{10}{3}a-2b-3a+\dfrac{2}{3}b=\dfrac{1}{3}a-\dfrac{4}{3}b$

$a=-3$, $b=6$ を代入して，$\dfrac{1}{3}a-\dfrac{4}{3}b=\dfrac{1}{3}\times(-3)-\dfrac{4}{3}\times6$

20. (答) (1) $2y-2$　(2) $-3x+13y-2$　(3) $-x+3y+2$

(解説) それぞれ A, B, C に x, y の式を代入して計算する。

(1) $A+B+C=(-2x+y+3)+(x+3y-4)+(x-2y-1)$

$=-2x+y+3+x+3y-4+x-2y-1$

(2) $A+2B-3C=(-2x+y+3)+2(x+3y-4)-3(x-2y-1)$

(3) $-2\{3A-2(A-C)\}-B=-2A-B-4C$ と整理してから代入する。

$-2A-B-4C=-2(-2x+y+3)-(x+3y-4)-4(x-2y-1)$

p.8　**21.** (答) (1) a^9　(2) x^7　(3) k^6　(4) b^{10}　(5) t^{10}　(6) $16a^4$　(7) x^4y^6　(8) $-8a^6b^3$

(9) $\dfrac{x^4}{81}$　(10) $\dfrac{a^2}{b^2}$

22. (答) (1) a^3　(2) $\dfrac{1}{x^3}$　(3) 1　(4) a^2　(5) $\dfrac{1}{x^5}$　(6) -1

p.9　**23.** (答) (1) $40x^3y^3$　(2) $-6a^4b^2$　(3) $6x^3y^5$　(4) x^3y^4　(5) $-6x^3y^3$　(6) $20x^8y^{10}$

24. (答) (1) $8a^3$　(2) $-n^4$　(3) $-8x^9y^6$　(4) $-27p^5q^4$　(5) $-8a^{10}b^{11}$

(6) $-192x^8y^7$

25. (答) (1) $-\dfrac{27}{4}x^5$　(2) $-\dfrac{1}{24}x^7$　(3) $\dfrac{9}{4}a^6b^4$　(4) $-\dfrac{1}{10}a^8b^9$　(5) $-8x^5y^3$

(6) $-\dfrac{1}{2}p^6q^9$

p.10　**26.** (答) (1) $7ab$　(2) $-\dfrac{2b}{a}$　(3) $-81b$　(4) $\dfrac{4y^2}{9z^2}$　(5) $-72a^3b^2$　(6) $\dfrac{y^4}{x^2}$

27. (答) (1) $-x^4$　(2) $2b^2$　(3) $-20ab^3$　(4) $-8y^3$　(5) $24x^2y^6$　(6) $-\dfrac{a^3}{28b}$

28. (答) (1) $3x^6$　(2) $-x^3$　(3) $-22x^4y$　(4) $-\dfrac{8}{3}xy$

p.11 **29.** **答** 2

(解説) 2つの正の整数 A, B を5で割ったときの商をそれぞれ m, n（m, n は整数）とすると，$A=5m+3$, $B=5n+1$ と表すことができる。
$2A+B=2(5m+3)+(5n+1)=10m+5n+7=10m+5n+5+2$
$=5(2m+n+1)+2$
m, n は整数であるから，$2m+n+1$ は整数である。
ゆえに，$2A+B$ を5で割ったときの余りは2である。

30. **答** 2π m

(解説) $2\pi(r+1)-2\pi r$

31. **答** 連続する2つの奇数は $2n-1$, $2n+1$（n は整数）と表すことができる。
$(2n-1)+(2n+1)=4n$
n は整数であるから，$4n$ は4の倍数である。
ゆえに，連続する2つの奇数の和は，4の倍数である。

32. **答** もとの正の整数の百の位，十の位，一の位の数をそれぞれ a, b, c（a, b, c は $1\leqq a\leqq9$, $0\leqq b\leqq9$, $1\leqq c\leqq9$ を満たす整数）とすると，もとの整数は $100a+10b+c$，百の位の数と一の位の数を入れかえてできる整数は $100c+10b+a$ と表すことができる。このとき，2数の差は，
$(100c+10b+a)-(100a+10b+c)=99c-99a=99(c-a)$
a, c は整数であるから，$c-a$ は整数である。
ゆえに，3けたの正の整数で，百の位の数と一の位の数を入れかえてできる3けたの整数と，もとの整数の差は99で割りきれる。

33. **答** 正の整数 N の百の位，十の位，一の位の数をそれぞれ a, b, c（a, b, c は $1\leqq a\leqq9$, $0\leqq b\leqq9$, $0\leqq c\leqq9$ を満たす整数）とすると，整数 N は
$N=100a+10b+c$ と表すことができる。
$N=100a+10b+c=99a+9b+(a+b+c)$
ここで，$a+b+c$ は9の倍数であるから $a+b+c=9n$（n は整数）と表すことができる。 よって，$N=9(11a+b+n)$
a, b, n は整数であるから，$11a+b+n$ は整数である。
ゆえに，3けたの正の整数 N のそれぞれの位の数の和が9の倍数であるとき，N は9の倍数である。

34. **答** 商 $2a+1$，余り 1

(解説) $N=6a+4=3\times2a+3+1=3(2a+1)+1$

p.12 **35.** **答** (1) $c=\ell-a-b$　(2) $c=\dfrac{V}{ab}$　(3) $b=\dfrac{\ell-2a}{2}$ または $b=\dfrac{\ell}{2}-a$

(4) $x=\dfrac{5y-160}{9}$ または $x=\dfrac{5}{9}(y-32)$　(5) $r=\dfrac{P-1}{n}$ または $r=\dfrac{P}{n}-\dfrac{1}{n}$

(6) $h=\dfrac{S-a^2}{4a}$ または $h=\dfrac{S}{4a}-\dfrac{a}{4}$　(7) $y=-\dfrac{bx}{a}+b$ または $y=-\dfrac{bx-ab}{a}$

(8) $b=\dfrac{2S}{h}-a$ または $b=\dfrac{2S-ah}{h}$

36. **答** (1) $x=3y$　(2) $\dfrac{3}{7}$

(解説) (1) $3x-2y=x+4y$ より，$3x-x=4y+2y$　　$x=3y$

(2) $\dfrac{x}{2x+y}=\dfrac{3y}{2\times3y+y}$

37. (答) (1) $x+y=-\dfrac{3}{2}a$, $x-y=2a$ (2) -2

(解説) (1) $2y-x=x+4y+3a$ より, $2x+2y=-3a$

$3(x-y)=2(x-y+a)$ より, $x-y=2a$

(2) $\dfrac{x-y}{3x+y}=\dfrac{x-y}{2(x+y)+(x-y)}=\dfrac{2a}{2\times\left(-\dfrac{3}{2}a\right)+2a}$

p.13 **38.** (答) (1) $x:y=15:14$ (2) $x:z=21:5$ (3) $a:b=5:1$

(解説) (1) $x:z=3:7$ より, $x=\dfrac{3}{7}z$ $y:z=2:5$ より, $y=\dfrac{2}{5}z$

よって, $x:y=\dfrac{3}{7}z:\dfrac{2}{5}z$

(2) $x:y=6:5$ より, $\dfrac{x}{y}=\dfrac{6}{5}$ ……① $y:z=7:2$ より, $\dfrac{y}{z}=\dfrac{7}{2}$ ……②

①, ②の辺々をかけて, $\dfrac{x}{y}\times\dfrac{y}{z}=\dfrac{6}{5}\times\dfrac{7}{2}$ よって, $\dfrac{x}{z}=\dfrac{21}{5}$

(3) $(2a-b):(a+b)=3:2$ より, $2(2a-b)=3(a+b)$

よって, $a=5b$ ゆえに, $a:b=5b:b$

39. (答) (1) $\dfrac{5}{3}$ (2) 4 (3) $\dfrac{8}{17}$

(解説) (1) $x:5=y:3$ の内項どうしを入れかえて, $x:y=5:3$

(2) $x:y=5:3$ より, $x=5k$, $y=3k$ $(k\neq0)$ と表すことができる。

よって, $\dfrac{x+y}{x-y}=\dfrac{5k+3k}{5k-3k}=\dfrac{8k}{2k}=4$

(3) (2)と同様に, $\dfrac{x^2-y^2}{x^2+y^2}=\dfrac{(5k)^2-(3k)^2}{(5k)^2+(3k)^2}=\dfrac{16k^2}{34k^2}=\dfrac{8}{17}$

(別解) (2) $3x=5y$ より, $x=\dfrac{5}{3}y$

$(x+y):(x-y)=\left(\dfrac{5}{3}y+y\right):\left(\dfrac{5}{3}y-y\right)=\dfrac{8}{3}y:\dfrac{2}{3}y=4:1$

(3) (2)と同様に,

$(x^2-y^2):(x^2+y^2)=\left\{\left(\dfrac{5}{3}y\right)^2-y^2\right\}:\left\{\left(\dfrac{5}{3}y\right)^2+y^2\right\}=\dfrac{16}{9}y^2:\dfrac{34}{9}y^2=8:17$

p.14 **40.** (答) (1) $1000a+100b+10c+d$ (2) 順に 1, 9 (3) $89b+8$ (4) 1089

(解説) (2) 9倍してもくり上がらず4けたの整数であるのは $a=1$ のときだけである。

このとき, $d=a\times9$ より, $d=9$

(3) (1)と(2)の結果より,

$X=1009+100b+10c$ ……①, $9X=9001+100c+10b$ ……② と表すことができる。

①を②に代入して, $9(1009+100b+10c)=9001+100c+10b$

これを c について解くと, $c=89b+8$

(4) c は $0\leqq c\leqq9$ を満たす整数であるから, (3)の結果より, $b=0$, $c=8$

ゆえに, $X=1089$

░░░░░░░░░░░░░░░░░░░░░░░░░ **1章の問題** ░░░░░░░░░░░░░░░░░░░░░░░░░

p.15 **1** 答 (1) $-2a+2b-7c$　(2) $x+\dfrac{13}{6}y-\dfrac{8}{3}z$　(3) $\dfrac{5}{6}a^2+\dfrac{7}{2}a$　(4) $6x-5y+8$

2 答 (1) $-a$　(2) $0.3x-1.8y+0.9z$　(3) $a-4b$　(4) $\dfrac{7x-11y}{4}$　(5) $\dfrac{1}{2}a$

(6) $\dfrac{3x+5y}{15}$　(7) $\dfrac{-5x+4y}{3}$　(8) $\dfrac{19a+10b}{6}$

3 答 (1) $32a^9$　(2) $-\dfrac{3a}{5b^2}$　(3) $4x^2y^3$　(4) $-2x^3y$　(5) $\dfrac{125x^4}{7y^2}$　(6) $\dfrac{4}{5}x^2$

(7) $-12a^3$

p.16 **4** 答 (1) $8x^{10}$　(2) $-50y^5$　(3) $29a^3b$　(4) $12ax^2$　(5) $-7x^2y$

5 答 (1) $7x+4y-6z$　(2) $-p^2-pq+5q^2$　(3) $\dfrac{x-y}{6}$　(4) $2x^2y$

解説 (1) $3x-y-5z-(-4x-5y+z)$
(2) $2p^2-3pq+4q^2-(3p^2-2pq-q^2)$
(3) $\dfrac{23x-5y}{3}-\dfrac{15x-3y}{2}=\dfrac{2(23x-5y)-3(15x-3y)}{6}$
(4) $-x^3\div x^2y^3\times(-2xy^4)$

6 答 (1) $-11x-6y+4$　(2) $x-34y-13$
解説 (2) 先に与式を整理して，$A+2B-3C$ としてから代入する。

7 答 (1) 144　(2) $\dfrac{6}{5}$　(3) 8
解説 それぞれ先に与式を整理してから代入する。
(1)は $-4xy+6y^2$，(2)は $-\dfrac{2}{125}ab^2$，(3)は $\dfrac{2}{3}a+b+2c$ となる。

8 答 $x=3a$，$y=3b+1$，$z=3c+2$（a，b，c は整数）と表すことができる。
(1) $x+y+z=3a+(3b+1)+(3c+2)=3(a+b+c+1)$
a，b，c は整数であるから，$a+b+c+1$ は整数である。
ゆえに，$x+y+z$ を3で割ると，余りは0である。
(2) $3x+2y+z=3\times3a+2(3b+1)+(3c+2)=9a+6b+3c+3+1$
$=3(3a+2b+c+1)+1$
a，b，c は整数であるから，$3a+2b+c+1$ は整数である。
ゆえに，$3x+2y+z$ を3で割ると，余りは1である。
(3) $x^2+2y-3z=(3a)^2+2(3b+1)-3(3c+2)=9a^2+6b-9c-6+2$
$=3(3a^2+2b-3c-2)+2$
a，b，c は整数であるから，$3a^2+2b-3c-2$ は整数である。
ゆえに，$x^2+2y-3z$ を3で割ると，余りは2である。

9 答 (1)(i) $2b$　(ii) $a-b$ または $\dfrac{a-c}{2}$

(2) $c=0$　(3) $a=6$，$c=2$
解説 (2) (1)(i)より $2b+c=2b$ であるから，$c=0$
(3) $b=4$ を(1)(i)に代入して，$a+c=8$　　ここで $a>c$ であり，a，c はともに
正の偶数であるから，$a=6$，$c=2$ のみが問題に適する。

p.17 **(10)** **答** 図1では，円の半径は $2a$ であるから，$(4a)^2-\pi\times(2a)^2=16a^2-4\pi a^2$
図2では，円の半径は a であるから，$(4a)^2-4\times(\pi a^2)=16a^2-4\pi a^2$
ゆえに，図1と図2の影の部分の面積は等しい。

(11) **答** (1) $h=\dfrac{3V}{\pi r^2}$ (2) $a=\dfrac{S-2bc}{2(b+c)}$

(解説) (2) $2ab+2ac=S-2bc$ $2(b+c)a=S-2bc$

(12) **答** (1) $A=100x+10y+z$, $B=100y+10x+z$ (x, y, z は $1\leqq x\leqq9$, $1\leqq y\leqq9$, $0\leqq z\leqq9$ を満たす整数) と表すことができる。
$A-B=(100x+10y+z)-(100y+10x+z)=90x-90y=9\times10(x-y)$
x, y は整数であるから，$10(x-y)$ は整数である。
ゆえに，$A-B$ は9の倍数である。
(2) $z=0$, 5
(3) $z=0$, すなわち正の整数 A, B の一の位の数が0であるとき

(解説) (2) $A+B=(100x+10y+z)+(100y+10x+z)=110x+110y+2z$
$=5\times22(x+y)+2z$
$A+B$ は5の倍数であるから，$2z$ は5の倍数である。
z は $0\leqq z\leqq9$ を満たす整数であるから，$z=0$, 5 である。
(3) $A+B=11\times10(x+y)+2z$
z は $0\leqq z\leqq9$ を満たす整数であるから，$z=0$ である。

(13) **答** (ア) $6n+9$ (イ) 3 (ウ) 225

(解説) $P=(2n+1)+(2n+3)+(2n+5)=6n+9=3(2n+3)$
よって，P は3の倍数である。
また，$P=6n+9=2(3n+4)+1$ よって，P は奇数である。
P はある整数の2乗であり，$10^2<P<20^2$ にあるから，
$P=11^2$, 12^2, 13^2, $\cdots$, 19^2
このうち3の倍数であり，奇数でもあるのは，$P=15^2$

(14) **答** (1) $a'=\dfrac{10a+b}{11}$, $b'=\dfrac{a+10b}{11}$ (2) $a:b=8:19$

(解説) (1) 食塩水にふくまれる食塩の重さに着目して b' から求める。
$b'=\left(10\times\dfrac{a}{100}+100\times\dfrac{b}{100}\right)\div(100+10)\times100=\dfrac{a+10b}{11}$
$a'=\left(90\times\dfrac{a}{100}+10\times\dfrac{a+10b}{11}\times\dfrac{1}{100}\right)\div(90+10)\times100=\dfrac{10a+b}{11}$
(2) $\dfrac{10a+b}{11}:\dfrac{a+10b}{11}=1:2$ より，$19a=8b$ ゆえに，$a:b=8:19$

2章　連立方程式

p.19　**1.** 答 (1) $\begin{cases} x=4 \\ y=1 \end{cases}$, $\begin{cases} x=5 \\ y=2 \end{cases}$, $\begin{cases} x=6 \\ y=3 \end{cases}$, $\begin{cases} x=7 \\ y=4 \end{cases}$, $\begin{cases} x=8 \\ y=5 \end{cases}$, $\begin{cases} x=9 \\ y=6 \end{cases}$, $\begin{cases} x=10 \\ y=7 \end{cases}$

(2) $\begin{cases} x=6 \\ y=2 \end{cases}$, $\begin{cases} x=7 \\ y=4 \end{cases}$, $\begin{cases} x=8 \\ y=6 \end{cases}$, $\begin{cases} x=9 \\ y=8 \end{cases}$, $\begin{cases} x=10 \\ y=10 \end{cases}$　(3) $\begin{cases} x=7 \\ y=4 \end{cases}$

2. 答 (1) $\begin{cases} x=2 \\ y=5 \end{cases}$ (2) $\begin{cases} x=3 \\ y=-2 \end{cases}$ (3) $\begin{cases} x=4 \\ y=-1 \end{cases}$ (4) $\begin{cases} x=-1 \\ y=2 \end{cases}$ (5) $\begin{cases} x=1 \\ y=2 \end{cases}$

(6) $\begin{cases} x=7 \\ y=-5 \end{cases}$

解説 (4) 第1式の $6x+16$ をそのまま第2式の $5y$ に代入する。
(5) 第2式の $4y$ を $2\times2y$ と変形して，第1式の $7x-3$ を代入する。
(6) 第1式を $x=y+12$ と変形して，第2式に代入する。

p.20　**3.** 答 (1) $\begin{cases} x=1 \\ y=2 \end{cases}$ (2) $\begin{cases} x=-2 \\ y=-4 \end{cases}$ (3) $\begin{cases} x=1 \\ y=6 \end{cases}$ (4) $\begin{cases} x=-7 \\ y=11 \end{cases}$ (5) $\begin{cases} x=4 \\ y=-2 \end{cases}$

(6) $\begin{cases} x=3 \\ y=2 \end{cases}$

4. 答 (1) $\begin{cases} x=-1 \\ y=2 \end{cases}$ (2) $\begin{cases} x=-5 \\ y=9 \end{cases}$ (3) $\begin{cases} x=-1 \\ y=-1 \end{cases}$ (4) $\begin{cases} a=3 \\ b=2 \end{cases}$ (5) $\begin{cases} x=-1 \\ y=3 \end{cases}$

(6) $\begin{cases} a=2 \\ b=1 \end{cases}$ (7) $\begin{cases} x=2 \\ y=-\dfrac{1}{5} \end{cases}$ (8) $\begin{cases} x=-5 \\ y=6 \end{cases}$ (9) $\begin{cases} x=3 \\ y=-7 \end{cases}$

p.21　**5.** 答 (1) $\begin{cases} x=1 \\ y=-1 \end{cases}$ (2) $\begin{cases} x=7 \\ y=10 \end{cases}$ (3) $\begin{cases} x=3 \\ y=-5 \end{cases}$ (4) $\begin{cases} x=23 \\ y=-29 \end{cases}$ (5) $\begin{cases} x=1 \\ y=-2 \end{cases}$

(6) $\begin{cases} x=2 \\ y=-2 \end{cases}$

解説 (6) 第2式の両辺を3で割って，$2x+3y=-2$ と変形する。

6. 答 (1) $\begin{cases} x=2 \\ y=-3 \end{cases}$ (2) $\begin{cases} x=-\dfrac{1}{4} \\ y=\dfrac{2}{3} \end{cases}$ (3) $\begin{cases} x=-6 \\ y=2 \end{cases}$ (4) $\begin{cases} x=3 \\ y=2 \end{cases}$ (5) $\begin{cases} x=2 \\ y=\dfrac{3}{2} \end{cases}$

(6) $\begin{cases} x=2 \\ y=-\dfrac{1}{4} \end{cases}$

解説 (4) $\begin{cases} 2x-y=4 \\ 2x+3y=12 \end{cases}$, (5) $\begin{cases} 3x-8y=-6 \\ 6x-2y=9 \end{cases}$, (6) $\begin{cases} 3x+8y=4 \\ 5x-32y=18 \end{cases}$ としてから解く。

7. 答 (1) $\begin{cases} x=5 \\ y=-2 \end{cases}$ (2) $\begin{cases} x=-\dfrac{18}{5} \\ y=-\dfrac{12}{5} \end{cases}$ (3) $\begin{cases} x=8 \\ y=0 \end{cases}$

8. 答 (1) $\begin{cases} x=5 \\ y=-2 \end{cases}$ (2) $\begin{cases} x=1 \\ y=-1 \end{cases}$ (3) $\begin{cases} x=-1 \\ y=8 \end{cases}$ (4) $\begin{cases} x=8 \\ y=6 \end{cases}$ (5) $\begin{cases} x=3 \\ y=11 \end{cases}$

(6) $\begin{cases} x=2 \\ y=-\dfrac{1}{3} \end{cases}$

(解説) (1), (2) かっこをはずして $ax+by=c$ の形に整理してから解く。
(3)〜(6) 分母をはらって $ax+by=c$ の形に整理してから解く。

p.22　**9.** **答** (1) $\begin{cases} x=-2 \\ y=1 \end{cases}$ (2) $\begin{cases} x=-\dfrac{1}{2} \\ y=-2 \end{cases}$ (3) $\begin{cases} x=-4 \\ y=-2 \end{cases}$ (4) $\begin{cases} x=5 \\ y=-2 \end{cases}$

p.23　**10.** **答** $a=1,\ b=-3$

(解説) 解 $\begin{cases} x=2 \\ y=-1 \end{cases}$ を連立方程式に代入すると，$\begin{cases} 2a-b=5 \\ 2a+b=-1 \end{cases}$ が成り立つ。

11. **答** $a=3,\ b=-5$

(解説) 解 $\begin{cases} x=4 \\ y=b \end{cases}$ を連立方程式に代入すると，$\begin{cases} 4a+b=7 \\ 4-b=9 \end{cases}$ が成り立つ。

12. **答** $a=\dfrac{1}{3}$

(解説) $\begin{cases} 4x-3y=6 \\ 5x+3y=3 \end{cases}$ の解 $\begin{cases} x=1 \\ y=-\dfrac{2}{3} \end{cases}$ が $ax-y=3a$ を満たせばよい。

13. **答** $a=1,\ b=-2$

(解説) $\begin{cases} x+2y=6 \\ 2x-y=2 \end{cases}$ の解 $\begin{cases} x=2 \\ y=2 \end{cases}$ が $\begin{cases} ax+y=4 \\ x+by=-2 \end{cases}$ を満たせばよい。

p.24　**14.** **答** (1) $\begin{cases} x=\dfrac{1}{3} \\ y=\dfrac{1}{4} \end{cases}$ (2) $\begin{cases} x=-1 \\ y=1 \end{cases}$ (3) $\begin{cases} x=0 \\ y=-1 \end{cases}$

(解説) (1) $\begin{cases} \dfrac{3}{x}+\dfrac{2}{y}=17 & \cdots\cdots① \\ \dfrac{4}{x}-\dfrac{5}{y}=-8 & \cdots\cdots② \end{cases}$

$\dfrac{1}{x}=a,\ \dfrac{1}{y}=b$ とおくと，
①，②より，
$\begin{cases} 3a+2b=17 & \cdots\cdots③ \\ 4a-5b=-8 & \cdots\cdots④ \end{cases}$
③×5＋④×2 より，
　$23a=69$　　$a=3$ ……⑤
⑤を③に代入して，
　$3×3+2b=17$　　$b=4$
よって，$\dfrac{1}{x}=3,\ \dfrac{1}{y}=4$
ゆえに，$x=\dfrac{1}{3},\ y=\dfrac{1}{4}$

(2) $\begin{cases} \dfrac{1}{x+2}+\dfrac{1}{y}=2 & \cdots\cdots① \\ \dfrac{3}{x+2}-\dfrac{2}{y}=1 & \cdots\cdots② \end{cases}$

$\dfrac{1}{x+2}=a,\ \dfrac{1}{y}=b$ とおくと，
①，②より，
$\begin{cases} a+b=2 & \cdots\cdots③ \\ 3a-2b=1 & \cdots\cdots④ \end{cases}$
③×2＋④ より，
　$5a=5$　　$a=1$ ……⑤
⑤を③に代入して，
　$1+b=2$　　$b=1$
よって，$\dfrac{1}{x+2}=1,\ \dfrac{1}{y}=1$
　$x+2=1,\ y=1$
ゆえに，$x=-1,\ y=1$

(3) $\begin{cases} \dfrac{3}{x+y}+\dfrac{2}{x-y}=-1 & \cdots\cdots① \\ \dfrac{9}{x+y}-\dfrac{5}{x-y}=-14 & \cdots\cdots② \end{cases}$

$\dfrac{1}{x+y}=a,\ \dfrac{1}{x-y}=b$ とおくと，

①，②より，

$\begin{cases} 3a+2b=-1 & \cdots\cdots③ \\ 9a-5b=-14 & \cdots\cdots④ \end{cases}$

③×3−④ より，

$11b=11 \qquad b=1 \cdots\cdots⑤$

⑤を③に代入して，

$3a+2×1=-1 \qquad a=-1$

よって，$\dfrac{1}{x+y}=-1,\ \dfrac{1}{x-y}=1$

$x+y=-1,\ x-y=1$

ゆえに，$x=0,\ y=-1$

15. （**答**）(1) $x:y:z=4:(-3):1$　(2) $x:y:z=14:1:10$
(3) $x:y:z=2:11:8$

（**解説**）(1) $\begin{cases} 2x+y-5z=0 & \cdots\cdots① \\ x-2y-10z=0 & \cdots\cdots② \end{cases}$

$x,\ y$ について解く。

①×2+② より，

$5x-20z=0 \qquad x=4z \cdots\cdots③$

③を①に代入して，

$2×4z+y-5z=0$

$y=-3z$

ゆえに，$x:y:z=4z:(-3z):z$
$=4:(-3):1$

(2) $\begin{cases} x-4y=z & \cdots\cdots① \\ 2x+2y-3z=0 & \cdots\cdots② \end{cases}$

$x,\ z$ について解く。

①より，

$x-4y-z=0 \qquad \cdots\cdots③$

②−③×2 より，

$10y-z=0 \qquad z=10y \cdots\cdots④$

④を③に代入して，

$x-4y-10y=0$

$x=14y$

ゆえに，$x:y:z=14y:y:10y$
$=14:1:10$

(3) $\begin{cases} x+2y-3z=0 & \cdots\cdots① \\ 5x-6y+7z=0 & \cdots\cdots② \end{cases}$

$x,\ y$ について解く。

①×3+② より，

$8x-2z=0 \qquad x=\dfrac{1}{4}z \cdots\cdots③$

③を①に代入して，

$\dfrac{1}{4}z+2y-3z=0 \qquad y=\dfrac{11}{8}z$

ゆえに，$x:y:z=\dfrac{1}{4}z:\dfrac{11}{8}z:z$
$=2:11:8$

p.25 **16.** 答 (1) 23, 5 (2) 愛さんの所持金 2000 円, 恵さんの所持金 1200 円
(3) 鉛筆 120 円, 消しゴム 70 円 (4) A を 5 パック, B を 7 パック
(5) 母 41 歳, 子 11 歳 (6) 商品 A 1900 円, 商品 B 1600 円
(7) 容器 A には 63 L, 容器 B には 22 L

解説 (1) 2 つの数をそれぞれ x, y とすると, $\begin{cases} x+y=28 \\ x-y=18 \end{cases}$

(2) 愛さん, 恵さんの所持金をそれぞれ x 円, y 円とすると, $\begin{cases} x+y=3200 \\ x=2y-400 \end{cases}$

(3) 鉛筆 1 本, 消しゴム 1 個の値段をそれぞれ x 円, y 円とすると,
$\begin{cases} 3x+2y=500 \\ 4x+5y=830 \end{cases}$

(4) A, B をそれぞれ x パック, y パック買うとすると, $\begin{cases} x+y=12 \\ 6x+10y=100 \end{cases}$

(5) 現在の母と子の年齢をそれぞれ x 歳, y 歳とすると, $\begin{cases} x+y=52 \\ x-5=6(y-5) \end{cases}$

(6) 商品 A, B の定価をそれぞれ x 円, y 円とすると,
$\begin{cases} x=y+300 \\ \left(1-\dfrac{20}{100}\right)x=\left(1-\dfrac{5}{100}\right)y \end{cases}$

(7) 容器 A, B にそれぞれ x L, y L はいっているとすると, $\begin{cases} x+y=85 \\ x+5=4(y-5) \end{cases}$

p.26 **17.** 答 17, 3
解説 大小 2 つの正の整数をそれぞれ x, y とすると, $\begin{cases} x+2y=23 \\ x=5y+2 \end{cases}$

18. 答 755
解説 もとの正の整数の百の位, 一の位の数をそれぞれ x, y (x, y は $1 \leqq x \leqq 9$, $1 \leqq y \leqq 9$ を満たす整数) とすると,
$\begin{cases} x+2y=17 \\ 100y+10y+x=(100x+10y+y)-198 \end{cases}$

19. 答 (1) 3 (2) 177
解説 (1) ひかれる数を x, ひく数を y とする。
春子さんの計算より, $10x-y=7287$ ……①
①で, $10x$ の一の位の数が 0, 右辺の一の位の数が 7 であるから, y の一の位の数は 3 である。
(2) ひく数 y は, $y=10z+3$ (z は $z \geqq 1$ を満たす整数) と表すことができる。
これを①に代入して, $10x-(10z+3)=7287$ よって, $x-z=729$ ……②
一方, 夏子さんの計算より, $x+z=851$ ……③
②, ③を連立させて解くと, $x=790$, $z=61$ となるから, $y=613$

p.28 **20.** 答 ごはん 240 g, カレー 180 g
解説 ごはんの重さを x g, カレーの重さを y g とすると,
$\begin{cases} x+y=420 \\ \dfrac{150}{100}x+\dfrac{250}{100}y=810 \end{cases}$

21. **答** 銅 106.8 g，亜鉛 49 g

解説 この真ちゅうにふくまれている銅，亜鉛の重さをそれぞれ x g，y g とすると，$\begin{cases} x+y=155.8 \\ \dfrac{x}{8.9}+\dfrac{y}{7}=19 \end{cases}$

別解 この真ちゅうにふくまれている銅，亜鉛の体積をそれぞれ x cm³，y cm³ とすると，$\begin{cases} x+y=19 \\ 8.9x+7y=155.8 \end{cases}$ これを解いて，$\begin{cases} x=12 \\ y=7 \end{cases}$

これより，銅と亜鉛の重さを求める。

22. **答** 30 分番組 12 本，60 分番組 9 本

解説 30 分番組を x 本，60 分番組を y 本録画したとすると，通常の画質では 1 分あたり $\dfrac{25}{180}$ GB の容量が必要であるから，$\begin{cases} 30x\times\dfrac{25}{180}+60y\times\dfrac{25}{180}=125 \\ 30x\times\dfrac{1}{8}\times\dfrac{25}{180}+60y\times\dfrac{1}{4}\times\dfrac{25}{180}=25 \end{cases}$

p.29 **23.** **答** 6 % の食塩水 300 g，8 % の食塩水 600 g

解説 6 % の食塩水と 8 % の食塩水をそれぞれ x g，y g 加えるとすると，$\begin{cases} 100+x+y=1000 \\ 100\times\dfrac{4}{100}+x\times\dfrac{6}{100}+y\times\dfrac{8}{100}=1000\times\dfrac{7}{100} \end{cases}$

24. **答** 容器 A の食塩水 5 %，容器 B の食塩水 8 %

解説 容器 A，B の食塩水の濃度をそれぞれ x %，y % とすると，$\begin{cases} 100\times\dfrac{x}{100}+200\times\dfrac{y}{100}=(100+200)\times\dfrac{7}{100} \\ 200\times\dfrac{x}{100}+150\times\dfrac{y}{100}+50=(200+150+50)\times\dfrac{18}{100} \end{cases}$

25. **答** 男子 75 人，女子 115 人

解説 昨年の男子，女子の新入生がそれぞれ x 人，y 人であったとすると，$\begin{cases} x+y=160 \\ \dfrac{25}{100}x=\dfrac{15}{100}y \end{cases}$ これを解いて，$\begin{cases} x=60 \\ y=100 \end{cases}$

よって，男女ともに $60\times0.25=15$（人）増加した。

p.30 **26.** **答** 440 人

解説 テストを受けた男子生徒，女子生徒の人数をそれぞれ x 人，y 人とすると，$\begin{cases} \dfrac{65}{100}x-\dfrac{45}{100}y=66 \\ \dfrac{65}{100}x+\dfrac{45}{100}y=\left(1-\dfrac{65}{100}\right)x+\left(1-\dfrac{45}{100}\right)y+52 \end{cases}$

27. **答** 5 人

解説 昨年の 1，2 年生の部員数，すなわち，今年の 2，3 年生の部員数をそれぞれ x 人，y 人とすると，昨年の 3 年生の部員数は $(30-x-y)$ 人となるから，$\begin{cases} 30-x-y=2x \\ y=\dfrac{3}{2}(30-x-y) \end{cases}$

28. (答) みかん 25 箱, りんご 30 箱

(解説) みかんとりんごをそれぞれ x 箱, y 箱仕入れたとすると,

$$\begin{cases} 1200x+1600y=78000 \\ 1200x\times\dfrac{2}{10}+1600y\times\dfrac{15}{100}=13200 \end{cases}$$

29. (答) 1 箱の仕入れ値 9000 円, 売れたオレンジ 1875 個

(解説) 1 箱の仕入れ値を x 円, 1 箱にはいっているオレンジの個数を y 個とする

と, $$\begin{cases} 64\times10y\times\left(1-\dfrac{1}{10}\right)=\left(1+\dfrac{2}{10}\right)\times(10x+6000) \\ 64(10y-125)=\left(1+\dfrac{25}{100}\right)\times(10x+6000) \end{cases}$$

これを解いて, $\begin{cases} x=9000 \\ y=200 \end{cases}$

これより, 実際に売れたオレンジの個数を求める。

p.31 **30.** (答) 8km

(解説) A 町から峠までの道のりを $x$km, 峠から B 町までの道のりを $y$km とす

ると, $\begin{cases} x+y=18 \\ \dfrac{x}{2}+\dfrac{y}{5}=6 \end{cases}$

31. (答) 一般道 70km, 高速道路 60km

(解説) 一般道と高速道路の道のりをそれぞれ $x$km, $y$km とすると,

$$\begin{cases} \dfrac{x}{40}+\dfrac{y}{80}=2\dfrac{30}{60} \\ \dfrac{x}{10}+\dfrac{y}{12}=12 \end{cases}$$

32. (答) 僚さんの家から中学校まで 1.7km, 僚さんの家から図書館まで 0.8km

(解説) 僚さんの家から中学校までの道のりを $x$km, 僚さんの家から図書館まで

の道のりを $y$km とすると, $\begin{cases} x+1.5+y=4 \\ \dfrac{2y}{4}=\dfrac{x+1.3+1.8+y}{14} \end{cases}$

33. (答) $x=16$, $y=12$

(解説) $\begin{cases} 30x=120+30y \\ (30+5)x+(30+5)\times\dfrac{x+y}{2}=120+930 \end{cases}$

34. (答) 時速 $\dfrac{25}{4}$ km

(解説) 静水時での船の速さを時速 $x$km, 川の流れの速さを時速 $y$km とすると,

上りに要する時間は $\dfrac{30}{x-y}$ 時間, 下りに要する時間は $\dfrac{30}{x+y}$ 時間となるから,

$$\begin{cases} \dfrac{30}{x-y}=1.5\times\dfrac{30}{x+y} \\ \dfrac{30}{x-y}+\dfrac{30}{x+y}=2 \end{cases}$$

$\dfrac{30}{x-y}$, $\dfrac{30}{x+y}$ をそれぞれ a, b とおくと, $\begin{cases} a = \dfrac{3}{2}b \\ a+b=2 \end{cases}$

これを解いて, $\begin{cases} a = \dfrac{6}{5} \\ b = \dfrac{4}{5} \end{cases}$ よって, $\begin{cases} \dfrac{30}{x-y} = \dfrac{6}{5} \\ \dfrac{30}{x+y} = \dfrac{4}{5} \end{cases}$ ゆえに, $\begin{cases} x-y = 30 \times \dfrac{5}{6} \\ x+y = 30 \times \dfrac{5}{4} \end{cases}$

p.33 **35.** 答 (1) $\begin{cases} x=1 \\ y=-2 \\ z=3 \end{cases}$ (2) $\begin{cases} x=1 \\ y=-2 \\ z=-1 \end{cases}$ (3) $\begin{cases} x=-3 \\ y=2 \\ z=4 \end{cases}$ (4) $\begin{cases} x=\dfrac{1}{6} \\ y=\dfrac{1}{6} \\ z=\dfrac{1}{6} \end{cases}$

解説 (1) $\begin{cases} 2x+y=0 & \cdots\cdots① \\ 3x-2z=-3 & \cdots\cdots② \\ x-y+2z=9 & \cdots\cdots③ \end{cases}$

①より,
$\quad y=-2x \quad\cdots\cdots④$
②より,
$\quad 2z=3x+3 \quad\cdots\cdots⑤$
④, ⑤を③に代入して,
$\quad x-(-2x)+(3x+3)=9$
$\quad x=1 \quad\cdots\cdots⑥$
⑥を④に代入して,
$\quad y=-2\times1=-2$
⑥を⑤に代入して,
$\quad 2z=3\times1+3$
$\quad z=3$

(3) $\begin{cases} x+y=-1 & \cdots\cdots① \\ y+z=6 & \cdots\cdots② \\ z+x=1 & \cdots\cdots③ \end{cases}$
①+②+③より,
$\quad 2x+2y+2z=6$
$\quad x+y+z=3 \quad\cdots\cdots④$
④-②より, $x=-3$
④-③より, $y=2$
④-①より, $z=4$

(2) $\begin{cases} x-y+4z=-1 & \cdots\cdots① \\ 2x+4y-3z=-3 & \cdots\cdots② \\ 3x-2y+2z=5 & \cdots\cdots③ \end{cases}$
②-①×2より,
$\quad 6y-11z=-1 \quad\cdots\cdots④$
③-①×3より,
$\quad y-10z=8 \quad\cdots\cdots⑤$
④-⑤×6より,
$\quad 49z=-49 \quad z=-1 \cdots\cdots⑥$
⑥を⑤に代入して,
$\quad y-10\times(-1)=8$
$\quad y=-2 \cdots\cdots⑦$
⑥, ⑦を①に代入して,
$\quad x-(-2)+4\times(-1)=-1$
$\quad x=1$

(4) $\begin{cases} x+2y+3z=1 & \cdots\cdots① \\ 2x+3y+z=1 & \cdots\cdots② \\ 3x+y+2z=1 & \cdots\cdots③ \end{cases}$
①+②+③より,
$\quad 6x+6y+6z=3$
$\quad 2x+2y+2z=1 \quad\cdots\cdots④$
④-①より,
$\quad x-z=0 \quad x=z \quad\cdots\cdots⑤$
④-②より,
$\quad -y+z=0 \quad y=z \cdots\cdots⑥$
⑤, ⑥を①に代入して,
$\quad z+2z+3z=1 \quad z=\dfrac{1}{6}$
⑤より, $x=\dfrac{1}{6}$ ⑥より, $y=\dfrac{1}{6}$

36. **答** $a=6$, $b=5$, $c=2$

(解説) まず、(ア)の連立方程式を解く。
$$\begin{cases} x+y+z=6 & \cdots\cdots① \\ 2x-y+3z=9 & \cdots\cdots② \\ 5x+2y-3z=0 & \cdots\cdots③ \end{cases}$$

①+② より、$3x+4z=15$ $\cdots\cdots④$
③-①×2 より、$3x-5z=-12$ $\cdots\cdots⑤$
④-⑤ より、$9z=27$ $z=3$ $\cdots\cdots⑥$
⑥を④に代入して、$3x+4×3=15$ $x=1$ $\cdots\cdots⑦$
⑥, ⑦を①に代入して、$1+y+3=6$ $y=2$ $\cdots\cdots⑧$

つぎに、⑥, ⑦, ⑧を(イ)の連立方程式に代入して、
$$\begin{cases} a-2b+3c=2 & \cdots\cdots⑨ \\ a+2b-3c=10 & \cdots\cdots⑩ \\ a+2b+3c=22 & \cdots\cdots⑪ \end{cases}$$

⑨+⑩ より、$2a=12$ $a=6$
⑪-⑨ より、$4b=20$ $b=5$
⑪-⑩ より、$6c=12$ $c=2$

p.34 **37.** **答** 342

(解説) N の百の位、十の位、一の位の数をそれぞれ x, y, z (x, y, z は $1\leqq x\leqq9$, $0\leqq y\leqq9$, $1\leqq z\leqq9$ を満たす整数) とする。
$x+y+z=9$ $\cdots\cdots①$
$y+z=2x$ $\cdots\cdots②$
$100z+10y+x=(100x+10y+z)-99$ 整理して、$x-z=1$ $\cdots\cdots③$
②を①に代入して、$x+2x=9$ $x=3$ $\cdots\cdots④$
④を③に代入して、$3-z=1$ $z=2$ $\cdots\cdots⑤$
④, ⑤を①に代入して、$3+y+2=9$ $y=4$

38. **答** A 1080 票, B 778 票, C 726 票

(解説) 立候補者 A, B, C の得票数をそれぞれ x 票, y 票, z 票とすると、
$$\begin{cases} x+y+z=2584 & \cdots\cdots① \\ y=z+52 & \cdots\cdots② \\ \dfrac{5}{100}x+z=y+2 & \cdots\cdots③ \end{cases}$$

②を③に代入して、$\dfrac{5}{100}x+z=(z+52)+2$ $\dfrac{1}{20}x=54$ $x=1080$ $\cdots\cdots④$
④を①に代入して、$1080+y+z=2584$ $y+z=1504$ $\cdots\cdots⑤$
②を⑤に代入して、$(z+52)+z=1504$ $z=726$ $\cdots\cdots⑥$
⑥を②に代入して、$y=726+52=778$

39. **答** バス代 760 円, 入場料 300 円, 昼食代 920 円

(解説) 1人分のバス代, 入場料, 昼食代をそれぞれ x 円, y 円, z 円とすると、
$$\begin{cases} 3x-300=3y+300+780=3z-780 \\ x=\dfrac{z}{2}+y \end{cases}$$

この連立方程式を整理して、$\begin{cases} 3x-300=3y+1080 \\ 3x-300=3z-780 \\ x=\dfrac{z}{2}+y \end{cases}$ より、$\begin{cases} x-y=460 & \cdots\cdots① \\ x-z=-160 & \cdots\cdots② \\ x-y=\dfrac{z}{2} & \cdots\cdots③ \end{cases}$

①を③に代入して，$460=\dfrac{z}{2}$　　$z=920$ ……④

④を②に代入して，$x-920=-160$　　$x=760$ ……⑤

⑤を①に代入して，$760-y=460$　　$y=300$

40. (答) 5分

(解説) 入園開始前にできた行列の人数を a 人，1分間に増える人数を b 人，1つの入り口で1分間に入園できる人数を c 人，入り口を3つにすると x 分間で行列がなくなるとすると，

$$\begin{cases} a+20b=20c & \cdots\cdots① \\ a+8b=8c\times2 & \cdots\cdots② \\ a+bx=cx\times3 & \cdots\cdots③ \end{cases}$$

①−②より，$12b=4c$　　よって，$c=3b$ ……④

④を②に代入して，$a+8b=8\times3b\times2$　　よって，$a=40b$ ……⑤

④，⑤を③に代入して，$40b+bx=3bx\times3$　　$8bx=40b$

ゆえに，$x=5$

2章の問題

p.35 **1** (答) (1) $\begin{cases} x=3 \\ y=-4 \end{cases}$ (2) $\begin{cases} x=3 \\ y=-1 \end{cases}$ (3) $\begin{cases} a=6 \\ b=-7 \end{cases}$ (4) $\begin{cases} x=\dfrac{3}{2} \\ y=\dfrac{4}{3} \end{cases}$ (5) $\begin{cases} x=2 \\ y=-3 \end{cases}$

(6) $\begin{cases} x=\dfrac{5}{2} \\ y=-2 \end{cases}$

2 (答) (1) $\begin{cases} x=5 \\ y=-3 \end{cases}$ (2) $\begin{cases} x=-1 \\ y=-3 \end{cases}$ (3) $\begin{cases} x=5 \\ y=4 \end{cases}$ (4) $\begin{cases} x=2 \\ y=4 \end{cases}$ (5) $\begin{cases} x=\dfrac{1}{3} \\ y=\dfrac{3}{4} \end{cases}$

(6) $\begin{cases} x=3 \\ y=-2 \end{cases}$ (7) $\begin{cases} x=2 \\ y=10 \end{cases}$ (8) $\begin{cases} x=2 \\ y=-\dfrac{2}{3} \end{cases}$ (9) $\begin{cases} x=-2 \\ y=1 \end{cases}$ (10) $\begin{cases} x=2 \\ y=-1 \end{cases}$

(解説) (4) $\begin{cases} 6(2x+1)-5y=10 \\ 2y-3x=2 \end{cases}$　(9) $\begin{cases} x+3y=1 \\ -2x-3y=1 \end{cases}$

(10) $\begin{cases} 5x-3y-4=3x+2y+5 \\ 3x+2y+5=x-5y+2 \end{cases}$

3 (答) (1) -3 (2) $\begin{cases} x=2 \\ y=-6 \end{cases}$

(解説) (1) ①+②より，$2694x+898y=0$　　整理して，$3x+y=0$ ……③

$x=0$ とすると，③より $y=0$ となり，①，②に反する。　　よって，$x\neq0$

③を x で割って，$3+\dfrac{y}{x}=0$

(2) (1)の結果より，$y=-3x$　　これと①を連立させて解く。

p.36 **(4)** **答** (1) $a=1$, $\begin{cases} x=3 \\ y=-1 \end{cases}$ (2) $a=2$, $\begin{cases} x=4 \\ y=2 \end{cases}$

(解説) (1) $\begin{cases} 3x+4y=5 \\ 2x-y=7 \end{cases}$ の解 $\begin{cases} x=3 \\ y=-1 \end{cases}$ が $ax-y=5-a$ の解になっている。

(2) $x=2y$ であるから，これを与えられた連立方程式に代入すると，

$\begin{cases} 2y+2y=a+6 \\ -2y+3y=a \end{cases}$ が成り立つ。

(5) **答** $a=-1$, $\begin{cases} x=37 \\ y=57 \end{cases}$

(解説) $\begin{cases} ax+y=20 & \cdots\cdots① \\ 2x-y=17 & \cdots\cdots② \end{cases}$

①＋② より，$(a+2)x=37$

$a+2\neq0$ であるから，$x=\dfrac{37}{a+2}$ $\cdots\cdots③$

この値が正の整数になるには，37 が素数であるから，

$a+2=1$ または $a+2=37$

よって，$a=-1$ または $a=35$

$a=-1$ のとき，③に代入して，$x=37$ これを②に代入して，$y=57$

x，y は正の整数であるから適する。

$a=35$ のとき，③に代入して，$x=1$ これを②に代入して，$y=-15$

x，y は正の整数であるから適さない。

(6) **答** (1) $\begin{cases} x=3 \\ y=2 \\ z=1 \end{cases}$ (2) $\begin{cases} x=-\dfrac{1}{2} \\ y=1 \\ z=2 \end{cases}$ (3) $\begin{cases} x=2 \\ y=-2 \\ z=-1 \end{cases}$

(解説) (1) $\begin{cases} x-2y-z=-2 & \cdots\cdots① \\ 2x+2y+3z=13 & \cdots\cdots② \\ x+2z=5 & \cdots\cdots③ \end{cases}$

①＋② より，
$3x+2z=11$ $\cdots\cdots④$

④－③ より，$2x=6$
$x=3$ $\cdots\cdots⑤$

⑤を③に代入して，
$3+2z=5$
$z=1$ $\cdots\cdots⑥$

⑤，⑥を②に代入して，
$2\times3+2y+3\times1=13$
$y=2$

(2) $\begin{cases} 4x-y+z=-1 & \cdots\cdots① \\ 2x+y+3z=6 & \cdots\cdots② \\ 8x+3y-2z=-5 & \cdots\cdots③ \end{cases}$

①＋② より，$6x+4z=5$ $\cdots\cdots④$

①×3＋③ より，$20x+z=-8$ $\cdots⑤$

⑤×4－④ より，
$74x=-37$ $x=-\dfrac{1}{2}$ $\cdots\cdots⑥$

⑥を⑤に代入して，
$20\times\left(-\dfrac{1}{2}\right)+z=-8$
$z=2$ $\cdots\cdots⑦$

⑥，⑦を②に代入して，
$2\times\left(-\dfrac{1}{2}\right)+y+3\times2=6$
$y=1$

(3) $2x-y+3z=x+2y+5=3y-z+8=3$ より，

$$\begin{cases} 2x-y+3z=3 \ \cdots\cdots① \\ x+2y+5=3 \ \cdots\cdots② \\ 3y-z+8=3 \ \cdots\cdots③ \end{cases}$$

②より，$x=-2y-2$ $\cdots\cdots④$

③より，$z=3y+5$ $\quad\cdots\cdots⑤$

④，⑤を①に代入して，

$\quad 2(-2y-2)-y+3(3y+5)=3$

$\quad y=-2$ $\cdots\cdots⑥$

⑥を④に代入して，

$\quad x=-2\times(-2)-2$ $\quad x=2$

⑥を⑤に代入して，

$\quad z=3\times(-2)+5$ $\quad z=-1$

7 **答** $a=3$, $b=2$

解説 $100a+20+b=(100b+20+a)+99=(200+10a+b)+90$

8 **答** 9個

解説 青色の花びんが x 個，黄色の花びんが y 個あるとすると，赤色のバラは $x+5+2=x+7$（本），黄色のバラは $(x+y+1)$ 本あるから，

$$\begin{cases} (x+7)+(x+y+1)=33 \\ x+y=16 \end{cases}$$

9 **答** 長さ 130 m，秒速 18 m

解説 列車 A の長さを x m，速さを秒速 y m とすると，$\begin{cases} 1300-x=65y \\ x+190=8(y+22) \end{cases}$

p.37 **10** **答** ノート A 56 冊，ノート B 280 冊

解説 先月のノート A，B の売り上げ冊数をそれぞれ x 冊，y 冊とすると，

$$\begin{cases} 150y=100x+22000 \\ \left(1-\dfrac{3}{10}\right)x+\left(1+\dfrac{4}{10}\right)y=\left(1+\dfrac{2}{10}\right)(x+y) \end{cases}$$

これを解いて，$\begin{cases} x=80 \\ y=200 \end{cases}$

これより，今月の売り上げ冊数を求める。

11 **答** 明さん 14回，実さん 6回

解説 明さん，実さんが勝った回数をそれぞれ x 回，y 回とすると，

$$\begin{cases} 2x-y=22 \\ -x+2y=-2 \end{cases}$$

12 **答** 375個

解説 大箱 x 箱，小箱 y 箱とすると，$\begin{cases} (50x-10)+(30y-15)=715 \\ x+y=20 \end{cases}$

これを解いて，$\begin{cases} x=7 \\ y=13 \end{cases}$

これより，小箱に入れた品物の総数を求める。

⑬ **答** (1) 容器 A 6％，容器 B 15％ (2) 140 g

解説 (1) 容器 A，B にはいっている食塩水の濃度をそれぞれ x％，y％ とする

と，$\begin{cases} 20 \times \dfrac{x}{100} + 30 \times \dfrac{y}{100} = (20+30) \times \dfrac{11.4}{100} \\ 60 \times \dfrac{x}{100} + 20 \times \dfrac{y}{100} = (60+20) \times \dfrac{8.25}{100} \end{cases}$

(2) A，B にはいっている食塩水の残りの重さをそれぞれ a g，b g とすると，

$\begin{cases} a+b=100 \\ a \times \dfrac{6}{100} + b \times \dfrac{15}{100} = 100 \times \dfrac{9.6}{100} \end{cases}$

これを解いて，$\begin{cases} a=60 \\ b=40 \end{cases}$

これより，はじめに A にはいっていた食塩水の重さは，20＋60＋60

⑭ **答** (1) $a=2400$ (2) 12 分

解説 (1) 1 か所のゲートを 1 分間に通過する客を x 人とすると，

$\begin{cases} a+120 \times 30 = x \times 5 \times 30 \\ a+120 \times 20 = x \times 6 \times 20 \end{cases}$

これを解いて，$\begin{cases} x=40 \\ a=2400 \end{cases}$

(2) 待っている客が y 分でいなくなるとすると，$2400+120y = 40 \times 8 \times y$

3章　不等式

p.38　**1.** 答 (1) ＞　(2) ＞　(3) ＞　(4) ＜　(5) ＞　(6) ＜　(7) ＜　(8) ＜

p.39　**2.** 答 (1) ＜　(2) ＞　(3) ≧　(4) ≦　(5) ＞　(6) ＞　(7) ＞

3. 答 (1) $b<0$　(2) $b<0$　(3) $b>0$　(4) $b<0$

4. 答 (1) ○　(2) ○　(3) ×，反例 $a=-2$, $b=-3$　(4) ×，反例 $a=-5$, $b=-2$

解説 (4) $a<b$ であるが，$ab=10$, $b^2=4$ より，$ab>b^2$ となる。

p.40　**5.** 答 (1) $1\leqq 2a+3\leqq 9$　(2) $3\leqq -4b+7\leqq 23$　(3) $-5\leqq a+b\leqq 4$

(4) $-2\leqq a-b\leqq 7$　(5) $-13\leqq 5a+2b\leqq 17$　(6) $-8\leqq 2a-6b\leqq 30$

解説 (1) $-1\leqq a\leqq 3$ ……①　①より，$-2\leqq 2a\leqq 6$　$(-2)+3\leqq 2a+3\leqq 6+3$

(2) $-4\leqq b\leqq 1$ ……②　②より，$-4\leqq -4b\leqq 16$　$(-4)+7\leqq -4b+7\leqq 16+7$

(3) ①と②の各辺を加えて，$(-1)+(-4)\leqq a+b\leqq 3+1$

(4) ②より，$-1\leqq -b\leqq 4$ ……③

①と③の各辺を加えて，$(-1)+(-1)\leqq a-b\leqq 3+4$

(5) ①より，$-5\leqq 5a\leqq 15$ ……④　②より，$-8\leqq 2b\leqq 2$ ……⑤

④と⑤の各辺を加えて，$(-5)+(-8)\leqq 5a+2b\leqq 15+2$

(6) ①より，$-2\leqq 2a\leqq 6$ ……⑥　②より，$-6\leqq -6b\leqq 24$ ……⑦

⑥と⑦の各辺を加えて，$(-2)+(-6)\leqq 2a-6b\leqq 6+24$

6. 答 (1) $3.135\leqq a<3.145$, $1.405\leqq b<1.415$　(2)(ⅰ) (ウ)　(ⅱ) (ア)

解説 (2) a, b の値の範囲を表す 2 つの不等式において，それぞれ等号が成立し
ているときのみ，等号が成り立つ。(ⅱ)は，$-1.415<-b\leqq -1.405$ と考える。

7. 答 (1) $1.5\leqq a<2.5$, $2.5\leqq b<3.5$　(2) $5.5\leqq 2a+b<8.5$

解説 (1) 小数第 1 位を四捨五入して 2 になる数は，1.5 以上 2.5 未満であるから，
$1.5\leqq a<2.5$　同様に，$2.5\leqq b<3.5$

(2) (1)より，$3\leqq 2a<5$ と $2.5\leqq b<3.5$ の各辺を加えて，$3+2.5\leqq 2a+b<5+3.5$

p.41　**8.** 答 $1\leqq\dfrac{x}{y}\leqq 6$

解説 $2\leqq y\leqq 4$ より，$\dfrac{1}{4}\leqq\dfrac{1}{y}\leqq\dfrac{1}{2}$

また，$4\leqq x\leqq 12$ より，$4\times\dfrac{1}{4}\leqq\dfrac{x}{y}\leqq 12\times\dfrac{1}{2}$　ゆえに，$1\leqq\dfrac{x}{y}\leqq 6$

9. 答 (1) ×，反例 $a=5$, $b=3$, $m=-2$ とすると，

$5>3$ であるが，$(-2)\times 5<(-2)\times 3$

(2) ×，反例 $a=-2$, $b=3$, $x=-4$ とすると，

$-2\times(-4)>3$ であるが，$-4<-\dfrac{3}{2}$

(3) ×，反例 $a=3$, $b=-2$ とすると，$3>-2$ であるが，$\dfrac{1}{3}>-\dfrac{1}{2}$

(4) ○

(5) ×，反例 $a=2$, $b=-3$, $c=3$, $d=-4$ とすると，

$2>-3$, $3>-4$ であるが，$2\times 3<(-3)\times(-4)$

p.43 **10.** 答 $-5,\ -4,\ -3,\ -2,\ -1,\ 0$

11. 答 (1) $x<6$ (2) $x\geqq3$ (3) $x\leqq-13$ (4) $x>5$ (5) $x>3$ (6) $x\leqq-4$

p.44 **12.** 答 (1) $x\leqq-1$ (2) $x<1$ (3) $x>-2$ (4) $x\leqq-\dfrac{5}{4}$

13. 答 (1) $x<4$ (2) $x<1$ (3) $x>-5$ (4) $x<-\dfrac{5}{2}$ (5) $x\geqq3$ (6) $x>4$

14. 答 (1) $x<-3$ (2) $x\geqq2$ (3) $x<-22$ (4) $x\leqq\dfrac{2}{5}$ (5) $x>1$ (6) $x>3$

(7) $x\leqq43$ (8) $x>2$

解説 (1) 両辺に 10 をかける。

(2) 両辺に 100 をかける。

(3) かっこをはずしてから両辺に 100 をかける。

(4) かっこをはずしてから両辺に 10 をかける。または，両辺に 10 をかけてからかっこをはずす。

15. 答 (1) (2)

(3) (4)

解説 不等式を解いて，(1) $x>-1$，(2) $x\geqq\dfrac{3}{2}$，(3) $x<-2$，(4) $x\leqq-4$

p.45 **16.** 答 7個

解説 不等式を解いて，$x<8$

17. 答 $a=1$ のとき $x\leqq1$，$a=5$ のとき $x\geqq-1$

解説 $a=1$ のとき $3x-x\leqq2$，$a=5$ のとき $3x-5x\leqq2$

18. 答 $a>-\dfrac{1}{2}$

解説 $x=3$ を代入して，$3-\dfrac{3a\times(3+5)}{4}<\dfrac{2\times3+7}{2}+a$ $3-6a<\dfrac{13}{2}+a$

両辺を 2 倍して，$6-12a<13+2a$ $-14a<7$ $a>-\dfrac{1}{2}$

19. 答 $a\leqq\dfrac{1}{4}$

解説 $\dfrac{1}{4}x-\dfrac{2}{3}(x-2a)=2$ の両辺を 12 倍して，

$3x-8(x-2a)=24$ $-5x+16a=24$ $x=\dfrac{16a-24}{5}$

これが -4 以下であるので，$\dfrac{16a-24}{5}\leqq-4$

両辺を 5 倍して，$16a-24\leqq-20$ $16a\leqq4$ $a\leqq\dfrac{1}{4}$

p.46 **20.** 答 (1) $(40x+200)$円 (2) 20個まで

解説 (2) $40x+200\leqq1000$

21. 答 25g 未満

解説 鉛球 1 個の重さを xg とすると，$4x+5<15\times7$

22. (答) 2L 未満

(解説) 容器 A から容器 B へ移した水の量を xL とすると，$20-x>16+x$

p.47 **23.** (答) 8枚以上

(解説) 妹が姉に折り紙を x 枚あげるとすると，$28+x>2(25-x)$

24. (答) みかん 13 個，りんご 7 個

(解説) りんごを x 個買うとすると，$60(20-x)+80x\leqq1350$

25. (答) 6本まで

(解説) 25cm の針金の本数を x 本とすると，$25x+16(15-x)\leqq300$

26. (答) 3km

(解説) 時速 12km で走る道のりを $x$km とすると，$\dfrac{4-x}{4}+\dfrac{x}{12}\leqq\dfrac{30}{60}$

27. (答) 75g 以上

(解説) 水を xg 加えるとすると，$300\times\dfrac{5}{100}\leqq(300+x)\times\dfrac{4}{100}$

p.48 **28.** (答) (1) 17 本 (2) B の缶ジュースの本数の 2 倍より少なくなる

(解説) (1) $50-x<17+x$

29. (答) 16 個以上

(解説) 商品 A を x 個買うとすると，$300\times10+300\times\left(1-\dfrac{2}{10}\right)\times(x-10)<280x$

30. (答) 8つ以上

(解説) 窓口の数を x とすると，$300+20\times30\leqq4x\times30$

31. (答) 42 本

(解説) 太郎さんがはじめにもっていた鉛筆の本数を x 本とすると，

$x-\dfrac{x}{3}<(58-x)+\dfrac{x}{3}$　これを解いて，$x<43\dfrac{1}{2}$ ……①

太郎さんが次郎さんにあげる鉛筆の本数 $\dfrac{x}{3}$ は整数であるから，x は 3 の倍数である。ゆえに，①の範囲で最も大きな 3 の倍数は 42

p.51 **32.** (答) (1) $2<x<7$ (2) $-1<x\leqq4$ (3) $x>5$ (4) $x<1$ (5) $-2<x<3$ (6) $x>3$

(解説) (1) $x-3<4$ より，$x<7$ ……①

$x+1>3$ より，$x>2$ ……②

①，②より，$2<x<7$

(2) $2x\leqq8$ より，$x\leqq4$ ……①

$x+2>1$ より，$x>-1$ ……②

①，②より，$-1<x\leqq4$

(3) $x-3>2$ より，$x>5$ ……①

$2x\geqq2$ より，$x\geqq1$ ……②

①，②より，$x>5$

(4) $-2x>-8$ より，$x<4$ ……①

$x+2<3$ より，$x<1$ ……②

①，②より，$x<1$

(5) $4x-7<x+2$ より，$x<3$ ……①

$3x+4<5x+8$ より，$x>-2$ ……②

①，②より，$-2<x<3$

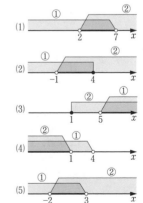

(6) $3x-2>x+4$ より，$x>3$ ……①

$-x-4<3x-2$ より，$x>-\dfrac{1}{2}$ ……②

①，②より，$x>3$

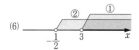
(6)

33. （答）(1) 解なし (2) $x=3$ (3) 解なし (4) 解なし

（解説）(1) $-2x-4\geqq3x+1$ より，$x\leqq-1$ ……①

$-4x+2\leqq-2x-6$ より，$x\geqq4$ ……②

①，②に共通範囲がないから，解なし。

(2) $2x+3\leqq9$ より，$x\leqq3$ ……①

$4x+1\geqq2x+7$ より，$x\geqq3$ ……②

①，②の共通範囲は $x=3$ のみであるから，$x=3$

(3) $5x-3>2x+3$ より，$x>2$ ……①

$3x-2\leqq-4x+12$ より，$x\leqq2$ ……②

①，②に共通範囲がないから，解なし。

(4) $2x+3\geqq-5x+1$ より，$x\geqq-\dfrac{2}{7}$ ……①

$-x-3>2x-2$ より，$x<-\dfrac{1}{3}$ ……②

①，②に共通範囲がないから，解なし。

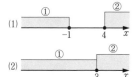
(1)

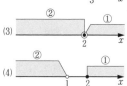
(2)
(3)
(4)

34. （答）(1) $1<x<2$ (2) $x\leqq-\dfrac{1}{2}$ (3) $x\geqq3$ (4) 解なし

（解説）(1) $\begin{cases} -3x+8<5x & \cdots\cdots① \\ 5x<4x+2 & \cdots\cdots② \end{cases}$

①より，$x>1$ ……③　②より，$x<2$ ……④

③，④より，$1<x<2$

(2) $\begin{cases} x-4\leqq-3x+2 & \cdots\cdots① \\ -3x+2\leqq-9x-1 & \cdots\cdots② \end{cases}$

①より，$x\leqq\dfrac{3}{2}$ ……③　②より，$x\leqq-\dfrac{1}{2}$ ……④

③，④より，$x\leqq-\dfrac{1}{2}$

(3) $\begin{cases} -2x+1<x+4 & \cdots\cdots① \\ x+4\leqq3x-2 & \cdots\cdots② \end{cases}$

①より，$x>-1$ ……③　②より，$x\geqq3$ ……④

③，④より，$x\geqq3$

(4) $\begin{cases} 9x+18<12x+30 & \cdots\cdots① \\ 12x+30<8x+10 & \cdots\cdots② \end{cases}$

①より，$x>-4$ ……③

②より，$x<-5$ ……④

③，④に共通範囲がないから，解なし。

(1)

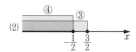
(2)

(3)

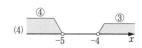
(4)

35. 答 (1) $x>-\dfrac{2}{5}$ (2) 解なし (3) $x\leqq-2$ (4) $-\dfrac{1}{7}<x<3$

解説 (1) $-2x+1<3(x+1)$ より, $-2x+1<3x+3$ $x>-\dfrac{2}{5}$ ……①

$5x-1>-2(3-x)$ より, $5x-1>-6+2x$

$x>-\dfrac{5}{3}$ ……②

(1)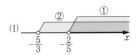

①, ②より, $x>-\dfrac{2}{5}$

(2) $0.3x+0.4\geqq-0.2x-0.1$ より, $3x+4\geqq-2x-1$

$x\geqq-1$ ……①

$1.2x-2.4\geqq2x+0.8$ より, $12x-24\geqq20x+8$

$x\leqq-4$ ……②

(2)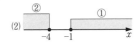

①, ②に共通範囲がないから, 解なし。

(3) $x-2\geqq5x+6$ より, $x\leqq-2$ ……①

$\dfrac{2x-1}{3}>\dfrac{3x-1}{2}$ より, $2(2x-1)>3(3x-1)$

$4x-2>9x-3$ $x<\dfrac{1}{5}$ ……②

(3)

①, ②より, $x\leqq-2$

(4) $2-3x<\dfrac{1}{2}(x+5)$ より, $4-6x<x+5$

$x>-\dfrac{1}{7}$ ……①

(4)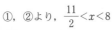

$2-\dfrac{x-1}{2}>\dfrac{x}{3}$ より, $12-3(x-1)>2x$ $15-3x>2x$ $x<3$ ……②

①, ②より, $-\dfrac{1}{7}<x<3$

36. 答 (1) 2, 3, 4 (2) 6, 7

解説 (1) $3x>x+2$ より, $x>1$ ……①

$13-x\geqq2x+1$ より, $x\leqq4$ ……②

①, ②より, $1<x\leqq4$

(2) $2x-1<x+7$ より, $x<8$ ……①

$x+9<3x-2$ より, $x>\dfrac{11}{2}$ ……②

①, ②より, $\dfrac{11}{2}<x<8$

(1)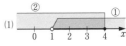

(2)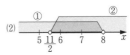

p.53 **37.** 答 子ども 15 人, あめ 100 個

解説 子どもの人数を x 人とすると, あめの個数は $(5x+25)$ 個である。

$7(x-1)+1\leqq5x+25<7(x-1)+3$

$7(x-1)+1\leqq5x+25$ より, $x\leqq\dfrac{31}{2}$ $5x+25<7(x-1)+3$ より, $x>\dfrac{29}{2}$

よって, $\dfrac{29}{2}<x\leqq\dfrac{31}{2}$ ただし, x は整数

38. (答) 14 本

(解説) ボールペンを x 本買うとすると，鉛筆は $(20-x)$ 本である。

$$\begin{cases} x > 2(20-x) & \cdots\cdots① \\ 150x+50(20-x) < 2500 & \cdots\cdots② \end{cases} \qquad ①より，x > \dfrac{40}{3} \qquad ②より，x < 15$$

よって，$\dfrac{40}{3} < x < 15$ 　　ただし，x は整数

39. (答) 200 g 以上

(解説) 牛肉を $100x$ g 使うとすると，たんぱく質の合計は $(13+20x)$ g，熱量は

$(150+140x)$ キロカロリーとなるから， $\begin{cases} 13+20x \geqq 40 & \cdots\cdots① \\ 150+140x \geqq 430 & \cdots\cdots② \end{cases}$

①より，$x \geqq 1.35$ 　　②より，$x \geqq 2$ 　　よって，$x \geqq 2$

(注) 不等式をつくるとき係数が整数となるように，牛肉の重さを $100x$ g とした。

40. (答) 400 g 以上 800 g 以下

(解説) 7 % の食塩水を x g 混ぜるものとすると，

$800 \times \dfrac{4}{100} + x \times \dfrac{7}{100} \geqq (800+x) \times \dfrac{5}{100}$ 　　これを解いて，$x \geqq 400$

$800 \times \dfrac{4}{100} + x \times \dfrac{7}{100} \leqq (800+x) \times \dfrac{5.5}{100}$ 　　これを解いて，$x \leqq 800$

41. (答) 17 日目

(解説) 問題数を x 問とすると， $\begin{cases} 13 \times 24 < x \leqq 13 \times 25 \\ 23 \times 13 < x \leqq 23 \times 14 \end{cases}$

これを解いて，$312 < x \leqq 322$ 　　よって，$16\dfrac{8}{19} < \dfrac{x}{19} \leqq 16\dfrac{18}{19}$

p.54 **42.** (答) $\dfrac{49}{6} < a \leqq 9$

(解説) $\dfrac{4x-2}{3} - a < \dfrac{x-1}{2}$ より，$2(4x-2) - 6a < 3(x-1)$ 　　$8x-4-6a < 3x-3$

$5x < 6a+1$ 　　よって，$x < \dfrac{6a+1}{5}$

したがって，$10 < \dfrac{6a+1}{5} \leqq 11$ を解けばよい。

$10 < \dfrac{6a+1}{5}$ より，$a > \dfrac{49}{6}$ 　　$\dfrac{6a+1}{5} \leqq 11$ より，$a \leqq 9$ 　　ゆえに，$\dfrac{49}{6} < a \leqq 9$

43. (答) $x=6$

(解説) $3.5 \leqq \dfrac{5x-7}{6} < 4.5$ 　　各辺に 6 をかけて，$21 \leqq 5x-7 < 27$

各辺に 7 を加えて，$28 \leqq 5x < 34$ 　　各辺を 5 で割って，$5.6 \leqq x < 6.8$

x は整数であるから，$x=6$

44. (答) 39 個，45 個

(解説) かごの数を x かごとすると，みかんの個数は $(6x+9)$ 個である。

みかんを 1 かごに 8 個ずつ入れると，1 かごだけ 1 個以上 8 個未満であるから，

$8(x-1)+1 \leqq 6x+9 < 8x$ 　　$8(x-1)+1 \leqq 6x+9$ より，$x \leqq 8$

$6x+9 < 8x$ より，$x > \dfrac{9}{2}$ 　　よって，$\dfrac{9}{2} < x \leqq 8$

x は整数であるから，$x=5$, 6, 7, 8

ここで，3 かごだけ 7 個ずつ入れたときの残りのかごに入れるみかんの個数を n 個とすると，$n=\dfrac{6x+9-7\times3}{x-3}=\dfrac{6x-12}{x-3}$

$x=5$ のとき，$n=9$ この値は問題に適する。

$x=6$ のとき，$n=8$ この値は問題に適する。

$x=7$ のとき，$n=\dfrac{15}{2}$ この値は問題に適さない。

$x=8$ のとき，$n=\dfrac{36}{5}$ この値は問題に適さない。

みかんの個数は，$x=5$ のとき $6\times5+9=39$，$x=6$ のとき $6\times6+9=45$

45. 答 A 7 箱，B 16 箱，C 77 箱

解説 A，B の箱の数をそれぞれ x 箱，y 箱とすると，C の箱の数は $(100-x-y)$ 箱であるから，$\begin{cases} 2y+4(100-x-y)=340 & \cdots\cdots① \\ 2x\leqq y<3x & \cdots\cdots② \end{cases}$

①より，$y=30-2x$ ……③ ③を②に代入して，$2x\leqq30-2x<3x$

すなわち，$\begin{cases} 2x\leqq30-2x & \cdots\cdots④ \\ 30-2x<3x & \cdots\cdots⑤ \end{cases}$

④より，$4x\leqq30$ $x\leqq\dfrac{15}{2}$ ……⑥

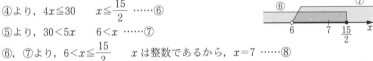

⑤より，$30<5x$ $6<x$ ……⑦

⑥，⑦より，$6<x\leqq\dfrac{15}{2}$ x は整数であるから，$x=7$ ……⑧

⑧を③に代入して，$y=30-2\times7=16$ C の箱の数は，$100-7-16=77$

=========== **3章の問題** ===========

p.55 **1** 答 (1)(i) $-a+1>-b+1$ (ii) $-a+1>-b+1$ (2)(i) $\dfrac{1}{a}>\dfrac{1}{b}$ (ii) $\dfrac{1}{a}<\dfrac{1}{b}$

2 答 (1) $-7\leqq S\leqq8$ (2) $-4<T<4$

解説 (1) $-6\leqq3a\leqq9$ (2) $-2<-b<1$

注 (2) $-2\leqq a$ と $-2<-b$ の辺々を加えるとき，a は -2 となることもあるが，$-b$ は -2 とならないから，$-2+(-2)<a+(-b)$ となり，等号は付かない。

$a\leqq3$ と $-b<1$ も同様である。

3 答 (1) $x<4$ (2) $a>-2$ (3) $a\geqq5$ (4) $x\geqq-\dfrac{1}{3}$ (5) $x\leqq1$ (6) $x\leqq7$

(7) $x<-7$ (8) $x\geqq-3$

4 答 -2

解説 不等式を解いて，$x\leqq-\dfrac{13}{8}$

5 答 14 組

解説 $y=1$ のとき，$3x+5<25$ $y=2$ のとき，$3x+10<25$

$y=3$ のとき，$3x+15<25$ $y=4$ のとき，$3x+20<25$

$y\geqq5$ のとき $5y\geqq25$ より，$3x+5y<25$ を満たす正の整数 x は存在しない。

6 **答** 2本, 3本

(解説) 弟がはじめにもっていた鉛筆の本数を x 本とすると，兄がはじめにもっていた鉛筆の本数は $4x$ 本であるから，$4x-6<x+6$　　これを解いて，$x<4$
$x=1$ のとき，弟に 6 本あげると兄の本数が負の数になってしまうから，この値は問題に適さない。

7 **答** 6本まで

(解説) 210 円の花を x 本買うとすると，$210x+120(20-x)\leqq3000$

8 **答** (1) 35 人　(2) 4つ以上

(解説) (1) 1つの受付の窓口が 1 分間に受け付けできる人数を x 人とすると，
$600+20\times12=12\times2x$
(2) 受付の窓口の数を y とすると，$35y\times5\geqq600+20\times5$

p.56 **9** **答** (1) $-1<x\leqq4$ (2) $x<-\dfrac{1}{3}$ (3) $x=4$ (4) 解なし (5) $x>2$ (6) $1<x\leqq2$

(解説) (1) $\begin{cases} x+5>-3x+1 & \cdots\cdots① \\ 2x-3\leqq x+1 & \cdots\cdots② \end{cases}$ 　　　①より，$x>-1$　　②より，$x\leqq4$

(2) $\begin{cases} 3x-2<x+4 & \cdots\cdots① \\ -x-3>5x-1 & \cdots\cdots② \end{cases}$ 　　①より，$x<3$　　②より，$x<-\dfrac{1}{3}$

(3) $\begin{cases} 3x-3\leqq2x+1 & \cdots\cdots① \\ 5x-2\geqq3x+6 & \cdots\cdots② \end{cases}$ 　　①より，$x\leqq4$　　②より，$x\geqq4$

(4) $\begin{cases} 3(x-1)-1>2x+1 & \cdots\cdots① \\ \dfrac{1}{6}x+\dfrac{5}{4}>\dfrac{7}{6}x+\dfrac{1}{4} & \cdots\cdots② \end{cases}$ 　　①より，$x>5$　　②より，$x<1$

(5) $\begin{cases} x-1<2x-3 & \cdots\cdots① \\ 2x-3\leqq6x+5 & \cdots\cdots② \end{cases}$ 　　①より，$x>2$　　②より，$x\geqq-2$

(6) $\begin{cases} 3-2x<5x-4 & \cdots\cdots① \\ 5x-4\leqq\dfrac{3}{2}x+3 & \cdots\cdots② \end{cases}$ 　　①より，$x>1$　　②より，$x\leqq2$

10 **答** $a=2$, $b=4$

(解説) $\begin{cases} x+3>2a & \cdots\cdots① \\ 5x-6<3x+2 & \cdots\cdots② \end{cases}$
①より，$x>2a-3$ $\cdots\cdots③$　　②より，$x<4$ $\cdots\cdots④$
連立不等式①，②の解の範囲が $1<x<b$ であるから，$2a-3=1$ かつ $b=4$

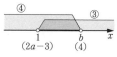

11 **答** $\dfrac{3}{2}$ m

(解説) 穴の深さは $\left(\dfrac{x}{2}-1\right)$ m であるから，$\dfrac{x}{4}<\dfrac{x}{2}-1<\dfrac{x}{3}$
これを解いて，$4<x<6$　　ただし，x は整数

12 **答** 24本

(解説) A さんがはじめにもっていたボールペンの本数を x 本とすると，B さんがはじめにもっていたボールペンの本数は $(35-x)$ 本である。
$\begin{cases} x-\dfrac{x}{4}>(35-x)+\dfrac{x}{4} & \cdots\cdots① \\ x-\dfrac{x}{4}-3<(35-x)+\dfrac{x}{4}+3 & \cdots\cdots② \end{cases}$

①より，$x > 23\dfrac{1}{3}$ ……③　　②より，$x < 27\dfrac{1}{3}$ ……④

③，④より，$23\dfrac{1}{3} < x < 27\dfrac{1}{3}$

A さんが B さんにあげるボールペンの本数 $\dfrac{x}{4}$ は整数であるから，x は 4 の倍数である。

(13) （答）$a = 11,\ 12,\ 13$

（解説）$6x + 3 > 2a$ より，$x > \dfrac{2a-3}{6}$

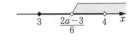

最小の整数が 4 であるから，$3 \leqq \dfrac{2a-3}{6} < 4$

これを解いて，$\dfrac{21}{2} \leqq a < \dfrac{27}{2}$　　これを満たす整数は，$a = 11,\ 12,\ 13$

(14) （答）$\dfrac{33}{47}$

（解説）分母を x（x は正の整数）とすると，$0.7 \leqq \dfrac{80-x}{x} < 0.8$

各辺に x をかけると，$0.7x \leqq 80 - x < 0.8x$　　これを解いて，$\dfrac{400}{9} < x \leqq \dfrac{800}{17}$

x は正の整数であるから，$x = 45,\ 46,\ 47$

$\dfrac{80-x}{x}$ が既約分数になるのは，$x = 47$ のときである。

(15) （答）(1) $\dfrac{5}{4} \leqq a < \dfrac{3}{2}$　(2) $a \geqq \dfrac{8}{5}$

（解説）(1) $\begin{cases} 2(a+2) > 3x - 9 & \cdots\cdots① \\ 3(x-1) - 2(x-2) > 4a & \cdots\cdots② \end{cases}$

①より，$x < \dfrac{2a+13}{3}$　　②より，$x > 4a - 1$

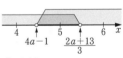

よって，$4a - 1 < x < \dfrac{2a+13}{3}$

整数の解が 5 だけであるから，$4 \leqq 4a - 1 < 5$ かつ $5 < \dfrac{2a+13}{3} \leqq 6$

$4 \leqq 4a - 1 < 5$ より，$\dfrac{5}{4} \leqq a < \dfrac{3}{2}$ ……③

$5 < \dfrac{2a+13}{3} \leqq 6$ より，$1 < a \leqq \dfrac{5}{2}$ ……④

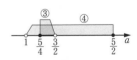

③，④より，$\dfrac{5}{4} \leqq a < \dfrac{3}{2}$

(2) ①より，$x < \dfrac{2a+13}{3}$　　②より，$x > 4a - 1$

連立不等式の解が存在しないから，$\dfrac{2a+13}{3} \leqq 4a - 1$

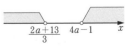

4章　1次関数

p.57 **1.** （答）

y が x の1次関数であるもの	(ア)	(ウ)
変化の割合	-2	$\dfrac{1}{3}$

（解説）1次関数の変化の割合は，x の係数に等しい。

p.58 **2.** （答）(1) $y=\dfrac{40}{x}$　(2) $y=\dfrac{4}{5}x$　(3) $y=80x+100$　(4) $y=20-6x$　(5) $y=6x^2$

y が x の1次関数であるもの (2), (3), (4)

3. （答）y の値が増加するもの (2), (3), (5)

y の値が減少するもの (1), (4)

4. （答）(1) $y=2x+5$　(2) $y=-\dfrac{3}{4}x-\dfrac{1}{2}$

（解説）(1) $y=ax+5$ とする。

(2) $y=ax-\dfrac{1}{2}$ とする。

p.59 **5.** （答）(1) $y=3x+5$　(2) $y=-2x+4$　(3) $y=-\dfrac{4}{3}x+1$

（解説）(1) $y-5=ax$ とする。

(2) $y+2=a(x-3)$ とする。

(3) $y+1=a(2x-3)$ とする。

p.60 **6.** （答）(1) $y=3x+6$　(2) $y=-3x+5$　(3) $y=2x-1$　(4) $y=-x-3$

（解説）(1) $y=3x+b$ とする。

(2) 変化の割合が -3 であるから，$y=-3x+b$ とする。

(3) 変化の割合が 2 であるから，$y=2x+b$ とする。

(4) 変化の割合が -1 であるから，$y=-x+b$ とする。

7. （答）(1) $a=2$, $b=1$　(2) $a=-1$, $b=3$

（解説）(1) $\begin{cases} 3=a+b \\ 7=3a+b \end{cases}$ を解く。　(2) $\begin{cases} 5=-2a+b \\ 0=3a+b \end{cases}$ を解く。

8. （答）(1) $y=x+4$　(2) $y=5$　(3) $x=-3$

（解説）(1) $y=ax+b$ とおいて，$\begin{cases} 3=-a+b \\ -2=-6a+b \end{cases}$ を解く。

p.61 **9.** （答）(1) $y=-\dfrac{4}{9}x+20$　(2) $0\leqq x\leqq45$, $0\leqq y\leqq20$　(3) $16\,\mathrm{cm}$　(4) 18分後

（解説）(1) 1分間に $\dfrac{4}{9}\,\mathrm{cm}$ の割合で短くなる。

(3) $x=9$ を代入して，$y=-\dfrac{4}{9}\times9+20$

(4) $y=12$ を代入して，$12=-\dfrac{4}{9}x+20$

p.62 **10.** （答）(1) $y=-6x+17$　(2) $0\leqq x\leqq10$, $-43\leqq y\leqq17$　(3) $-13\,℃$　(4) $8\,\mathrm{km}$

11. (答) (1) $0 \leqq x \leqq 4$ のとき $y=3x$, $4 \leqq x \leqq 8$ のとき $y=-3x+24$ (2) $x=3,\ 5$
(解説) (1) $0 \leqq x \leqq 4$ のとき, $\mathrm{BP}=x\,\mathrm{cm}$ である。 $4 \leqq x \leqq 8$ のとき, 点 P は頂点 C
で折り返しているから, $\mathrm{BP}=4 \times 2-x=8-x\,(\mathrm{cm})$ である。

12. (答) (1) $0 \leqq x \leqq a$ のとき $y=b$, $x>a$ のとき $y=51(x-a)+b$ (2) 1289 円
(解説) (1) $a\,\mathrm{m}^3$ をこえた使用量の比例定数は, $(1085-932) \div (19-16)=51$
(2) $y=51(x-4)+b$ で, $x=16$ のとき $y=932$ であるから,
$932=51(16-4)+b$　　$b=320$

p.64 **13.** (答) (1) 傾き 2, y 切片 1 (2) 傾き $\dfrac{1}{3}$, y 切片 -2 (3) 傾き -1, y 切片 0

14. (答) (1) (ウ)と(エ) (2) (イ)と(ウ)

15. (答) (1) ① (2) ⑦ (3) ⑦ (4) ①

p.65 **16.** (答) (1) 傾き 2, y 切片 1, 式 $y=2x+1$
(2) 傾き 1, y 切片 -3, 式 $y=x-3$
(3) 傾き $-\dfrac{1}{2}$, y 切片 0, 式 $y=-\dfrac{1}{2}x$
(4) 傾き $-\dfrac{1}{3}$, y 切片 3, 式 $y=-\dfrac{1}{3}x+3$
(5) 傾き -2, y 切片 -4, 式 $y=-2x-4$

17. (答) 点 A を通るもの (ア), (ウ), (カ)
点 B を通るもの (イ), (エ)

18. (答) (1) $a=2$ (2) $a=-8$ (3) $a=0$ (4) $a=\dfrac{15}{2}$

p.66 **19.** (答) (1)  (2) (3) (4)
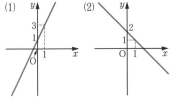

20. (答) (1) (2) (3)
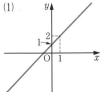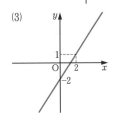

(4) (5) (6)
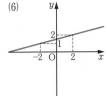

p.68 **21.** (答) (1) 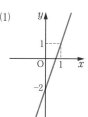   (2) $-8 \leqq y \leqq 4$ (3) $\dfrac{2}{3} < x \leqq 3$

22. (答) (1) (ア) (イ) (ウ) (エ)

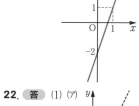

(2)(ア) 最大値 3, 最小値 -3 (イ) 最大値 3, 最小値 なし

(ウ) 最大値 なし, 最小値 $-\dfrac{10}{3}$ (エ) 最大値 なし, 最小値 -2

(解説) (2) (1)のグラフを利用する。

23. (答) 順に (1) -12, 8 (2) -6, 3

(解説) (1) 傾きが負であるから, $x=-1$ のとき y は最大値をとり, $x=3$ のとき y は最小値をとる。

(2) 傾きが正であるから, x の値が増加すると y の値も増加し, x の値が減少すると y の値も減少する。

24. (答) (1) $a=1$, $b=-2$ (2) $a=2$, $b=9$

(解説) (1) $a>0$ より $x=-2$ のとき y は最小値 -4, $x=4$ のとき y は最大値 2 をとる。 よって, $-4=-2a+b$, $2=4a+b$

(2) 傾きが負であるから, $x=-2$ のとき y は最大値 b, $x=a$ のとき y は最小値 1 をとる。 よって, $b=-2\times(-2)+5$, $1=-2a+5$

25. (答) $a=-\dfrac{1}{2}$

(解説) (i) $a>0$ のとき, $x=-2$ のとき y は最小値 -1, $x=4$ のとき y は最大値 2 をとる。

$-1=-2a+1$, $2=4a+1$ より, a は 1 つに決まらない。

(ii) $a<0$ のとき, $x=-2$ のとき y は最大値 2, $x=4$ のとき y は最小値 -1 をとる。

$2=-2a+1$, $-1=4a+1$ より, $a=-\dfrac{1}{2}$ となる。この値は $a<0$ を満たし, 問題に適する。

26. (答) $\begin{cases} a=\dfrac{5}{3} \\ b=-\dfrac{1}{3}, \end{cases}$ $\begin{cases} a=-\dfrac{5}{3} \\ b=\dfrac{4}{3} \end{cases}$

(解説) (i) $a>0$ のとき，$x=-1$ のとき y は最小値 -2，$x=2$ のとき y は最大値 3
をとる。　$\begin{cases} -2=-a+b \\ 3=2a+b \end{cases}$

(ii) $a<0$ のとき，$x=-1$ のとき y は最大値 3，$x=2$ のとき y は最小値 -2 をとる。　$\begin{cases} 3=-a+b \\ -2=2a+b \end{cases}$

27. (答) $\begin{cases} a=\dfrac{1}{2} \\ b=-\dfrac{5}{2}, \end{cases} \begin{cases} a=-\dfrac{1}{2} \\ b=-\dfrac{1}{2} \end{cases}$

(解説) (i) $a>0$ のとき，$x=-1$ のとき y は最小値 -3，$x=5$ のとき y は最大値 0
をとる。　$\begin{cases} -3=-a+b \\ 0=5a+b \end{cases}$

(ii) $a<0$ のとき，$x=-1$ のとき y は最大値 0，$x=5$ のとき y は最小値 -3 をとる。　$\begin{cases} 0=-a+b \\ -3=5a+b \end{cases}$

28. (答) $a=1,\ b=-\dfrac{3}{2}$

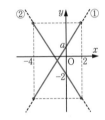

(解説) $y=\dfrac{3}{2}x+a$ ……① , $y=bx-2$ ……② のグラフは
右の図のようになる。
$-4\leqq x\leqq 2$ のとき，①は $-6+a\leqq y\leqq 3+a$，
②は $2b-2\leqq y\leqq -4b-2$
①，②の y の変域は等しいから，$\begin{cases} -6+a=2b-2 \\ 3+a=-4b-2 \end{cases}$

p.70 **29.** (答) (1) $y=3x-4$　(2) $y=\dfrac{1}{2}x-3$　(3) $y=-2x+1$　(4) $y=-\dfrac{3}{2}x+7$

(解説) (3) $y=-2x+b$ とする。

(4) $y=-\dfrac{3}{2}x+b$ とする。

(参考) 公式 $y-y_0=a(x-x_0)$ を利用してもよい。

30. (答) (1) $y=x+3$　(2) $y=-2x-5$　(3) $y=-\dfrac{5}{2}x-5$　(4) $y=\dfrac{5}{8}x-\dfrac{1}{2}$

(解説) (3) $y=-\dfrac{5}{2}x+b$ とする。

(4) $y=\dfrac{5}{8}x+b$ とする。

p.71 **31.** (答) (1) $y=2x-1$　(2) $y=-\dfrac{4}{7}x+\dfrac{2}{7}$　(3) $y=-\dfrac{4}{3}x+4$　(4) $y=5x-\dfrac{1}{6}$

(解説) (4) 傾きは，$\dfrac{\dfrac{7}{3}-(-1)}{\dfrac{1}{2}-\left(-\dfrac{1}{6}\right)}=\dfrac{\left(\dfrac{7}{3}+1\right)\times 6}{\left(\dfrac{1}{2}+\dfrac{1}{6}\right)\times 6}=\dfrac{14+6}{3+1}=5$

32. （答） (1) $y=\dfrac{3}{2}x-\dfrac{1}{2}$　(2) $y=\dfrac{1}{5}x+\dfrac{7}{5}$　(3) $y=-\dfrac{4}{7}x+\dfrac{5}{7}$　(4) $y=-\dfrac{3}{4}x-\dfrac{13}{4}$

（解説）(1) 2点 $(3,\ 4)$, $(1,\ 1)$ を通る。
(2) 2点 $(3,\ 2)$, $(-2,\ 1)$ を通る。
(3) 2点 $(3,\ -1)$, $(-4,\ 3)$ を通る。
(4) 2点 $(1,\ -4)$, $(-3,\ -1)$ を通る。

33. （答） $a=\dfrac{2}{3}$, $b=-\dfrac{14}{3}$

（解説）$y=ax-5$ は 2点 $\mathrm{A}(-4,\ -3+b)$, $\mathrm{B}\left(\dfrac{1}{2},\ b\right)$ を通る。

よって，$-3+b=-4a-5$, $b=\dfrac{1}{2}a-5$

（別解）2点 A, B を通る直線の式は，

$$y-b=\dfrac{b-(-3+b)}{\dfrac{1}{2}-(-4)}\left(x-\dfrac{1}{2}\right)\ \text{より，}\ y=\dfrac{2}{3}x-\dfrac{1}{3}+b$$

直線 AB は $y=ax-5$ と一致するから，$a=\dfrac{2}{3}$, $-\dfrac{1}{3}+b=-5$

34. （答） (1) $a=-1$　(2) $a=\dfrac{7}{3}$

（解説）(1) 直線 AB の式は，$y=2x-5$
この直線が $\mathrm{C}(a,\ -7)$ を通るから，$-7=2a-5$

(2) 直線 AB の式は，$y=-\dfrac{1}{3}x+\dfrac{11}{3}$

この直線が $\mathrm{C}(4,\ a)$ を通るから，$a=-\dfrac{4}{3}+\dfrac{11}{3}$

p.73 **35.** （答） (1) $y=3x-3$　(2) $y=3x+4$　(3) $y=-3x+2$　(4) $y=3x+2$　(5) $y=3x-11$
（解説）直線 $y=3x-2$ は点 $(0,\ -2)$ を通る。
(1) 直線 $y=3x-2$ を y 軸方向に -1 だけ平行移動すると，点 $(0,\ -2)$ は点 $(0,\ -3)$ に移動する。
ゆえに，求める直線は傾きが 3，y 切片が -3 であるから，$y=3x-3$
(2) 直線 $y=3x-2$ を x 軸方向に -2 だけ平行移動すると，点 $(0,\ -2)$ は点 $(-2,\ -2)$ に移動する。
よって，求める直線は傾きが 3 で点 $(-2,\ -2)$ を通るから，
$y-(-2)=3\{x-(-2)\}$
ゆえに，$y=3x+4$
(3) 直線 $y=3x-2$ を x 軸について対称移動すると，点 $(0,\ -2)$ は点 $(0,\ 2)$ に移動する。また，傾きの符号が逆になるから，傾きは -3 である。
ゆえに，$y=-3x+2$
(4) 直線 $y=3x-2$ を原点について対称移動すると，右の図のように，求める直線は傾きは変わらず，y 切片が 2 となるから，
$y=3x+2$

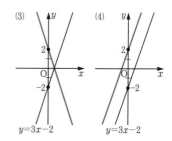

(5) 直線 $y=3x-2$ を x 軸方向に 2 だけ平行移動すると，点 $(0，-2)$ は点 $(2，-2)$ に移動する。続いて，y 軸方向に -3 だけ平行移動すると，点 $(2，-2)$ は点 $(2，-5)$ に移動する。
よって，求める直線は傾きが 3 で点 $(2，-5)$ を通るから，$y-(-5)=3(x-2)$
ゆえに，$y=3x-11$

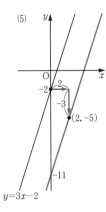

(5)

36. (答) (1) y 軸方向に 5　(2) x 軸方向に 3
(解説) (1) 直線 $y=-2x-3$ の y 切片は -3，
$y=-2x+2$ の y 切片は 2 であるから，$2-(-3)=5$
より，y 軸方向に 5 だけ平行移動する。
(2) 直線 $y=-2x-3$，$y=-2x+3$ 上の点で $y=-3$
となる点の x 座標を考えると，それぞれ $(0，-3)$，
$(3，-3)$ である。
ゆえに，$3-0=3$ より，x 軸方向に 3 だけ平行移動する。

37. (答) $-\dfrac{3}{2}<b<\dfrac{1}{2}$

(解説) 直線 $y=\dfrac{1}{2}x+b$ が点 A を通るとき，$1=\dfrac{1}{2}\times1+b$

$b=\dfrac{1}{2}$

点 B を通るとき，$-2=\dfrac{1}{2}\times(-1)+b$　$b=-\dfrac{3}{2}$

ゆえに，$-\dfrac{3}{2}<b<\dfrac{1}{2}$

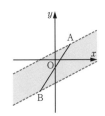

38. (答) $-5<a<-1$
(解説) 直線 $y=ax-3$ が点 A を通るとき，$2=-a-3$
$a=-5$
点 B を通るとき，$-1=-2a-3$　$a=-1$
ゆえに，$-5<a<-1$

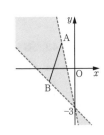

39. (答) (1) $y=\dfrac{1}{2}x+3$　(2) $\dfrac{1}{2}\leqq m\leqq3$　(3) $n\leqq-2$, $3\leqq n$

(解説) (1) 2 点 A$(-2，2)$，B$(2，4)$ を通る直線の式は，

$y-2=\dfrac{4-2}{2-(-2)}\{x-(-2)\}$

ゆえに，$y=\dfrac{1}{2}x+3$

(2) 右の図より，点 A を通るとき，傾き m は最小値をとる。　(1)より，$m=\dfrac{1}{2}$

点 C を通るとき，傾き m は最大値をとる。

B$(2，4)$，C$(0，-2)$ より，$m=\dfrac{4-(-2)}{2-0}=3$

ゆえに，$\dfrac{1}{2}\leqq m\leqq3$

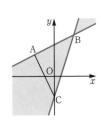

(3) 右下の図より，点 A を通るとき，傾き n は負の範囲で最大値をとる。

A$(-2, 2)$，C$(0, -2)$ より，$n=\dfrac{2-(-2)}{-2-0}=-2$

点 B を通るとき，傾き n は正の範囲で最小値をとる。

B$(2, 4)$，C$(0, -2)$ より，$n=\dfrac{4-(-2)}{2-0}=3$

ゆえに，$n\leqq-2$，$3\leqq n$

注 $y=nx-2$ は y 軸を表すことができないから，線分
AB 上の点 $(0, 3)$ は共有点にならない。

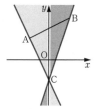

p.74 **40.** 答 (1) 傾き $\dfrac{1}{2}$，y 切片 3 (2) 傾き $-\dfrac{3}{4}$，y 切片 3 (3) 傾き $\dfrac{5}{2}$，y 切片 0

p.75 **41.** 答 (ア)と(カ)と(ク)，(イ)と(キ)，(ウ)と(オ)と(ケ)

p.76 **42.** 答 (1) 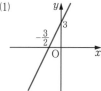 (2) 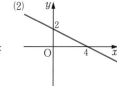 (3)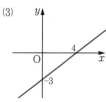

(4) 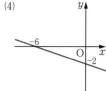 (5) 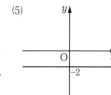 (6)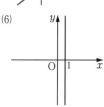

43. 答 x 軸に平行な直線 $y=-3$，y 軸に平行な直線 $x=4$

44. 答 (1) $y=5$ (2) $x=3$ (3) $x=0$ (4) $y=-\dfrac{1}{2}$

45. 答 (1) (i) 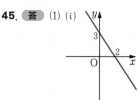 (ii) (iii) (iv)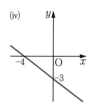

(2) (i) $\dfrac{x}{3}+\dfrac{y}{2}=1$ または $2x+3y-6=0$，$y=-\dfrac{2}{3}x+2$

(ii) $\dfrac{x}{2}-\dfrac{y}{2}=1$ または $x-y-2=0$，$y=x-2$

(iii) $-\dfrac{x}{3}-y=1$ または $x+3y+3=0$，$y=-\dfrac{1}{3}x-1$

(iv) $4x-5y+2=0$ または $y=\dfrac{4}{5}x+\dfrac{2}{5}$

解説 (1)(i) x 切片 2, y 切片 3 (ii) x 切片 3, y 切片 -2
(iii) x 切片 -2, y 切片 4 (iv) x 切片 -4, y 切片 -3

46. **答** $a=\dfrac{1}{4}$, $b=\dfrac{3}{8}$, x 切片 4, y 切片 $\dfrac{8}{3}$

解説 直線 $ax+by=1$ が2点$(1, 2)$, $(7, -2)$ を通るから,

$a+2b=1$, $7a-2b=1$ ゆえに, $a=\dfrac{1}{4}$, $b=\dfrac{3}{8}$

よって, 直線の式は, $\dfrac{1}{4}x+\dfrac{3}{8}y=1$ すなわち, $\dfrac{x}{4}+\dfrac{y}{\frac{8}{3}}=1$

47. **答** (1) $a=-4$ (2) $a=\dfrac{2}{5}$

解説 (1) 2直線の傾きが等しいから, $2=-\dfrac{a}{2}$

(2) 2直線の傾きが等しいから, $\dfrac{a}{4}=\dfrac{1-2a}{2}$

48. **答** (1) $y=\dfrac{3}{4}x+\dfrac{9}{2}$ (2) $y=\dfrac{3}{4}x-\dfrac{9}{4}$

解説 直線 $3x-4y+5=0$ の傾き $\dfrac{3}{4}$ が, 求める直線の傾きである。

注 (1) $3x-4y+18=0$, (2) $3x-4y-9=0$ と答えてもよい。

p.78 **49.** **答** x軸との交点, y軸との交点の順に

(1) $\left(\dfrac{1}{2}, 0\right)$, $(0, -1)$ (2) $\left(\dfrac{5}{2}, 0\right)$, $\left(0, \dfrac{5}{3}\right)$ (3) $(-12, 0)$, $(0, 2)$

50. **答** (1) $x=2$ (2) $x=4$ (3) $x=-2$

解説 (1) $y=\dfrac{1}{2}x-1$ と $y=0$ との交点の x 座標を求める。

(2) $y=\dfrac{1}{2}x-1$ と $y=1$ との交点。   (3) $y=\dfrac{1}{2}x-1$ と $y=-x-4$ との交点。

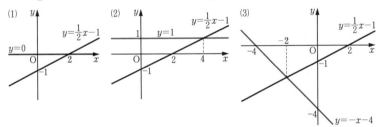

51. **答** (1) $(2, 3)$ (2) $(6, 3)$ (3) $(1, 1)$ (4) $\left(-\dfrac{6}{11}, -\dfrac{9}{11}\right)$

52. **答** (1) $y=-3x$ (2) $y=-\dfrac{1}{2}x+\dfrac{5}{2}$ (3) $y=\dfrac{1}{2}x+\dfrac{7}{2}$ (4) $y=3$

解説 2直線の交点は $(-1, 3)$ である。   (1) $y-3=-3\{x-(-1)\}$

(2) $y-3=\dfrac{1-3}{3-(-1)}\{x-(-1)\}$ (3) $y-3=\dfrac{1}{2}\{x-(-1)\}$

p.79 **53.** (答) (1) $a=2$ (2) $a=2$, $b=3$ (3) $a=-\dfrac{7}{2}$ (4) $a=-4$

(解説) (1) 交点は，$y=-2x+7$ より（3，1）である。

(2) 交点が（2，5）であるから，$\begin{cases} 5=4a-b \\ 5=-2a+3b \end{cases}$ を解く。

(3) 2直線 $y=-2x+1$，$y=3x-9$ の交点は（2，-3）である。

(4) 2直線と x 軸（$y=0$）との交点の x 座標は，それぞれ $\dfrac{-a-10}{3}$，$\dfrac{a}{2}$ である。

54. (答) 解がただ1組あるもの (イ)
解が無数にあるもの (ウ)
解がないもの (ア)

(解説) 2つのグラフの位置関係（交わる，重なる，平行）を調べる。

55. (答) (1) $a=6$ (2) $a=4$，$b=\dfrac{3}{2}$

(解説) (1)は2直線が平行になる。 (2)は2直線が重なる。

p.81 **56.** (答) (1) 5 (2) $m=-2$，$\dfrac{1}{2}$，1

(解説) (1) 三角形の3つの頂点の座標を求めると，（-2，1），（-3，3），（2，3）
(2) 三角形をつくることができないのは，
(ⅰ) 直線①と②との交点を直線③が通るとき，
(ⅱ) 直線①と③が平行のとき，
(ⅲ) 直線②と③が平行のときである。

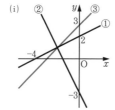 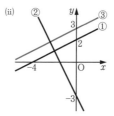 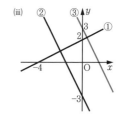

57. (答) (1) $\dfrac{1}{5}$ (2) $k=5$

(解説) (1) $k=1$ のときにできる2組の連立方程式 $\begin{cases} y=\dfrac{7}{3}x \\ y=-x+1 \end{cases}$ と $\begin{cases} y=\dfrac{3}{7}x \\ y=-x+1 \end{cases}$

を解くと，点 P，Q の座標はそれぞれ $P\left(\dfrac{3}{10}, \dfrac{7}{10}\right)$，$Q\left(\dfrac{7}{10}, \dfrac{3}{10}\right)$ となる。

直線③と x 軸との交点を R とすると，R(1，0) で，
△OPQ＝△OPR－△OQR

$=\dfrac{1}{2}\times OR\times\dfrac{7}{10}-\dfrac{1}{2}\times OR\times\dfrac{3}{10}=\dfrac{1}{2}\times1\times\left(\dfrac{7}{10}-\dfrac{3}{10}\right)$

(2) 連立方程式 $\begin{cases} y=\dfrac{7}{3}x \\ y=-x+k \end{cases}$ より $P\left(\dfrac{3}{10}k,\ \dfrac{7}{10}k\right)$,

連立方程式 $\begin{cases} y=\dfrac{3}{7}x \\ y=-x+k \end{cases}$ より $Q\left(\dfrac{7}{10}k,\ \dfrac{3}{10}k\right)$

(1)と同様に，$R(k,\ 0)$ とすると（$k>0$），

$\triangle OPQ=\triangle OPR-\triangle OQR=\dfrac{1}{2}\times k\times\dfrac{7}{10}k-\dfrac{1}{2}\times k\times\dfrac{3}{10}k=\dfrac{1}{5}k^2$

よって，$\dfrac{1}{5}k^2=k$　　$k>0$ より，$\dfrac{1}{5}k=1$

58. （答）(1) $y=ax+a-10$　(2) $\dfrac{52}{9}$

（解説）(1) 直線①の y 切片が a，$PQ=10$ であるから，直線②の y 切片は $a-10$

(2) 直線①は $y=4x+4$，直線②は $y=4x-6$，直線③は $y=-\dfrac{1}{2}x$ であるから，

点 R，S の x 座標はそれぞれ $-\dfrac{8}{9}$，$\dfrac{4}{3}$

ゆえに，$\triangle OPR+\triangle OQS=\dfrac{1}{2}\times4\times\dfrac{8}{9}+\dfrac{1}{2}\times6\times\dfrac{4}{3}$

59. （答）(1) $A(-4,\ 1)$　(2) $a=-\dfrac{7}{4}$

（解説）(2) $\triangle OAQ=\triangle OQP$ であるから，Q は線分 AP の中点である。

$A(-4,\ 1)$，$Q(0,\ -3)$ より $P(p,\ q)$ とすると，$\dfrac{-4+p}{2}=0$，$\dfrac{1+q}{2}=-3$

$p=4$，$q=-7$　　よって，$P(4,\ -7)$

$P(4,\ -7)$ は直線③上にあるから，$4a-(-7)=0$

p.82 **60.** （答）(1) $y=\dfrac{1}{3}x+\dfrac{8}{3}$　(2) $\dfrac{13}{3}$，$Q\left(\dfrac{13}{4},\ \dfrac{15}{4}\right)$

（解説）(2) $\triangle POQ=\dfrac{1}{2}\times(台形\ ABCD)-(台形\ ABOP)$

$=\dfrac{1}{2}\times\dfrac{1}{2}\times(2+4)\times\{4-(-2)\}-\dfrac{1}{2}\times\left(2+\dfrac{8}{3}\right)\times2=\dfrac{13}{3}$

点 Q の x 座標を q とすると，$\dfrac{1}{2}\times\dfrac{8}{3}\times q=\dfrac{13}{3}$　　よって，$q=\dfrac{13}{4}$

p.83 **61.** （答）(1) $a=2$　(2) $y=-x+9$　(3) $\left(\dfrac{1}{3},\ \dfrac{26}{3}\right)$，$\left(\dfrac{17}{3},\ \dfrac{10}{3}\right)$

（解説）(3) 右の図で，点 C を通り直線 ℓ に平行な直線の式は，$y=2x+4$

$\triangle OAC$ と辺 OA を共通な底辺としてもつ $\triangle OAP$ の頂点 P は，高さが 2 倍になるような平行線①上または②上にある。

図より，①は $y=2x+8$，②は $y=2x-8$ となる。

①，②と直線 m との交点の座標をそれぞれ求める。

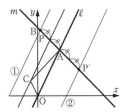

62. 答 $\mathrm{P}\left(\dfrac{67}{5},\ \dfrac{8}{5}\right)$

(解説) △OCP＝（四角形 OABC）であるから，
△OCB＋△OBP＝△OCB＋△OBA より，
△OBP＝△OBA　　よって，AP∥OB

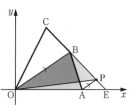

したがって，直線 OB の傾きは $\dfrac{2}{3}$ であるから，

直線 AP の式は，$y=\dfrac{2}{3}x-\dfrac{22}{3}$ ……①

直線 BC の式は，$y=-x+15$ ……②　　①，②を連立させて解く。

63. 答 (1) $\left(-3,\ \dfrac{21}{2}\right),\ \left(-3,\ \dfrac{1}{2}\right)$ (2) $y=-\dfrac{17}{39}x+4$

(解説) (1)(i) 点 D が直線 AC について点 B と同じ
側にある場合，△ADC＝△ABC より，BD∥AC

直線 AC の傾きは $-\dfrac{1}{2}$ であるから，直線 BD の

式は，$y=-\dfrac{1}{2}x+9$

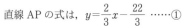
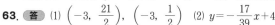

これと直線 $x=-3$ との交点が求める点 D である。

(ii) 点 D が直線 AC について点 B と反対側にある
場合の求める点を D′ とする。直線 BD と y 軸と
の交点を E とすると，E(0, 9)

E′C＝EC となる点 E′ を，点 C について点 E と反対側の y 軸上にとると，
△AE′C＝△AEC＝△ABC　　E′(0，−1) より，直線 E′D′ の式は，

$y=-\dfrac{1}{2}x-1$

これと直線 $x=-3$ との交点が求める点 D′ である。

(2) 直線 BD と x 軸との交点 F は，F(18, 0)　　△OFC＝（四角形 OABC）

辺 OF の中点 M は，M(9, 0)　　$\triangle \mathrm{OMC}=\dfrac{1}{2}\triangle \mathrm{OFC}=\dfrac{1}{2}\times$（四角形 OABC）

点 M を通り，直線 AC に平行な直線の式は，$y=-\dfrac{1}{2}x+\dfrac{9}{2}$ ……①

直線 AB の式は，$y=-3x+24$ ……②　　①，②の交点 G は，$\mathrm{G}\left(\dfrac{39}{5},\ \dfrac{3}{5}\right)$

（四角形 OAGC）＝$\triangle \mathrm{OMC}=\dfrac{1}{2}\times$（四角形 OABC）より，求める直線は CG である。

64. 答 (1) $y=\dfrac{2}{3}x+4$ (2) $\mathrm{C}\left(\dfrac{3}{2},\ 5\right)$ (3) $\left(\dfrac{8}{3},\ 0\right),\ \left(\dfrac{1}{2},\ \dfrac{13}{3}\right)$

(解説) (1) $y-3=\dfrac{2}{3}\left\{x-\left(-\dfrac{3}{2}\right)\right\}$　　ゆえに，$y=\dfrac{2}{3}x+4$

(2) 直線 ℓ は 2 点 A(4, 0)，(0, 8) を通るから，$\dfrac{x}{4}+\dfrac{y}{8}=1$

この式と(1)より，$\mathrm{C}\left(\dfrac{3}{2},\ 5\right)$

(3) 直線 m と x 軸との交点をDとすると，D$(-6,\ 0)$ となるから，

（四角形 OACB）$=\triangle\mathrm{DAC}-\triangle\mathrm{DOB}=\dfrac{1}{2}\times\{4-(-6)\}\times 5-\dfrac{1}{2}\times 6\times 3=16$

よって，$\triangle\mathrm{OPB}=\dfrac{1}{4}\times 16=4$ となる点Pを求める。

辺 OA 上の点Pに対して，$\triangle\mathrm{OPB}=\dfrac{1}{2}\times\mathrm{OP}\times 3=\dfrac{3}{2}\mathrm{OP}$

$\dfrac{3}{2}\mathrm{OP}=4$ より，$\mathrm{OP}=\dfrac{8}{3}$　　ゆえに，$\mathrm{P}\left(\dfrac{8}{3},\ 0\right)$

また，点Pを通り辺 OB に平行な直線は，$y=-2x+\dfrac{16}{3}$

これと直線 m との交点を P′ とすると，$\triangle\mathrm{OP'B}=\triangle\mathrm{OPB}$

$\begin{cases} y=-2x+\dfrac{16}{3} \\ y=\dfrac{2}{3}x+4 \end{cases}$　　これを解いて，$\begin{cases} x=\dfrac{1}{2} \\ y=\dfrac{13}{3} \end{cases}$　　ゆえに，P′$\left(\dfrac{1}{2},\ \dfrac{13}{3}\right)$

p.85　**65.** (答) (1) （円）

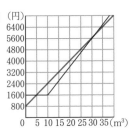

(2) $5\,\mathrm{m}^3$ より多く $30\,\mathrm{m}^3$ より少ない

(解説) (1) 水の量を $x\,\mathrm{m}^3$，料金を y 円とすると，$y=160x+800$
(2) $0\leqq x\leqq 10$ のとき，$160x+800=1600$ より $x=5$
$10<x$ のとき，B市については，$y=1600+200(x-10)$ より $y=200x-400$
A市の式とB市の式を連立させて，$160x+800=200x-400$　　$x=30$
A市の料金がB市の料金より高額になるのは，グラフより $5<x<30$ のとき

66. (答) (1) $y=4x,\ 0\leqq x\leqq 3$

(2) $0.5\leqq x\leqq 2$ のとき $y=8x-4$，$2\leqq x\leqq 3.5$ のとき $y=-8x+28$

(3) $\dfrac{7}{3}$ 時間，$\dfrac{28}{3}\,\mathrm{km}$

(解説) (2) それぞれ傾き 8，-8 で，点 $(2,\ 12)$ を通る直線である。

(3) $\begin{cases} y=4x \\ y=-8x+28 \end{cases}$ を解く。

p.87　**67.** (答) (1)(i) $0\leqq x\leqq 2$ のとき $y=x+2$
(ii) $2\leqq x\leqq 6$ のとき $y=-x+6$
(2) 右の図　(3) $1\leqq x\leqq 3$

(解説) (1)(i) $0\leqq x\leqq 2$ のとき，
$\triangle\mathrm{MPC}=$（台形 ABCM）$-\triangle\mathrm{APM}-\triangle\mathrm{PBC}$ より，

$y=\dfrac{1}{2}\times(4+2)\times 2-\dfrac{1}{2}\times 2\times x-\dfrac{1}{2}\times 4\times(2-x)=x+2$

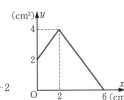

(ii) $2 \leq x \leq 6$ のとき，PC$=(2+4)-x=6-x$ であるから，

$$y = \frac{1}{2} \times (6-x) \times 2 = -x+6$$

(3) (2)のグラフに $y=3$ の直線をかきこんで x の値の範囲を求める。

p.88 **68.** **答** (1)(i) $y = \frac{3}{2}x+3$ (ii) $y = -x+13$ (2) 右下の図 (3) $x = \frac{8}{3}$, 6

解説 (1)(i) $0 \leq x \leq 4$ のとき，点 P は辺 AB 上にあり，四角形 APMD は台形である。ただし，$x=0$ のときは △AMD である。

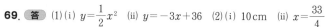

AP$=x$cm であるから，$y = \frac{1}{2} \times (x+2) \times 3 = \frac{3}{2}x+3$

(ii) $4 \leq x < 7$ のとき，点 P は辺 BC 上にあり，
PC$=(4+3)-x=7-x$ (cm) である。
よって，$4 \leq x \leq 7$ のとき，
(四角形 APMD)$=$(台形 APCD)$-$△PCM より，

$$y = \frac{1}{2} \times \{3+(7-x)\} \times 4 - \frac{1}{2} \times 2 \times (7-x) = 13-x$$

69. **答** (1)(i) $y = \frac{1}{2}x^2$ (ii) $y = -3x+36$ (2)(i) 10 cm (ii) $x = \frac{33}{4}$

解説 (1)(ii) AQ$=6$cm，AP$=(12-x)$cm より，$y = \frac{1}{2} \times 6 \times (12-x)$

(2)(i) $x=0$ のとき，グラフより △PBC の面積は 30 cm^2 であるから，

$$\frac{1}{2} \times 6 \times BC = 30$$

(ii) $6 \leq x \leq 12$ のときのグラフの式は，$y = 5x-30$
(1)の(ii)の式と連立させて，$5x-30 = -3x+36$

70. **答** (1) $k=6$, 8 個 (2) $k=30$ (3) $k=60$

解説 (1) 直線 $y=x$, $y = -\frac{1}{2}x+k$ より，A$\left(\frac{2}{3}k, \frac{2}{3}k\right)$

直線 $y = \frac{1}{2}x$, $y = -\frac{1}{2}x+k$ より，B$\left(k, \frac{1}{2}k\right)$

したがって，点 A，B の x 座標，y 座標がともに整数になるのは，k の値が 6 の倍数のときである。
よって，k の最小値は，$k=6$
このとき，A$(4, 4)$，B$(6, 3)$
ゆえに，求める点の個数は，辺 OA 上に 5 個，辺 OB 上に 4 個，辺 AB 上に 2 個あり，原点 O$(0, 0)$，A$(4, 4)$，B$(6, 3)$ が重なっているから，$5+4+2-3$
(2) 辺 AB 上の格子点（こうしてん）の個数は，k の値により，右の表のようになる。
格子点とは，座標平面上の点で，x 座標，y 座標がともに整数となる点をいう。

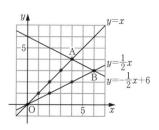

k の値	6	12	18	24	30
格子点の個数	2	3	4	5	6

(3) △OAB の周上の格子点の個数は，辺 OA 上に $\left(\dfrac{2}{3}k+1\right)$ 個，辺 OB 上に

$\left(\dfrac{1}{2}k+1\right)$ 個，辺 AB 上に $\left(\dfrac{1}{6}k+1\right)$ 個あるから，△OAB の周上では，

$\left(\dfrac{2}{3}k+1\right)+\left(\dfrac{1}{2}k+1\right)+\left(\dfrac{1}{6}k+1\right)-3=\dfrac{4}{3}k$ （個）　　よって，$\dfrac{4}{3}k=80$

4章の問題

p.89 **1** **答** (1) $y=3x+2$　(2) $y=-2x+4$　(3) $y=4$　(4) $x=-5$　(5) $y=-x+3$

(6) $\dfrac{x}{4}-\dfrac{y}{5}=1$ または $5x-4y=20$　(7) $y=-\dfrac{1}{3}x+\dfrac{2}{3}$　(8) $y=\dfrac{2}{3}x+\dfrac{1}{3}$　(9) $y=3$

2 **答** (1) (オ)　(2) (ク)　(3) (ウ)　(4) (ア)

3 **答** (1) $y=\dfrac{3}{2}x-\dfrac{9}{2}$　(2) $x=-2$, 7, 10

(3) $x=2$, 7

解説 (1) 右の図

(2) 右下の図で，直線 AB，BC の式はそれぞ

れ $y=\dfrac{3}{2}x$, $y=-3x+18$

これらと $y=-3$ をそれぞれ連立させて解く。

また，点 D の y 座標は -3

(3) (1)で求めた直線と直線 BC との交点の x

座標を求めると，$x=5$

これが $x+3$ の値である。

また，(2)の結果より，点 D の x 座標 10 が

$x+3$ の値である。

別解 (3) 右下の図で，線分 AB，BC 上にそ

れぞれ点 P，Q を，PQ∥x 軸 となるように

とる。点 P，Q の y 座標を k とすると，

$\dfrac{3}{2}x=k$ より $x=\dfrac{2}{3}k$ であるから，

$P\left(\dfrac{2}{3}k,\ k\right)$

また，$-3x+18=k$ より $x=\dfrac{-k+18}{3}$ であ

るから，$Q\left(\dfrac{-k+18}{3},\ k\right)$

$PQ=3$ より，$\dfrac{-k+18}{3}-\dfrac{2}{3}k=3$　　$k=3$

このとき，$x=\dfrac{2}{3}\times 3=2$

つぎに，線分 BC，CD 上にそれぞれ点 R，S を，RS∥x 軸 となるようにとると，

(2)の結果より，RS=3 となる x の値は，$x=7$

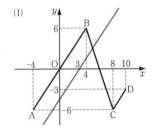

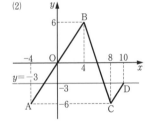

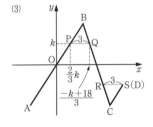

p.90 **4** **答** (1) 4分後 (2) 4分40秒後

(解説) (1) t 分後に P$(2t, 0)$, Q$(6-t, 6)$ となる。
台形 QPAB が平行四辺形になるのは AP＝BQ のときであるから，$12-2t=t$

(2) 直線 ℓ の式は，$y=\dfrac{2}{2-t}(x-2t)$

D$(8, 1)$ を通るから，$1=\dfrac{2}{2-t}(8-2t)$ すなわち，$2-t=2(8-2t)$

5 **答** (1) 直線 OP の式 $y=2x$，直線 PQ の式 $y=-\dfrac{4}{3}x+\dfrac{20}{3}$

(2) C$\left(\dfrac{10-3a}{2}, 2a\right)$ (3) $a=\dfrac{10}{9}$ (4) $b=-4$，$c=10$

(解説) (2) D$(a, 2a)$ となるから，$y=-\dfrac{4}{3}x+\dfrac{20}{3}$ に $y=2a$ を代入する。

(3) AD＝$2a$，CD＝$\dfrac{10-3a}{2}-a=\dfrac{10-5a}{2}$ より，正方形になるのは

$2a=\dfrac{10-5a}{2}$ のときである。

(4) M(x, y) は AC の中点であるから，$x=\left(a+\dfrac{10-3a}{2}\right)\times\dfrac{1}{2}$，$y=\dfrac{2a}{2}$ より，

$x=\dfrac{10-a}{4}$，$y=a$

この2式より a を消去すると，$4x=10-y$

6 **答** (1) A$\left(\dfrac{14}{3}, 0\right)$ (2) B$(0, 5)$，C$\left(\dfrac{10}{3}, 0\right)$

(解説) (1) 点 Q と x 軸について対称な点を Q′ とすると，Q′$(6, -4)$ である。直線 PQ′ と x 軸との交点が A である。
(2) 点 P と y 軸について対称な点を P′ とすると，P′$(-2, 8)$ である。直線 P′Q′ と y 軸，x 軸との交点がそれぞれ B，C である。

p.91 **7** **答** (1) $y=-\dfrac{4}{3}x+\dfrac{32}{3}$ (2) $0\leqq k\leqq9$ (3) $k=\dfrac{11}{2}$

(解説) (2) k の最小値は直線 ℓ が原点 O を通るとき，また k の最大値は ℓ が B$(5, 4)$ を通るときである。

(3) (台形 OABC)＝$\dfrac{1}{2}\times\{(5-1)+8\}\times4=24$

直線 ℓ が点 C を通るとき，ℓ と x 軸との交点を D とすると，ℓ は $y=-x+5$ となるから，

D$(5, 0)$ より，△OCD＝$\dfrac{1}{2}\times5\times4=10$

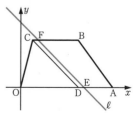

△OCD＜$\dfrac{1}{2}\times$(台形 OABC) であるから，直線 ℓ が台形 OABC の面積を2等分するとき，ℓ と辺 OA，CB との交点を E，F とすると，

□CDEF＝$\dfrac{1}{2}\times24-10=2$ となればよい。

E$(k, 0)$ とすると，$(k-5)\times4=2$

⑧ **答** (1) $D\left(-\dfrac{11}{4},\ 0\right)$　(2) $y=\dfrac{64}{27}x-\dfrac{56}{9}$

解説 (2) $CD /\!/ OB$ より，$\triangle OBD = \triangle OBC$

よって，$(四角形\,OABC)=\triangle BDA$

線分 DA の中点を M とすると，$M\left(\dfrac{21}{8},\ 0\right)$

2 点 B，M を通る直線の式を求めればよい。

その傾きは，$\dfrac{8-0}{6-\dfrac{21}{8}}=\dfrac{64}{27}$　　ゆえに，$y-8=\dfrac{64}{27}(x-6)$

⑨ **答** (1) $y=10x-20$　(2) -10

解説 (1) 求める直線と直線 AB との交点 E の y 座標を e とすると，

$\triangle ECA=\dfrac{1}{2}\triangle OAB$ より，$\dfrac{1}{2}\times(5-2)\times e=\dfrac{1}{2}\times\left(\dfrac{1}{2}\times5\times6\right)$

これを解いて，$e=5$

直線 AB の式は $y=-2x+10$ であるから，$E\left(\dfrac{5}{2},\ 5\right)$

(2) $\triangle QAD=(四角形\,BOAD)$ のとき，
$\triangle QAD=\triangle QOD+\triangle OAD$,
$(四角形\,BOAD)=\triangle BOD+\triangle OAD$
よって，$\triangle QOD=\triangle BOD$
ゆえに，$QB /\!/ OD$

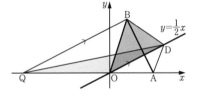

直線 QB の式は，$y-6=\dfrac{1}{2}(x-2)$ より

$y=\dfrac{1}{2}x+5$

⑩ **答** (1) $d=4$　(2) $h=\dfrac{2}{5}x+1$　(3) $h=\dfrac{2}{5}x+\dfrac{1}{5}y+1$

(4) $(1,\ 3)$, $(2,\ 1)$, $(3,\ 4)$, $(4,\ 2)$

解説 (1) 板は 4 本のくいの先端を頂点とする四角形であるから，点 O，A，B，C に立てたくいの高さの関係は，
$(A のくいの高さ)-(O のくいの高さ)=(B のくいの高さ)-(C のくいの高さ)$
よって，$3-1=d-2$

(2) $x=0$ のとき $h=1$，$x=5$ のとき $h=3$ であるから，

x の値が 1 だけ増加すると h の値は $\dfrac{2}{5}$ だけ増加する。

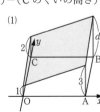

(1)

ゆえに，$h=\dfrac{2}{5}x+1$

(3) 点 $(x,\ 0)$ のとき $h=\dfrac{2}{5}x+1$，点 $(x,\ 5)$ のとき

$h=\dfrac{2}{5}x+2$ であるから，y の値が 1 だけ増加すると h の値は $\dfrac{1}{5}$ だけ増加する。

よって，点 $(x,\ y)$ において，$h=\left(\dfrac{2}{5}x+1\right)+\dfrac{1}{5}y$

(4) $\dfrac{2}{5}x+\dfrac{1}{5}y=\dfrac{2x+y}{5}$ より，$2x+y$ が5の倍数になればよい。

$0<x<5$, $0<y<5$ であるから，$0<2x+y<15$

$2x+y=5$ のとき，求める点 $(x,\ y)$ は，$(1,\ 3)$，$(2,\ 1)$

$2x+y=10$ のとき，求める点 $(x,\ y)$ は，$(3,\ 4)$，$(4,\ 2)$

(4)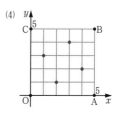

5章　図形の性質の調べ方

p.93
1. 答 $x=70$

2. 答 $x=58$, $y=58$, $z=122$

3. 答 (1) a と c （理由）錯角が $78°$ で等しい。
m と n （理由）同側内角の和が $78°+102°=180°$ である。
(2) $x=81$, $y=110$

4. 答 $\angle AOC=\angle COD-\angle AOD=180°-\angle AOD$
$\angle BOD=\angle AOB-\angle AOD=180°-\angle AOD$
ゆえに，$\angle AOC=\angle BOD$
参考 $\angle AOD$ の代わりに $\angle COB$ を利用してもよい。

p.94
5. 答 (1) $x=68$　(2) $x=23$　(3) $x=39$　(4) $x=76$　(5) $x=44$　(6) $x=134$
解説 (1) AB∥XF とする。
$\angle FGD=\angle EFG-\angle EFX=90°-22°$
(2) $\angle CGE+\angle EGF+\angle FGD=180°$ より，$107+x+50=180$
(3) AB∥EX とする。
$\angle XEF=180°-149°=31°$ より，$31+x=70$
(4) AB∥FX∥HY とする。
AB∥FX より，$\angle EFX=48°$　　よって，$\angle GFX=120°-48°=72°$
CD∥HY より，$\angle IHY=32°$　　FX∥HY より，$72+x+32=180$
(5) AB∥XF∥GY とする。
AB∥XF より，$\angle EFX=26°$
GY∥CD より，$\angle YGH=24°$　　よって，$\angle FGY=42°-24°=18°$
ゆえに，$\angle XFG=18°$ より，$x°=\angle EFX+\angle XFG$
(6) AB∥XF∥YG とする。
AB∥XF より，$\angle XFE=36°$　　YG∥CD より，$\angle YGH=180°-152°=28°$
ゆえに，$\angle YGF=110°-28°=82°$ より，$\angle XFG=180°-82°=98°$
$x°=\angle XFE+\angle XFG$

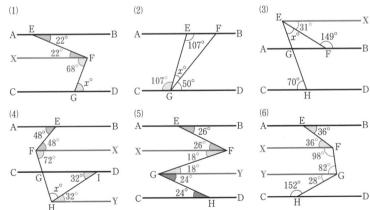

6. (答) $b-a=17$, $c+d=244$

(解説) 右の図のように，点 P，Q，R，S を通る直線 AB（または CD）の平行線をそれぞれひく。

$b-47=a-30$　　$(c-35)+(d-29)=180$

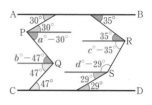
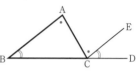

p.95 **7.** (答) $\angle$GFE$=72°$，$\angle$FED$'=108°$

(解説) $\angle$GFE$=\angle$EFC$=(180°-36°)\div2$

C$'$F // D$'$E より，$\angle$FED$'=180°-\angle$GFE

8. (答) BA // CE より，$\angle$A$=\angle$ACE（錯角）

$\angle$B$=\angle$ECD（同位角）

ゆえに，$\triangle$ABC で，$\angle$A$+\angle$B$+\angle$C

$=\angle$ACE$+\angle$ECD$+\angle$ACB$=\angle$BCD$=180°$

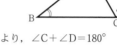

p.96 **9.** (答) AB // DC より，　$\angle$A$+\angle$D$=180°$（同側内角）　$\angle$A$=\angle$C より，$\angle$C$+\angle$D$=180°$

ゆえに，同側内角の和が $180°$ であるから，AD // BC

10. (答) AB // CD より，$\angle$ABD$=180°-\angle$BDC$=180°-115°=65°$（同側内角）

ゆえに，$\angle$ABF$=65°-31°=34°$

よって，$\angle$ABF$+\angle$BFE$=34°+146°=180°$

ゆえに，同側内角の和が $180°$ であるから，AB // EF

11. (答) 点 Q を通る直線 AB の平行線 QX をひく。

AB // QX より，$\angle$PQX$=\angle$APQ$=x°$（錯角）

よって，$\angle$XQR$=\angle$PQR$-\angle$PQX$=a°-x°$

$a=x+y$ より，$y=a-x$ であるから，$\angle$XQR$=y$

よって，$\angle$XQR$=\angle$QRC

ゆえに，錯角が等しいから，QX // CD

AB // QX より，AB // CD

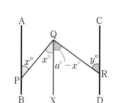

12. (答) (1) BC // DE より，$\angle$BCD$=\angle$CDE（錯角）

また，$\angle$ABC$=\angle$CDE より，$\angle$ABC$=\angle$BCD

ゆえに，錯角が等しいから，AB // CD

(2) AE // FC より，$\angle$EAC$=\angle$FCA（錯角）　　また，$\angle$EAB$=\angle$FCD

$\angle$BAC$=\angle$EAC$-\angle$EAB，$\angle$DCA$=\angle$FCA$-\angle$FCD

よって，$\angle$BAC$=\angle$DCA　　ゆえに，錯角が等しいから，AB // CD

13. (答) AB // CD より，$\angle$AEF$=\angle$EFD（錯角）

EP，FQ はそれぞれ $\angle$AEF，$\angle$EFD の二等分線であるから，

$\angle$PEF$=\dfrac{1}{2}\angle$AEF，$\angle$EFQ$=\dfrac{1}{2}\angle$EFD

よって，$\angle$PEF$=\angle$EFQ　　ゆえに，錯角が等しいから，EP // QF

p.97 **14.** (答) (1) $45°$　(2) $80°$　(3) $140°$

(解説) (1) $\angle$A$=115°-70°$

(2) 四角形の内角の和は $360°$ で，$\angle$CDA$=180°-100°=80°$ より，

$\angle$A$=360°-90°-110°-80°$

(3) $\angle$A の外角は，$360°-90°-30°-80°-90°-30°=40°$

15. (答) $\angle$A$=30°$，$\angle$B$=60°$，$\angle$C$=90°$

(解説) $\angle$A$=180°\times\dfrac{1}{1+2+3}$

p.98 **16.** 答 (1) 内角 108°, 外角 72° (2) 内角 135°, 外角 45° (3) 内角 150°, 外角 30°

解説 正 n 角形の 1 つの外角は $\dfrac{360°}{n}$ であるから, 1 つの内角は, $180°-\dfrac{360°}{n}$

である。

17. 答 (ア) $n-3$ (イ) n (ウ) $n(n-3)$ (エ) 2 (オ) $\dfrac{1}{2}n(n-3)$

18. 答 (1) 9 (2) 35

解説 $\dfrac{1}{2}n(n-3)$ に $n=6$, $n=10$ をそれぞれ代入する。

p.99 **19.** 答 点 A から点 D を通る半直線 AE をひく。
△ABD で, ∠BAD+∠ABD=∠BDE
△ADC で, ∠CAD+∠ACD=∠CDE
ゆえに, $x°=∠BDE+∠CDE=∠BAD+∠CAD+∠ABD+∠ACD$
$=∠A+∠B+∠C$
注 例題 3（→本文 p.98）でもこの方法を利用して,
∠BCD=60°+35°+50°=145° と求めてもよい。

20. 答 (1) $x=40$ (2) $x=260$ (3) $x=28$ (4) $x=109$ (5) $x=148$ (6) $x=97$

解説 (1) 演習問題 19 より, $139=70+29+x$
(2) 演習問題 19 より, $x=78+94+88$
(3) △AOD で, ∠AOB=33°+42°=75°
△OBC で, ∠AOB=$x°+47°$
(4) 図 1 のように, 線分 CD の延長と線分 AE との交点
を F とする。
四角形 ABCF で,
∠AFC=360°−90°−110°−48°=112°
よって, ∠EFD=180°−112°=68°
ゆえに, $x=41+68$
(5) 点 F と D を結ぶ。
AF∥CD より, ∠AFD+∠CDF=180°
五角形 ABCDF で, $x=540−112−100−180$
(6) ∠BOE=∠DOC   AE∥CD より, ∠AEO=∠DCO
四角形 ABOE で, ∠BOE+∠AEO=∠DOC+∠DCO=180°−27°=153° である
から, $x+110+153=360$
参考 (2) 四角形の内角の和は 360° であるから, $78+94+(360−x)+88=360$ と
してもよい。
(5) 図 2 のように, AF∥BX として,
∠BAF+∠ABX=∠CBX+∠BCD=180°
より, $(180−x)+80=112$ と求めてもよい。

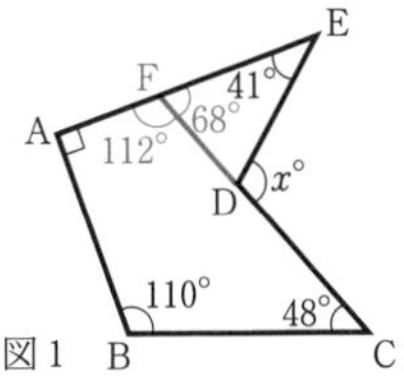

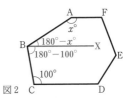

図 1

図 2

21. **答** (1) 正九角形 (2) 正二十角形 (3) 正十六角形 (4) 135

解説 (1) 1つの外角が40°より，360÷40

(2) 360÷18

(3)（内角）：（外角）＝7：1 より，外角は，$180° \times \dfrac{1}{7+1} = 22.5°$

ゆえに，360÷22.5

(4) 内角は160°，外角は20°となる。

よって，360÷20＝18 より，この正多角形は正十八角形である。

ゆえに，$\dfrac{1}{2} \times 18 \times (18-3)$

p.100 **22.** **答** (1) $x=98$ (2) $x=125$ (3) $x=54$

解説 (1) 線分 PQ の延長と直線 CD との交点を S とする。

AB∥CD より，∠QSR＝∠BPQ＝48° ゆえに，△QRS で，$x=48+50$

(2) 線分 PQ の延長と直線 CD との交点を T，線分 QR の延長と CD との交点を U とする。 AB∥CD より，∠PTS＝∠APQ＝40°

△QTU で，∠RUS＝40°＋(180°−113°)＝107°

ゆえに，△RUS で，$x=107+18$

(3) 直線 QR と直線 AB，CD との交点をそれぞれ T，U とする。

AB∥CD より，∠ATQ＝∠RUD

△PTR で，∠ATQ＝66°＋65°＝131° △QSU で，∠RUD＝$x°+77°$

ゆえに，$131=x+77$

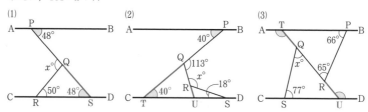

(1) (2) (3)

23. **答** △ABC で，∠DAC＝∠ABC＋∠ACB

また，∠ABC＝∠ACB より，∠ABC＝$\dfrac{1}{2}$∠DAC

∠DAE＝$\dfrac{1}{2}$∠DAC であるから，∠ABC＝∠DAE

ゆえに，同位角が等しいから，AE∥BC

p.101 **24.** **答** (1) $x=76$ (2) $x=82$ (3) $x=142$ (4) $x=27$

解説 (1) △IBC で，∠IBC＋∠ICB＝180°−128°＝52° より，

∠ABC＋∠ACB＝52°×2＝104° ゆえに，$x=180-104$

(2) 五角形 ABCDE で，∠CDE＋∠DEA＝540°−121°−110°−113°＝196° より，

∠FDE＋∠FED＝196°÷2＝98° ゆえに，$x=180-98$

(3) △ABC で，∠ABC＋∠ACB＝180°−66°＝114° より，

∠EBC＋∠ECB＝114°÷3＝38° ゆえに，$x=180-38$

(4) ∠ABD＝∠CBD＝$y°$，∠ACD＝∠ECD＝$z°$ とする。

△ABC で，∠ACE＝∠A＋∠ABC より，$2z=54+2y$ よって，$z-y=27$

△DBC で，$x°=$∠DCE−∠DBC＝$z°-y°$

25. 〈答〉 $p=2q$

〈解説〉 AB∥CD より， $q°=∠QEA+∠QFC$， $p°=∠PEA+∠PFC$

26. 〈答〉 $60°$

〈解説〉 $∠CEB=x°$ とすると， $∠D=3x°$

$∠ABE=∠FBE=y°$ とすると，△EBC で， $∠DCE=∠BCE=y°-x°$

ゆえに，四角形 ABCD で， $160+(180-2y)+2(y-x)+3x=360$ より， $x=20$

〈別解〉 辺 BA の延長と辺 CD の延長との交点を G とする。

$∠CEB=x°$ とすると， $∠D=3x°$

$∠ABE=∠FBE=y°$， $∠DCE=∠BCE=z°$ と

すると，△EBC で， $x+z=y$ より， $y-z=x$

また，△GBC で，

$∠AGD=2y°-2z°=2(y°-z°)=2x°$

ゆえに，△GAD で， $3x=(180-160)+2x$

よって， $x=20$

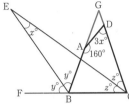

p.102 27. 〈答〉 $x=\dfrac{c-a}{2}$

〈解説〉 右の図で， $∠ABE=∠CBE=y°$，

$∠ADE=∠CDE=z°$ とする。

四角形 BCDE で， $y+c+z+(180-x)=360$

$x=c+y+z-180$ ……①

四角形 ABCD で，

$a+2y+c+2z=360$ より， $y+z=\dfrac{360-a-c}{2}$

これを①に代入する。

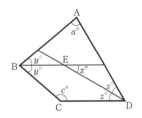

p.103 28. 〈答〉 (1) $180°(2∠R)$　(2) $360°(4∠R)$

(3) $900°(10∠R)$　(4) $1080°(12∠R)$

〈解説〉 (1) 図1の △BDG で， $∠B+∠D=∠AGF$

また，△FCE で， $∠C+∠E=∠AFG$ より，

△AFG の内角の和となる。

(2) 図2で，点 C と F を結ぶ。

$∠CDE+∠FED=∠DCF+∠EFC$ より，四角形

ABCF の内角の和となる。

(3) 図3で，3つの四角形 ABCD，EFGH，IJKL の

内角の総和から，△CHI の内角の和をひく。

(4) 図4で，点 A と F，点 G と J を結ぶ。

六角形 ABCDEF と四角形 GHIJ の内角の和となる。

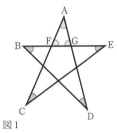

図1

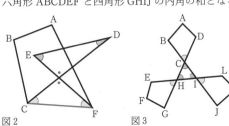

図2　　図3　　図4

29. 答 (1) $n=5$ のとき，多角形の外角の和はつねに
360°であるから，右の図で，●印のついた角の和，お
よび○印のついた角の和は，それぞれ360°である。
これは，他の n の値でも同じである。
ゆえに，印をつけた n 個の角の和は，n 角形の外側にあ
る n 個の三角形の内角の総和から $360° \times 2$ をひいて，
$180° \times n - 360° \times 2 = 180° \times (n-4)$
(2) (i) 900°（10∠R）　(ii) 1260°（14∠R）

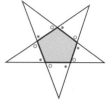

解説 (2) (i)は $n=9$，(ii)は $n=11$ を $180° \times (n-4)$ に代入する。

p.104 **30.** 答 60°

解説 正九角形の1つの外角は，
$360° \div 9 = 40°$
よって，∠GFJ＝∠GHJ＝40°
また，∠FGH＝180°－40°＝140°
演習問題19（→本文p.99）より，
140°＝∠FJH＋40°＋40°

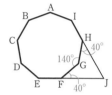

p.105 **31.** 答 五角形の内角の和は，$180° \times (5-2) = 540°$ であるから，
1つの内角は，540°÷5＝108°
よって，∠BAM＝∠MAN＝∠NAE＝36°
ゆえに，∠MAE＝72°　よって，∠MAE＋∠E＝72°＋108°＝180°
ゆえに，同側内角の和が180°であるから，AM∥ED

32. 答 右の図のように，∠A＝∠C＝$a°$，
∠ABM＝∠CBM＝$b°$，∠ADN＝∠CDN＝$c°$ とする。
四角形 ABCD で，$a+2b+a+2c=360$ より，
$a+b+c=180$
また，△ABM で，∠BMD＝$a°+b°$
よって，∠BMD＋∠NDM＝$a°+b°+c°$＝180°
ゆえに，同側内角の和が180°であるから，BM∥ND

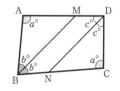

p.106 **33.** 答

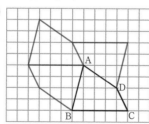

解説 下の図のように，平面をし
きつめることができる。

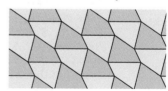

34. 答 (1)

タイルの辺の数	3	4	6	8
1つの内角の大きさ	60°	90°	120°	135°

(2) 正三角形，正方形　(3) 正八角形2枚と正方形1枚
解説 (2) (1)の表で，360 の約数は，60，90，120 である。
ゆえに，平面をしきつめることができるタイルの形は，正三角形と正方形である。

(3) 正 m 角形のタイルを 2 枚, 正 n 角形のタイルを 1 枚使うとする。

$m=3$ のとき, 正 n 角形の 1 つの内角の大きさは $360°-60°×2=240°$ で, 適する n はない。

$m=4$ のとき, 正 n 角形の 1 つの内角の大きさは $360°-90°×2=180°$ で, 適する n はない。

$m=6$ のとき, 正 n 角形の 1 つの内角の大きさは $360°-120°×2=120°$ で, $n=6$ この値は正六角形のタイル 1 種類で平面をしきつめることになるから, 問題に適さない。

$m=8$ のとき, 正 n 角形の 1 つの内角の大きさは $360°-135°×2=90°$ で, $n=4$

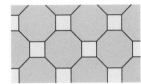

ゆえに, 2 種類のタイルで平面をしきつめることができるのは, 正八角形 2 枚と正方形 1 枚を使ったときだけである。このとき, 右の図のようにしきつめることができる。

p.108 **35.** 答 (1) 1 つの角が直角である三角形

(2) 2 で割ると 1 余る整数

(3) 線分上の点で, 線分の両端から等距離にある点

(4) 平面上で, 1 つの定点から一定の距離にある点の集まり（集合）

36. 答 (1)（仮定）$x=2$, $y=3$

（結論）$2x-y=1$

(2)（仮定）△ABC で, $\angle A=90°$

（結論）$\angle B+\angle C=90°$

(3)（仮定）2 つの整数 a, b が偶数

（結論）ab は 4 の倍数

p.109 **37.** 答 (1)（仮定）ある整数の一の位の数は 5 である。

（結論）その整数は 5 の倍数である。

（逆）5 の倍数である整数の一の位の数は 5 である。

逆は正しくない。

（反例）10 は 5 の倍数であるが, 一の位の数は 0 である。

(2)（仮定）ある 2 つの整数はともに奇数である。

（結論）その 2 つの整数の和は偶数である。

（逆）和が偶数となる 2 つの整数はともに奇数である。

逆は正しくない。

（反例）$8=2+6$

(3)（仮定）ある三角形は正三角形である。

（結論）その三角形は二等辺三角形である。

（逆）二等辺三角形は正三角形である。

逆は正しくない。

（反例）3 つの内角の大きさが $70°$, $70°$, $40°$ の二等辺三角形

(4)（仮定）2 つの三角形があって, その面積は等しい。

（結論）それらの 2 つの三角形は合同である。

（逆）合同である 2 つの三角形の面積は等しい。

逆は正しい。

38. 答 (1) $a=-2$, $b=-3$ のとき, $ab=6$ である。

(2) $a=1$, $b=2$, $c=0$ のとき, $ac=bc$ である。

(3) ひし形は 4 つの辺が等しいが, 正方形ではない。

p.110 **39.** 答 (仮定) O は線分 AB 上の点で, OP, OQ はそれぞれ ∠AOC, ∠BOC の二等分線である。

(結論) ∠POQ=90°

(証明) ∠POC=$\dfrac{1}{2}$∠AOC, ∠QOC=$\dfrac{1}{2}$∠BOC (ともに仮定)

O は線分 AB 上の点であるから, ∠AOC+∠BOC=180°

よって, ∠POQ=∠POC+∠QOC=$\dfrac{1}{2}$(∠AOC+∠BOC)=$\dfrac{1}{2}$×180°=90°

ゆえに, ∠POQ=90°

40. 答 (仮定) 右の図で, ∠APE=∠BRH

(結論) ∠CQF=∠DSG

(証明) ∠APE=∠RPQ (対頂角)

∠APE=∠BRH (仮定) より, ∠RPQ=∠BRH

同位角が等しいから, EF∥GH

よって, ∠DSG=∠SQP (同位角)

また, ∠CQF=∠SQP (対頂角)

ゆえに, ∠CQF=∠DSG

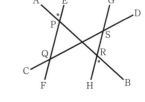

41. 答 (仮定) △ABC で, AD は ∠A の二等分線である。

(結論) ∠ADC−∠ADB=∠B−∠C

(証明) △ADB と △ADC において, ∠BAD=∠CAD=$\dfrac{1}{2}$∠BAC (仮定)

∠ADC=∠BAD+∠B=$\dfrac{1}{2}$∠BAC+∠B

∠ADB=∠CAD+∠C=$\dfrac{1}{2}$∠BAC+∠C

よって, ∠ADC−∠ADB=$\left(\dfrac{1}{2}∠BAC+∠B\right)-\left(\dfrac{1}{2}∠BAC+∠C\right)$=∠B−∠C

ゆえに, ∠ADC−∠ADB=∠B−∠C

42. 答 (1) (仮定) △ABC で, BI, CI はそれぞれ ∠B, ∠C の二等分線である。

(結論) ∠BIC=90°+$\dfrac{1}{2}$∠A

(証明) ∠ABI=∠CBI=$b°$, ∠ACI=∠BCI=$c°$ とする。

△ABC で, ∠A+2$b°$+2$c°$=180° より,

$b°+c°=\dfrac{1}{2}(180°-∠A)=90°-\dfrac{1}{2}∠A$

△IBC で, ∠BIC=180°−($b°+c°$)=180°−$\left(90°-\dfrac{1}{2}∠A\right)$=90°+$\dfrac{1}{2}$∠A

ゆえに, ∠BIC=90°+$\dfrac{1}{2}$∠A

(2)（仮定）右の図で，BO，CO はそれぞれ ∠DBC，∠ECB の二等分線である。

（結論）∠BOC＝$90°-\dfrac{1}{2}$∠A

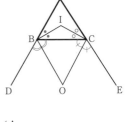

（証明）∠CBO＝∠DBO＝$d°$，∠BCO＝∠ECO＝$e°$とする。

△ABC で，∠A＋∠C＝$2d°$，∠A＋∠B＝$2e°$

よって，2∠A＋∠B＋∠C＝$2d°+2e°$

∠A＋∠B＋∠C＝$180°$ より，

∠A＋$180°$＝$2d°+2e°$ であるから，$d°+e°=90°+\dfrac{1}{2}$∠A

よって，∠BOC＝$180°-(d°+e°)=180°-\left(90°+\dfrac{1}{2}∠A\right)=90°-\dfrac{1}{2}$∠A

ゆえに，∠BOC＝$90°-\dfrac{1}{2}$∠A

別解 (2)（仮定）右上の図で，BI，CI はそれぞれ ∠ABC，∠ACB の二等分線であり，BO，CO はそれぞれ ∠DBC，∠ECB の二等分線である。

（結論）∠BOC＝$90°-\dfrac{1}{2}$∠A

（証明）∠ABI＝∠CBI＝$b°$，∠ACI＝∠BCI＝$c°$，∠CBO＝∠DBO＝$d°$，∠BCO＝∠ECO＝$e°$ とする。

∠ABC＋∠DBC＝$180°$ より，$2b+2d=180$　　よって，$b+d=90$

ゆえに，∠IBO＝$90°$ ……①

また，∠ACB＋∠ECB＝$180°$ より，$2c+2e=180$

よって，$c+e=90$　　ゆえに，∠ICO＝$90°$ ……②

(1)より，∠BIC＝$90°+\dfrac{1}{2}$∠A ……③

四角形 IBOC で，①，②，③より，

∠BOC＝$360°-$∠BIC$-$∠IBO$-$∠ICO＝$360°-\left(90°+\dfrac{1}{2}∠A\right)-90°-90°$

＝$90°-\dfrac{1}{2}$∠A

5章の問題

p.111 **1** **答** (1) $x=105$ (2) $x=49$ (3) $x=53,\ y=19$

解説 (1) $\ell\,/\!/\,m$ より，∠DEA＝$50°$

△CDE で，$x=55+50$

(2) ∠CEF＝∠AEB＝$106°-x°$

△CEF で，∠EFD＝$(106°-x°)+18°$

(3) 正五角形の1つの内角は$108°$であるから，

∠EAB＝∠ABC＝$108°$

右の図で，$\ell\,/\!/\,$BX とすると，∠XBC＝$55°$

よって，$x=108-55$　　$y=180-108-x$

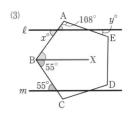

2 答 (1) $x=25$ (2) $x=66$

解説 (1) 図1で，AD∥PX とすると，$60=35+x$

(2) 図2のように，$a°$，$b°$をとる。

正五角形の1つの外角は72°であるから，$a=180-72×2=36$

正六角形の1つの内角は120°より，△DEC で，$b=30$ また，$x=a+b$

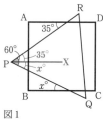

図1

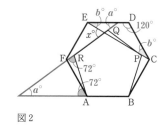

図2

3 答 (1) 360°（4∠R） (2) 720°（8∠R）

解説 (1) 演習問題19（→本文 p.99）より，内側の四角形の内角の和に等しい。

(2) 外側の2つの三角形と2つの四角形の内角の総和から，内側の四角形の内角の和をひく。

4 答 123°

解説 ED∥BC より，∠DEC＝∠ECB

右の図のように，$a°$，$b°$をとる。

△ABC で，$2a+2b+66=180$ よって，$a+b=57$

ゆえに，△EDC で，∠EDC＝$180°-(a°+b°)$

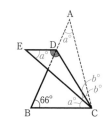

p.112 **5** 答 (1) 正十八角形 (2) 十角形

解説 (1) 1つの外角は，$180°×\dfrac{1}{8+1}=20°$

(2) $180°×(n-2)=1440°$

6 答 図1のように，直線 QR と直線 AB，CD との交点をそれぞれ E，F とする。

AB∥CD より，

∠QEP＋∠SFR＝180°（同側内角）

△EPQ で，∠RQP＝∠EPQ＋∠QEP

△SFR で，∠SRQ＝∠RSF＋∠SFR

よって，$p°+q°$＝∠RQP＋∠SRQ

＝$(a°+∠QEP)+(b°+∠SFR)=a°+b°+180°$

ゆえに，$a+b+180=p+q$

別解 図2で，AB∥XQ∥YR とする。

AB∥XQ より，∠XQP＝∠QPB（錯角）

YR∥CD より，∠SRY＝∠RSD（錯角）

XQ∥YR より，∠RQX＋∠YRQ＝180°（同側内角）

よって，$p°+q°$＝∠RQP＋∠SRQ

＝$(a°+∠RQX)+(b°+∠YRQ)=a°+b°+180°$

ゆえに，$a+b+180=p+q$

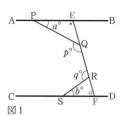

図1

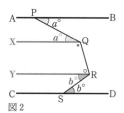

図2

[7] (答) (1) ∠B＝$x°$ とすると，∠A＝$2x°$
△ABC で，∠ACY＝$x°＋2x°＝3x°$
よって，∠ACQ＝∠QCR＝∠RCY＝$x°$
ゆえに，∠ABC＝∠RCY　同位角が等しいから，AB∥RC
(2) 72°
(解説) (2) PB∥AC より，∠PBA＝∠BAC＝$2x°$　ゆえに，∠PBX＝$2x°$
よって，∠ABC＋∠PBA＋∠PBX＝$x°＋2x°＋2x°＝180°$　ゆえに，$x＝36$

[8] (答) ∠A の外角を $ax°$ とすると，∠B，∠C，∠D の外角はそれぞれ $(a＋1)x°$，
$(a＋2)x°$，$(a＋3)x°$ である。
ゆえに，∠A＝$180°－ax°$，∠B＝$180°－(a＋1)x°$，∠C＝$180°－(a＋2)x°$，
∠D＝$180°－(a＋3)x°$
また，外角の和は 360°であるから，$ax＋(a＋1)x＋(a＋2)x＋(a＋3)x＝360$
よって，$(4a＋6)x＝360$　　ゆえに，$(2a＋3)x＝180$
よって，∠A＝$180°－ax°＝(2a＋3)x°－ax°＝(a＋3)x°$
∠B＝$180°－(a＋1)x°＝(2a＋3)x°－(a＋1)x°＝(a＋2)x°$
∠C＝$180°－(a＋2)x°＝(2a＋3)x°－(a＋2)x°＝(a＋1)x°$
∠D＝$180°－(a＋3)x°＝(2a＋3)x°－(a＋3)x°＝ax°$
ゆえに，∠A：∠B：∠C：∠D＝$(a＋3)：(a＋2)：(a＋1)：a$

[9] (答) ∠CAD＝$a°$，∠CBD＝$b°$，∠CED＝$x°$，
∠ACE＝∠BCE＝$y°$，∠ADE＝∠BDE＝$z°$ とする。
また，線分 AD と EC との交点を F，線分 BC と ED
との交点を G とする。
△ACF と △EDF において，$a＋y＝x＋z$ ……①
△ECG と △BDG において，$x＋y＝b＋z$ ……②
①－② より，$a－x＝x－b$　　よって，$x＝\dfrac{a＋b}{2}$

ゆえに，∠CED＝$\dfrac{1}{2}(∠CAD＋∠CBD)$

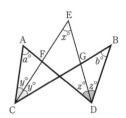

6章　三角形の合同

p.114　**1.** 答 △ABC≡△OMN（2辺夾角），
　　　 △DEF≡△RQP（2角夾辺 または 2角1対辺），△GHI≡△JKL（3辺）

2. 答 $\dfrac{pq}{2}$ cm²

　解説 MC=p，MB=q，∠BMC=90°

3. 答 (1) AC=DF（2辺夾角），∠B=∠E（2辺夾角），∠C=∠F（2角1対辺）
　　　 (2) AC=DF（3辺），∠B=∠E（2辺夾角）

p.115　**4.** 答 △ABC と △DCB において，
　　　 AB=DC，AC=DB（ともに仮定）　　BC=CB（共通）
　　　 よって，△ABC≡△DCB（3辺）
　　　 ゆえに，∠BAC=∠CDB

5. 答 △ABH と △ACH において，
　　　 AH は共通　　AB=AC，∠BAH=∠CAH（ともに仮定）
　　　 ゆえに，△ABH≡△ACH（2辺夾角）　　よって，∠AHB=∠AHC
　　　 ∠AHB+∠AHC=180° であるから，∠AHB=∠AHC=90°
　　　 ゆえに，AH⊥BC

p.116　**6.** 答 △AED と △CFB において，
　　　 AD=CB（仮定）……①
　　　 AD∥BC（仮定）より，∠ADE=∠CBF（錯角）……②
　　　 BE=DF（仮定），ED=BD−BE，FB=BD−DF より，ED=FB ……③
　　　 ①，②，③より，△AED≡△CFB（2辺夾角）

7. 答 (1) △ABD と △A′B′D′ において，
　　　 △ABC≡△A′B′C′（仮定）より，
　　　 AB=A′B′ ……①，∠B=∠B′ ……②，∠A=∠A′
　　　 AD，A′D′ はそれぞれ ∠A，∠A′ の二等分線であるから，
　　　 ∠BAD=$\dfrac{1}{2}$∠A，∠B′A′D′=$\dfrac{1}{2}$∠A′　　よって，∠BAD=∠B′A′D′ ……③
　　　 ①，②，③より，△ABD≡△A′B′D′（2角夾辺）
　　　 ゆえに，AD=A′D′
　　　 (2) △ACH と △A′C′H′ において，
　　　 △ABC≡△A′B′C′（仮定）より，AC=A′C′ ……④，∠A=∠A′ ……⑤
　　　 ∠AHC=∠A′H′C′（=90°）……⑥
　　　 ④，⑤，⑥より，△ACH≡△A′C′H′（2角1対辺）
　　　 ゆえに，CH=C′H′

8. 答 △GBC と △DEC において，
　　　 長方形 ABCD≡長方形 GCEF（仮定）より，BC=EC ……①
　　　 AB=GC，AB=DC（ともに仮定）より，GC=DC ……②
　　　 ∠BCG=∠ECD（=90°−∠GCD）……③
　　　 ①，②，③より，△GBC≡△DEC（2辺夾角）
　　　 ゆえに，∠BGC=∠EDC

9. **答** △ACO と △BDO において，

AO＝BO, CO＝DO（ともに仮定）　　∠AOC＝∠BOD（対頂角）

よって，△ACO≡△BDO（2辺夾角）　　ゆえに，∠ACO＝∠BDO ……①

同様に，△CEO≡△DFO（2辺夾角）より，∠OCE＝∠ODF ……②

∠ACE＝∠ACO＋∠OCE，∠BDF＝∠BDO＋∠ODF と①，②より，

∠ACE＝∠BDF

10. **答** 点 A と P，点 B と P を結ぶ。

△AOP と △BOP において，

OP は共通　　　AO＝BO（手順①）　　　AP＝BP（手順②）

よって，△AOP≡△BOP（3辺）

ゆえに，∠AOP＝∠BOP

p.117 **11.** **答** (1) △AEC と △ABD において，

AE＝AB, AC＝AD（ともに仮定）　　∠EAC＝∠BAD（＝90°＋∠BAC）

よって，△AEC≡△ABD（2辺夾角）……①

ゆえに，EC＝BD

(2) 線分 EC と BD との交点を H とする。

△DHC で，∠CDH＝∠CDA－∠HDA，∠HCD＝∠HCA＋∠ACD

①より，∠HDA＝∠HCA

ゆえに，∠CDH＋∠HCD＝（∠CDA－∠HDA）＋（∠HCA＋∠ACD）

＝∠CDA－∠HCA＋∠HCA＋∠ACD＝∠CDA＋∠ACD＝45°＋45°＝90°

よって，∠DHC＝90°

ゆえに，EC⊥BD

p.118 **12.** **答** (1) 点 B と D，点 B′ と D′ を結ぶ。

△ABD と △A′B′D′ において，仮定より，AB＝A′B′, DA＝D′A′, ∠A＝∠A′

よって，△ABD≡△A′B′D′（2辺夾角）

ゆえに，BD＝B′D′ …①，∠ABD＝∠A′B′D′ …②，∠BDA＝∠B′D′A′ …③

△DBC と △D′B′C′ において，BC＝B′C′, CD＝C′D′（ともに仮定）

これらと①より，△DBC≡△D′B′C′（3辺）

ゆえに，∠DBC＝∠D′B′C′ ……④，∠CDB＝∠C′D′B′ ……⑤，∠C＝∠C′

また，∠B＝∠ABD＋∠DBC，∠B′＝∠A′B′D′＋∠D′B′C′ と②，④より，

∠B＝∠B′

∠D＝∠BDA＋∠CDB，∠D′＝∠B′D′A′＋∠C′D′B′ と③，⑤より，∠D＝∠D′

よって，AB＝A′B′, BC＝B′C′, CD＝C′D′, DA＝D′A′,

∠A＝∠A′, ∠B＝∠B′, ∠C＝∠C′, ∠D＝∠D′

ゆえに，四角形 ABCD≡四角形 A′B′C′D′

(2) 点 A と C，点 A′ と C′ を結ぶ。

△ABC と △A′B′C′ において，仮定より，AB＝A′B′, BC＝B′C′, ∠B＝∠B′

よって，△ABC≡△A′B′C′（2辺夾角）

ゆえに，AC＝A′C′ …①，∠CAB＝∠C′A′B′ …②，∠BCA＝∠B′C′A′ …③

△ACD と △A′C′D′ において，

∠DAC＝∠A－∠CAB，∠D′A′C′＝∠A′－∠C′A′B′，∠A＝∠A′（仮定）と②

より，∠DAC＝∠D′A′C′

∠ACD＝∠C－∠BCA，∠A′C′D′＝∠C′－∠B′C′A′，∠C＝∠C′（仮定）と③より，∠ACD＝∠A′C′D′

これらと①より，△ACD≡△A′C′D′（2角夾辺）

ゆえに，CD=C′D′，DA=D′A′，∠D=∠D′

よって，AB=A′B′，BC=B′C′，CD=C′D′，DA=D′A′，

∠A=∠A′，∠B=∠B′，∠C=∠C′，∠D=∠D′

ゆえに，四角形 ABCD≡四角形 A′B′C′D′

(3) 点 A と C，点 A′ と C′ を結ぶ。

△ABC と △A′B′C′ において，仮定より，AB=A′B′，BC=B′C′，∠B=∠B′

よって，△ABC≡△A′B′C′（2辺夾角）

ゆえに，AC=A′C′ …①，∠BCA=∠B′C′A′ …②，∠CAB=∠C′A′B′ …③

△ACD と △A′C′D′ において，CD=C′D′（仮定）

∠ACD=∠C−∠BCA，∠A′C′D′=∠C′−∠B′C′A′，∠C=∠C′（仮定）と②より，∠ACD=∠A′C′D′

これらと①より，△ACD≡△A′C′D′（2辺夾角）

よって，∠DAC=∠D′A′C′ ……④，DA=D′A′，∠D=∠D′

また，∠A=∠DAC+∠CAB，∠A′=∠D′A′C′+∠C′A′B′ と③，④より，∠A=∠A′

よって，AB=A′B′，BC=B′C′，CD=C′D′，DA=D′A′，

∠A=∠A′，∠B=∠B′，∠C=∠C′，∠D=∠D′

ゆえに，四角形 ABCD≡四角形 A′B′C′D′

(4) △ABC と △A′B′C′ において，仮定より，AB=A′B′，BC=B′C′，CA=C′A′

よって，△ABC≡△A′B′C′（3辺）

ゆえに，∠CAB=∠C′A′B′ ……①，∠BCA=∠B′C′A′ ……②，∠B=∠B′

△DAC と △D′A′C′ において，仮定より，AC=A′C′，CD=C′D′，DA=D′A′

よって，△DAC≡△D′A′C′（3辺）

ゆえに，∠DAC=∠D′A′C′ ……③，∠ACD=∠A′C′D′ ……④，∠D=∠D′

また，∠A=∠DAC+∠CAB，∠A′=∠D′A′C′+∠C′A′B′ と①，③より，∠A=∠A′

∠C=∠BCA+∠ACD，∠C′=∠B′C′A′+∠A′C′D′ と②，④より，∠C=∠C′

よって，AB=A′B′，BC=B′C′，CD=C′D′，DA=D′A′，

∠A=∠A′，∠B=∠B′，∠C=∠C′，∠D=∠D′

ゆえに，四角形 ABCD≡四角形 A′B′C′D′

p.119 **13.** (答) (イ)，(ウ)，(エ)，(オ)

(解説) △ABC と △A′B′C′ において，AB=A′B′，AC=A′C′，∠B=∠B′ のとき，次の(i)～(iv)のいずれかである場合は，△ABC≡△A′B′C′ である。

(i) AB=AC (ii) AB<AC (iii) ∠B=90° (iv) ∠B>90°

(イ)は AB<AC（A′B′<A′C′）または ∠B>90°（∠B′>90°），

(ウ)は AB<AC（A′B′<A′C′），

(エ)は AB=AC（A′B′=A′C′），

(オ)は ∠B=90°（∠B′=90°）

であるから，△ABC≡△A′B′C′ である。

(ア) 右の図のように，∠C と ∠C′ が補角になることがある。

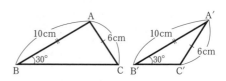

p.121 **14.** (答) (1) $x=25$　(2) $x=64$　(3) $x=56$
　　　(解説) (1) $\angle BDA=x^\circ+40^\circ$
　　　(2) $\angle ABD=\angle ADB=x^\circ$　△ABD で，$\angle BAD=52^\circ$ より，$52+2x=180$
　　　(3) $\angle BCA=90^\circ-28^\circ=62^\circ$　△ABC で，$\angle ABC=180^\circ-2\angle BCA$

15. (答) (1) $x=36$, $y=72$　(2) $x=105$, $y=30$
　　　(解説) (1) △DCA で，$\angle CDB=\angle DCA+\angle CAD=x^\circ+x^\circ=2x$
　　　(2) △DEC で，$\angle ECD=60^\circ-45^\circ=15^\circ$，$\angle CDE=60^\circ$
　　　また，△ABD で，$\angle ABD=90^\circ-60^\circ=30^\circ$
　　　$BA=BD$ より，$\angle BAD=\dfrac{1}{2}(180^\circ-30^\circ)=75^\circ$

16. (答) (1) $\angle A=\angle D$（斜辺と 1 鋭角 または 2 角 1 対辺），$\angle C=\angle F$（斜辺と 1 鋭角 または 2 角 1 対辺），$AB=DE$（斜辺と 1 辺），$BC=EF$（斜辺と 1 辺）
　　　(2) $AC=DF$（斜辺と 1 辺），$BC=EF$（2 辺夾角），$\angle A=\angle D$（2 角夾辺），$\angle C=\angle F$（2 角 1 対辺）

17. (答) (1) △ABC と △ACB において，
　　　$AB=AC$, $AC=AB$（ともに仮定）　　$\angle CAB=\angle BAC$（共通）
　　　よって，△ABC≡△ACB（2 辺夾角）
　　　ゆえに，$\angle B=\angle C$
　　　(2) △ABM と △ACM において，
　　　$AB=AC$, $BM=CM$（ともに仮定）　　AM は共通
　　　よって，△ABM≡△ACM（3 辺）
　　　ゆえに，$\angle B=\angle C$

p.122 **18.** (答) (1) $x=114$　(2) $x=24$　(3) $x=34$　(4) $x=22$　(5) $x=150$
　　　(解説) (1) △ABC で，$\angle DAC=\angle DCA$ より，$81^\circ+3\angle BAD=180^\circ$
　　　ゆえに，$\angle BAD=33^\circ$　△ABD で，$x=33+81$
　　　(2) $\angle BAC=110^\circ-43^\circ=67^\circ$　ゆえに，$\angle ABC=180^\circ-67^\circ\times2=46^\circ$
　　　(3) $AD/\!/BC$ より，$\angle DAC=x^\circ$，$\angle DAB=180^\circ-104^\circ=76^\circ$
　　　△AED で，$\angle AED=180^\circ-35^\circ-76^\circ=69^\circ$
　　　△AEF で，$AE=AF$ より，$\angle AFE=\angle AEF=69^\circ$
　　　ゆえに，△AFD で，$x+35=69$
　　　(4) $\angle ADE=\angle DBE+\angle DEB=2x^\circ$　$\angle AEC=\angle ABE+\angle EAB=x^\circ+2x^\circ=3x^\circ$
　　　(5) △PAC≡△PBD（2 辺夾角）より，$\angle CAP=\angle DBP$ であるから，
　　　$\angle AEB=\angle APB=30^\circ$

p.123 **19.** (答) △MDB と △MEC において，
　　　$\angle MDB=\angle MEC=90^\circ$　　$\angle BMD=\angle CME$, $BM=CM$（ともに仮定）
　　　ゆえに，△MDB≡△MEC（斜辺と 1 鋭角 または 2 角 1 対辺）
　　　よって，$\angle DBM=\angle ECM$
　　　ゆえに，△ABC は $AB=AC$ の二等辺三角形である。

20. (答) △ABC≡△DCB（仮定）より，$\angle ABC=\angle DCB$ ……①
　　　$\ell/\!/m$（仮定）より，$\angle EDC=\angle DCB$（錯角）……②，
　　　$\angle ABC+\angle EAB=180^\circ$（同側内角）
　　　$a/\!/b$（仮定）より，$\angle CED+\angle EAB=180^\circ$（同側内角）
　　　よって，$\angle ABC=\angle CED$ ……③　①，②，③より，$\angle CED=\angle EDC$
　　　ゆえに，△CED は $CE=CD$ の二等辺三角形である。

21. （答） 辺 AB′ と BC との交点を E とする。
　　△ABC≡△AB′C′（仮定）より，∠B＝∠B′ ……①
　　△EAB と △EB′D において，
　　AB∥C′B′（仮定）より，∠B＝∠EDB′，∠B′＝∠EAB（ともに錯角）……②
　　①，②より，∠B＝∠EAB，∠B′＝∠EDB′
　　ゆえに，△EAB，△EB′D は二等辺三角形であるから，EA＝EB，EB′＝ED
　　よって，BD＝EB＋ED＝EA＋EB′＝AB′＝AB
　　ゆえに，△ABD は BA＝BD の二等辺三角形である。

22. （答） 正五角形の内角の和は 180°×（5－2）＝540° であるから，1 つの内角の大
　　きさは，540°÷5＝108°　　よって，∠CDE＝108°
　　△CDE は DC＝DE の二等辺三角形であるから，∠DCE＝∠DEC＝36°
　　∠BCE＝108°－36°＝72°
　　ED∥BF（仮定）より，∠CFB＝∠DEC＝36°（錯角）
　　△CBF で，∠CBF＝∠BCE－∠CFB＝72°－36°＝36°
　　よって，∠CBF＝∠CFB＝36°
　　ゆえに，△CBF は CB＝CF の二等辺三角形である。

23. （答） △OAB は二等辺三角形であるから，∠OAB＝∠OBA
　　∠QRP＝90°－∠ARP＝∠RAP，∠QPR＝90°－∠QPB＝∠QBP
　　よって，∠QRP＝∠QPR
　　ゆえに，△QRP は QR＝QP の二等辺三角形である。

p.124　**24.** （答） (1) ∠BAD＝∠ABD（仮定）……① より，△DAB は二等辺三角形である
　　から，AD＝BD ……②　　∠DAC＝90°－∠BAD ……③
　　△ABC で，∠BCA＝180°－90°－∠ABC＝90°－∠ABC ……④
　　①，③，④より，∠DAC＝∠DCA
　　ゆえに，△DCA は二等辺三角形であるから，AD＝CD ……⑤
　　②，⑤より，AD＝BD＝CD
　　(2) AM＝BM＝CM（仮定）より，△MAB は二等辺三角形であるから，
　　∠MAB＝∠MBA＝a° とする。
　　△MCA も二等辺三角形であるから，∠MAC＝∠MCA＝b° とする。
　　△ABC で，∠MAB＋∠MBA＋∠MAC＋∠MCA＝180° より，2a＋2b＝180
　　よって，a＋b＝90
　　ゆえに，∠BAC＝a°＋b°＝90°　　すなわち，∠BAC＝90°

25. （答） (1) DE∥BC（仮定）より，∠DOB＝∠OBC（錯角）
　　∠OBC＝∠DBO（仮定）　　よって，∠DOB＝∠DBO
　　ゆえに，△DBO は二等辺三角形であるから，DB＝DO ……①
　　(2) ①より，AB＝AD＋DB＝AD＋DO
　　(1)と同様に，EC＝EO であるから，AC＝AE＋EC＝AE＋EO
　　よって，AD＋DE＋EA＝AD＋DO＋AE＋EO＝AB＋AC
　　ゆえに，△ADE の周の長さは，辺 AB，AC の長さの和に等しい。

26. （答） (1) 67.5°　(2) 5 種類

　　（解説）(1) △BAE で，∠BAE＝$\frac{1}{2}$∠BAP＝22.5°，∠ABE＝45°

　　(2) △ABD（または △BCA，△CDB，△DAC）
　　△ABP（または △BCP，△CDP，△DAP）
　　△BFE，△PGE，△DAE（いずれも底角が 67.5°）

27. （答）点 A と E を結ぶ。
△ADE と △AFE において，
AE は共通 ……① 　　 AD＝AF（仮定）……②
∠DAE＝90°－∠DEA，∠FAE＝90°－∠BAE
△BEA で，BA＝BE（仮定）より，∠BAE＝∠BEA
ゆえに，∠DAE＝∠FAE ……③
①，②，③より，△ADE≡△AFE（2辺夾角）
ゆえに，∠EFA＝∠EDA＝90°
すなわち，∠EFA＝90°

p.125 **28.** （答）△PQO と △PRO において，
∠PQO＝∠PRO＝90°　　 PO は共通　　 PQ＝PR（仮定）
ゆえに，△PQO≡△PRO（斜辺と1辺）　　 よって，∠POQ＝∠POR
ゆえに，半直線 OP は ∠XOY の二等分線である。

29. （答）点 P と O を結ぶ。
△OPC と △OPD において，
∠PCO＝∠PDO＝90°　　 OP は共通　　 $\overset{\frown}{\text{AP}}＝\overset{\frown}{\text{PB}}$ より，∠COP＝∠DOP
よって，△OPC≡△OPD（斜辺と1鋭角 または 2角1対辺）
ゆえに，PC＝PD

30. （答）点 D から辺 BC に垂線 DH をひく。
∠C＝45° であるから，△DHC は直角二等辺三角形
である。　　 よって，HD＝HC ……①
△ABD と △HBD において，
∠BAD＝∠BHD＝90°　　 BD は共通
∠ABD＝∠HBD（仮定）
ゆえに，△ABD≡△HBD（斜辺と1鋭角 または 2角1対辺）
よって，AB＝HB，AD＝HD ……②
①，②より，AB＋AD＝HB＋HD＝HB＋HC＝BC
すなわち，AB＋AD＝BC

（参考）辺 BA の延長と線分 HD の延長との交点を E として，△ADE が直角二等
辺三角形になることから，△BDE≡△BDC を示してもよい。

p.127 **31.** （答）8倍
（解説）正六角形 AGCDEF の対角線 AD と CF の交点を O とすると，次の8つの
三角形はすべて合同である。
△GCA，△GAB，△GBC，△OAC，△OCE，△OEA，△DEC，△FAE

32. （答）△ABC≡△ADE（仮定）より，AB＝AD ……①，∠CAB＝∠EAD ……②
AE∥BD（仮定）より，∠EAD＝∠BDA（錯角）……③
△BDA で，②，③より，∠BDA＝∠CAB であるから，BD＝BA ……④
①，④より，AB＝BD＝DA
ゆえに，△ABD は正三角形である。

33. （答）△BCD と △ACE において，
BC＝AC（正三角形 ABC の辺）　　 CD＝CE（正三角形 DCE の辺）
∠BCD＝∠ACE（＝60°＋∠ACD）
ゆえに，△BCD≡△ACE（2辺夾角）　　 よって，∠CAE＝∠CBD＝60°
ゆえに，∠CAE＝∠ACB＝60° より，錯角が等しいから，AE∥BC

34. **答** △APD と △CPB において，
AP＝CP（正三角形 APC の辺）　　PD＝PB（正三角形 PBD の辺）
∠APD＝∠CPB（＝120°）
ゆえに，△APD≡△CPB（2辺夾角）　　よって，∠PAD＝∠PCB
△QAB と △CPB において，
∠AQC＝∠QAB＋∠QBA＝∠BCP＋∠CBP＝∠APC＝60°
ゆえに，∠AQB＝180°－∠AQC＝120°
別解 AP＝CP，DP＝BP より，△APD を P を中心として時計まわりに 60°回転させると，∠APC＝60°，∠DPB＝60°であるから，△CPB に重なる。
よって，△APD≡△CPB
ゆえに，∠AQC＝60°であるから，∠AQB＝180°－∠AQC＝120°

35. **答** (1) △AFE と △BDF において，
AF＝BD（仮定）……①
AC＝BA（正三角形 ABC の辺），CE＝AF（仮定）より，AE＝BF ……②
∠EAF＝∠FBD（＝60°）……③
①，②，③より，△AFE≡△BDF（2辺夾角）　　ゆえに，EF＝FD
同様に，△AFE≡△CED（2辺夾角）であるから，EF＝DE
よって，EF＝FD＝DE
ゆえに，△DEF は正三角形である。
(2) △ABD と △BCE において，
AB＝BC（正三角形 ABC の辺）　　BD＝CE（仮定）
∠ABD＝∠BCE（＝60°）
ゆえに，△ABD≡△BCE（2辺夾角）　　よって，∠DAB＝∠EBC
△PAB で，∠RPQ＝∠PAB＋∠PBA＝∠EBC＋∠PBA＝∠ABC＝60°
同様に，∠PQR＝∠QRP＝60°
ゆえに，△PQR は正三角形である。

p.128 **36.** **答** (1) 点 M から辺 AB，AC にそれぞれ垂線
MD，ME をひく。
△ADM と △MEA において，
∠ADM＝∠MEA＝90°　　AM＝MA（共通）
AD∥EM より，∠MAD＝∠AME（錯角）
よって，△ADM≡△MEA（斜辺と 1鋭角　または 2角 1対辺）
ゆえに，AD＝ME ……①
△BMD と △MCE において，
∠MDB＝∠CEM＝90°　　BM＝MC（仮定）
MD∥CA より，∠BMD＝∠MCE（同位角）
よって，△BMD≡△MCE（斜辺と 1鋭角　または 2角 1対辺）
ゆえに，BD＝ME ……②
①，②より，AD＝BD
よって，MD は辺 AB の垂直二等分線であるから，MA＝MB
ゆえに，AM＝BM＝CM

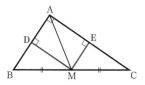

(2) 180°－2∠A
解説 (2) △FBC で，BD＝DC，∠CFB＝90°（ともに仮定）であるから，
(1)より，BD＝FD＝CD

よって，△DFB で，∠DFB＝∠DBF　　ゆえに，∠AFD＝180°−∠DBF
同様に，△EBC で，BD＝ED＝CD であるから，∠AED＝180°−∠DCE
よって，∠FDE＝360°−∠AFD−∠AED−∠A
＝360°−(180°−∠DBF)−(180°−∠DCE)−∠A＝∠DBF＋∠DCE−∠A
＝(180°−∠A)−∠A＝180°−2∠A
ゆえに，∠FDE＝180°−2∠A

37. (答) △ABF と △GBF において，
∠BAF＝∠BGF＝90°　　BF は共通　　∠ABF＝∠GBF（仮定）
よって，△ABF≡△GBF（斜辺と1鋭角 または 2角1対辺）
ゆえに，AF＝GF ……①，AB＝GB ……②
△ABE と △GBE において，
BE は共通　　∠ABE＝∠GBE（仮定）
これと②より，△ABE≡△GBE（2辺夾角）　　よって，AE＝GE ……③
△ABF と △DBE において，
∠ABF＝∠DBE（仮定）　　∠BAF＝∠BDE＝90°
よって，∠AFB＝90°−∠ABF，∠DEB＝90°−∠DBE より，∠AFB＝∠DEB
これと ∠DEB＝∠AEF（対頂角）より，∠AFE＝∠AEF
よって，△AEF は二等辺三角形であるから，AE＝AF ……④
①，③，④より，AE＝EG＝GF＝FA

p.129 **38.** (答) 線分 PM の延長と線分 QB の延長との交点を C とする。
△PAM と △CBM において，
AM＝BM（仮定）　　∠PAM＝∠CBM（＝90°）
∠PMA＝∠CMB（対頂角）
ゆえに，△PAM≡△CBM（2角夾辺）
よって，AP＝BC ……①，PM＝CM ……②
△QPM と △QCM において，
QM は共通　　∠QMP＝∠QMC（＝90°）
これと②より，△QPM≡△QCM（2辺夾角）
よって，PQ＝CQ ……③
①より，CQ＝BC＋BQ＝AP＋BQ ……④
③，④より，PQ＝AP＋BQ
(参考) ③は，QM⊥PC と②より，直線 QM が線分 PC の垂直二等分線であること
から示してもよい。
(参考) 線分 PA の延長と線分 QM の延長との交点を D として，PD＝PQ，
AD＝QB を示してもよい。

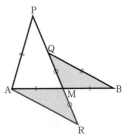

39. (答) 線分 QM の延長上に点 R を，MR＝MQ と
なるようにとる。
△ARM と △BQM において，
MR＝MQ　　AM＝BM（仮定）
∠AMR＝∠BMQ（対頂角）
よって，△ARM≡△BQM（2辺夾角）
ゆえに，AR＝BQ …①，∠ARM＝∠BQM …②
△ARP で，AP＝BQ（仮定）と①より，AP＝AR
よって，∠APM＝∠ARM
これと②より，∠APM＝∠BQM

p.131 **40.** （答） (1) 辺 CA　(2) ∠A　(3) 辺 CA, BC, AB
（解説）(1) ∠C＝70° より，∠A＜∠C＜∠B　　ゆえに，BC＜AB＜CA
(2) AB＜CA＜BC より，∠C＜∠B＜∠A
(3) ∠B＋∠C＝120°，∠B＞∠C であるから，∠C＜60°＜∠B
よって，∠C＜∠A＜∠B　　ゆえに，AB＜BC＜CA

41. （答） $4＜x＜7$
（解説） $4-3＜x＜3+4$　　また，仮定より，$x＞4$

42. （答） ∠A＝90° より，∠A＞∠B，∠A＞∠C
よって，BC＞CA，BC＞AB
ゆえに，3 辺のうち，BC が最も大きい辺である。

43. （答） 点 A と P を結ぶ。線分 AP の延長と辺 BC との交点を D とする。
△ABD で，∠ADB＝∠ACD＋∠CAD
△ABC で，AB＝AC（仮定）より，∠ABD＝∠ACD
よって，∠ADB＞∠ABD　　ゆえに，AB＞AD
AD＞AP より，AB＞AP ……①
点 P と B，C をそれぞれ結ぶ。
△PBC で，PB＋PC＞BC
BC＝AB（仮定）より，PB＋PC＞AB ……②
①，②より，PB＋PC＞AP
すなわち，PB＋PC＞PA

44. （答） △ABP で，∠APC＝∠ABC＋∠PAB
△ABC で，AB＝AC（仮定）より，∠ABC＝∠ACB ……①
よって，∠APC＞∠ACB　　ゆえに，△APC で，AC＞AP ……②
△ACQ で，∠CQA＝∠ACB－∠QAC
①より，∠ABC＞∠CQA　　ゆえに，△ABQ で，AQ＞AB ……③
AB＝AC と②，③より，AQ＞AB＞AP

6章の問題

p.132 **1** （答） (1) $x=62$　(2) $x=30$　(3) $x=78$
（解説）(1) 辺 AB と DE との交点を G，辺 AC と EF との交点を H とする。
四角形 AGEH で，∠A＝360°－129°－65°－(180°－70°)＝56°
△ABC で，AB＝AC より，∠B＝$\frac{1}{2}$(180°－56°)
(2) △ADE で，AD＝AE より，∠AED＝70°，∠EAD＝180°－70°×2＝40°
△CAB で，AC＝BC より，∠ABC＝40°　　△DBF で，∠ADF＝∠DBF＋x°
(3) $x°$＝∠CAB＝∠CBA＝∠BCD＋18°

2 （答） △ABE と △ACD において，
AE＝AD，∠AEB＝∠ADC（ともに仮定）　　∠BAE＝∠CAD（共通）
ゆえに，△ABE≡△ACD（2 角夾辺）
よって，AB＝AC ……①，∠ABE＝∠ACD ……②
△ABC で，①より，∠ABC＝∠ACB ……③
∠FBC＝∠ABC－∠ABE，∠FCB＝∠ACB－∠ACD と②，③より，
∠FBC＝∠FCB
ゆえに，△FBC は FB＝FC の二等辺三角形である。

3 （答） 8cm²

（解説） △ABC≡△ACD より，AB＝AC，AC＝AD

よって，AB＝AC＝AD＝4

また，∠DAB＝∠CAB＋∠DAC＝30°＋30°＝60°

ゆえに，点 B と D を結ぶと，△ABD は正三角形である。

AC⊥BD より，（四角形 ABCD）＝$\frac{1}{2}$AC・BD

4 （答） 10°

（解説） △ABC で，AB＝AC より，∠ABC＝∠ACB＝$\frac{1}{2}$（180°－100°）＝40°

△ABC≡△DEA より，∠DAE＝40° であるから，∠DAB＝60°

点 B と D を結ぶと，△ABD は正三角形である。

△DEB で，DE＝DB より，∠EBD＝$\frac{1}{2}$（180°－160°）＝10°

∠CBE＝∠ABD－∠ABC－∠EBD

5 （答） 点 E を通り辺 AD に平行な直線と，線分 BD

との交点を G とする。

AD∥EG より，∠GEB＝∠DAB＝90°

△EBG で，∠EBG＝45° であるから，

∠EGB＝180°－90°－45°＝45°

よって，EB＝EG ……①

△MEG と △MFD において，

BE＝DF（仮定）と①より，EG＝FD

DF∥EG より，∠MEG＝∠MFD，∠EGM＝∠FDM（ともに錯角）

ゆえに，△MEG≡△MFD（2 角夾辺）

よって，ME＝MF

ゆえに，M は線分 EF の中点である。

p.133 **6** （答） (1) ∠CFA＝36°，∠BCF＝108°，∠BPO＝36° (2) 5cm

（解説） (1) 四角形 CDEF で，∠D＝∠E＝144°，∠DCF＝∠EFC より，

∠DCF＝∠EFC＝36°

よって，∠CFA＝$\frac{144°}{2}$－∠EFC

また，∠BCF＝144°－36°　∠BPO＝∠BAO－∠PBA＝$\frac{144°}{2}$－36°

(2) △CFP で，∠CPF＝∠CFP＝36° より，CF＝CP

よって，CF－CB＝CP－CB＝BP

また，△BOP で，∠BPO＝∠BOP＝36° より，BP＝BO

（参考） (1) 点 C と O を結んで，∠COF＝360°×$\frac{3}{10}$＝108° より，

∠CFA＝$\frac{180°－108°}{2}$ と求めてもよい。

7 **答** (1) ∠ABI＝∠CBI であるから，辺 AB を直線 IB について対称移動した辺 A′B は直線 BC 上にある。
同様に，辺 A″C も直線 BC 上にある。
ゆえに，2点 A′，A″ は直線 BC 上にある。
(2) IA′＝IA″ の二等辺三角形
(3) ∠IAB＝∠IA′B，∠IAC＝∠IA″C
また，(2)より，∠IA′A″＝∠IA″A′
ゆえに，∠IAB＝∠IAC
解説 (2) IA′＝IA，IA″＝IA より，IA′＝IA″

8 **答** (1) 点 O と A，点 O と E，点 A と E を結ぶ。
△OAE で，OA＝OE（仮定）より，∠OAE＝∠OEA
∠QAE＝∠OAE－∠OAB
∠QEA＝∠OEA－∠OEH
また，∠OAB＝∠OEH（＝45°）であるから，
∠QAE＝∠QEA
ゆえに，△QAE で，QA＝QE
(2) 6cm (3) 30cm²

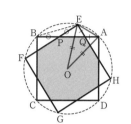

解説 (2) (1)より，QA＝QE
(1)と同様に，△PEB で，PE＝PB
ゆえに，EP＋PQ＋QE＝BP＋PQ＋QA＝BA
(3) (2)より，$PE=6\times\dfrac{4}{12}=2$，$EQ=6\times\dfrac{3}{12}=\dfrac{3}{2}$

（影の部分の面積）＝（正方形 EFGH）－4△EPQ＝$6^2-4\times\left(\dfrac{1}{2}\times2\times\dfrac{3}{2}\right)$

9 **答** (1) △PBC は二等辺三角形であるから，BP＝CP
△PBC≡△QAB（仮定）であるから，CP＝BQ
よって，BP＝BQ であるから，△PQB は二等辺三角形である。
また，∠QBP＝90°－∠PBC－∠QBA＝60°
ゆえに，△PQB は，1つの内角が 60°の二等辺三角形であるから正三角形である。
(2) △QAB と △QAP において，
QA は共通 (1)より，QB＝QP
また，∠AQB＝180°－15°×2＝150°，∠AQP＝360°－150°－60°＝150°
よって，∠AQB＝∠AQP
ゆえに，△QAB≡△QAP（2辺夾角） よって，AB＝AP
AB＝AD（正方形 ABCD の辺）であるから，AP＝AD
△ABP と △DCP において，
AB＝DC（正方形 ABCD の辺） BP＝CP（仮定）
∠ABP＝∠DCP（＝75°）
よって，△ABP≡△DCP（2辺夾角） ゆえに，AP＝DP
よって，AP＝PD＝DA
ゆえに，△PDA は正三角形である。
参考 (2) ∠DAP＝90°－∠QAB－∠QAP＝60°
また，AP＝AD であるから，△PDA は，1つの内角が 60°の二等辺三角形であることから，正三角形を示してもよい。

7章　四角形の性質

p.134　**1.** （答）∠A＝∠C＝120°，∠B＝∠D＝60°

p.135　**2.** （答）(1) $x＝24$　(2) $x＝37$　(3) $x＝35$

（解説）(1) AD∥BC より，∠DAF＝∠BEA＝68°
∠FDA＝180°－∠DAF－∠AFD＝180°－2∠DAF

(2) ∠BED＝$\frac{1}{2}$（180°－∠DBE）

(3) ∠BCD＝180°－71°＝109°
∠BCF＝141° より，∠DCF＝360°－109°－141°＝110°　　CD＝CF

3. （答）(ア)，(エ)，(カ)，(ク)

p.136　**4.** （答）△APO と △CQO において，AO＝CO（□ABCD の対角線）
また，AB∥DC（仮定）より，∠OAP＝∠OCQ（錯角）
∠AOP＝∠COQ（対頂角）　ゆえに，△APO≡△CQO（2 角夾辺）
よって，PO＝QO　ゆえに，O は線分 PQ の中点である。
（参考）△OPB≡△OQD（2 角夾辺）を示してもよい。

5. （答）AD∥BC（仮定）より，∠AEB＝∠EBC（錯角）
また，∠ABE＝∠EBC（仮定）　よって，∠AEB＝∠ABE
ゆえに，AE＝AB
□ABCD より，AB＝DC，AD＝BC
よって，BC＝AD＝AE＋ED＝AB＋ED＝DC＋ED
ゆえに，CD＋DE＝BC

6. （答）△ABE と △CDF において，
∠BEA＝∠DFC＝90°　AB＝CD（□ABCD の対辺）
AB∥DC（仮定）より，∠ABE＝∠CDF（錯角）
よって，△ABE≡△CDF（斜辺と 1 鋭角 または 2 角 1 対辺）
ゆえに，AE＝CF

7. （答）△ABF と △ECF において，
AB＝DC（□ABCD の対辺）と EC＝CD（仮定）より，AB＝EC
AB∥DE（仮定）より，∠FAB＝∠FEC，∠FBA＝∠FCE（ともに錯角）
よって，△ABF≡△ECF（2 角夾辺）
ゆえに，BF＝CF であるから，F は辺 BC の中点である。

p.137　**8.** （答）(1) △ABP と △QDA において，
AB＝DC（□ABCD の対辺），DC＝QD（正三角形 CQD の辺）より，
AB＝QD ……①
BC＝DA（□ABCD の対辺），BP＝BC（正三角形 BPC の辺）より，
BP＝DA ……②
∠ABP＝∠ABC＋60°，∠QDA＝∠CDA＋60°
∠ABC＝∠CDA（□ABCD の対角）であるから，∠ABP＝∠QDA ……③
①，②，③より，△ABP≡△QDA（2 辺夾角）
(2) △ABP と △QCP において，
AB＝DC（□ABCD の対辺），DC＝QC（正三角形 CQD の辺）より，
AB＝QC ……④　　BP＝CP（正三角形 BPC の辺）……⑤

また，∠BCD＝180°−∠ABC より，
∠QCP＝360°−60°−60°−(180°−∠ABC)＝∠ABC＋60°
ゆえに，∠ABP＝∠QCP（＝∠ABC＋60°）……⑥
④，⑤，⑥より，△ABP≡△QCP（2辺夾角）　ゆえに，AP＝QP
また，(1)より，AP＝QA　　よって，AP＝QA＝QP
ゆえに，△APQ は正三角形である。

p.138 **9.** 答 ∠ABC＝∠CDA（▱ABCD の対角）で，BE，DF はそれぞれ ∠ABC，
∠CDA の二等分線であるから，∠EBF＝∠FDE
AD∥BC（仮定）より，∠DFC＝∠FDE（錯角）
よって，∠EBF＝∠DFC　　同位角が等しいから，EB∥DF
また，ED∥BF（仮定）であるから，四角形 EBFD は，2組の対辺がそれぞれ平行であるから平行四辺形である。
別解 ∠ABC＝∠CDA（▱ABCD の対角）で，BE，DF はそれぞれ ∠ABC，
∠CDA の二等分線であるから，∠EBF＝∠FDE ……①
また，ED∥BF（仮定）より，
∠BED＝180°−∠EBF，∠DFB＝180°−∠FDE（ともに同側内角）
よって，∠BED＝∠DFB ……②
①，②より，四角形 EBFD は，2組の対角の大きさがそれぞれ等しいから平行四辺形である。

10. 答 △ABC と △PBR において，
AB＝PB（正三角形 APB の辺）
BC＝BR（正三角形 BCR の辺）
∠ABC＝∠PBR（＝60°−∠RBA）
ゆえに，△ABC≡△PBR（2辺夾角）
よって，AC＝PR
△ACQ は正三角形であるから，AC＝AQ
ゆえに，PR＝AQ
同様に，△ABC≡△QRC（2辺夾角）より，BA＝RQ
△APB は正三角形であるから，BA＝PA　　よって，RQ＝PA
ゆえに，四角形 PAQR は，2組の対辺の長さがそれぞれ等しいから平行四辺形である。

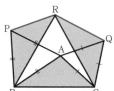

11. 答 △OAE と △OCF において，
OA＝OC（▱ABCD の対角線）　　OE＝OF（仮定）
∠AOE＝∠COF（対頂角）
よって，△OAE≡△OCF（2辺夾角）　　ゆえに，∠OAE＝∠OCF
よって，錯角が等しいから，AG∥HC　　また，AH∥GC（▱ABCD の対辺）
ゆえに，四角形 AGCH は，2組の対辺がそれぞれ平行であるから平行四辺形である。

12. 答 △AME と △CMF において，
AM＝CM（▱ABCD の対角線）　　∠AME＝∠CMF（対頂角）
AD∥BC（仮定）より，∠EAM＝∠FCM（錯角）
よって，△AME≡△CMF（2角夾辺）　　ゆえに，EM＝FM ……①
2点 B，D を結ぶと，BM＝DM（▱ABCD の対角線）……②
①，②より，四角形 EBFD は，対角線がそれぞれの中点で交わるから平行四辺形である。

参考 △AME≡△CMF より，AE＝CF　　これと AD＝BC より，ED＝FB
また，ED∥FB であるから，1 組の対辺が平行で，かつその長さが等しいこと
を示してもよい。

13. 答 AD∥BC，AD＝BC（ともに □ABCD の対辺）
また，H，F はそれぞれ辺 AD，BC の中点より，AH∥FC，AH＝FC
よって，四角形 AFCH は，1 組の対辺が平行で，かつその長さが等しいから平
行四辺形である。
ゆえに，AF∥HC　　すなわち，PQ∥SR ……①
同様に，四角形 EBGD は平行四辺形であるから，PS∥QR ……②
①，②より，四角形 PQRS は，2 組の対辺がそれぞれ平行であるから平行四辺
形である。

14. 答 点 S と Q を結ぶ。
AD∥BC（仮定）より，∠ASQ＝∠CQS（錯角）
PS∥QR（仮定）より，∠PSQ＝∠RQS（錯角）
∠ASP＝∠ASQ－∠PSQ，∠CQR＝∠CQS－∠RQS
よって，∠ASP＝∠CQR ……①
△APS と △CRQ において，
AS＝CQ（仮定）
∠SAP＝∠QCR（□ABCD の対角）
これと①より，△APS≡△CRQ（2 角夾辺）
ゆえに，PS＝RQ
また，PS∥QR（仮定）より，四角形 PQRS は，1 組の対辺が平行で，かつその
長さが等しいから平行四辺形である。

p.139 **15.** 答 四角形 ARPQ は，AB∥QP，AC∥RP（ともに仮定）より，2 組の対辺が
それぞれ平行であるから平行四辺形である。　　よって，PQ＝RA
また，△ABC で，∠B＝∠C（仮定）　　AC∥RP より，∠RPB＝∠C（同位角）
ゆえに，∠B＝∠RPB
よって，△RBP は二等辺三角形であるから，BR＝PR
ゆえに，PQ＋PR＝RA＋BR＝AB であるから，一定である。

16. 答 (1) 点 A と F，点 C と D を結ぶ。　　AE＝CE，DE＝FE（ともに仮定）
ゆえに，四角形 ADCF は，対角線がそれぞれの中点で交わるから平行四辺形で
ある。　　よって，AD＝FC ……①，AD∥FC ……②
①と AD＝DB（仮定）より，DB＝FC　　②より，DB∥FC
ゆえに，四角形 DBCF は，1 組の対辺が平行で，かつその長さが等しいから平行
四辺形である。

(2) (1)より，DF∥BC　　また，(1)より，DF＝BC で，DE＝$\frac{1}{2}$DF＝$\frac{1}{2}$BC

ゆえに，DE∥BC，DE＝$\frac{1}{2}$BC

注 △ABC の辺 AB，AC の中点をそれぞれ D，E と

するとき，DE∥BC，DE＝$\frac{1}{2}$BC が成り立つ。この

性質を**中点連結定理**といい，「新 A クラス中学数学
問題集 3 年」（→6 章，本文 p.130）でくわしく学習
する。

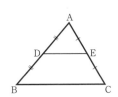

17. **答** (1) △AOD と △COB において,
OD＝OB（仮定）……①　　∠AOD＝∠COB（対頂角）
AD∥BC（仮定）より, ∠ODA＝∠OBC（錯角）
よって, △AOD≡△COB（2角夾辺）
ゆえに, OA＝OC
これと①より, 四角形 ABCD は, 対角線がそれぞ
れの中点で交わるから平行四辺形である。
(2) 右の図
(3)(i) ○　(ii) ×　(iii) ×　(iv) ×

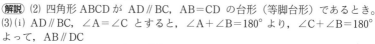

解説 (2) 四角形 ABCD が AD∥BC, AB＝CD の台形（等脚台形）であるとき。
(3)(i) AD∥BC, ∠A＝∠C とすると, ∠A＋∠B＝180° より, ∠C＋∠B＝180°
よって, AB∥DC
ゆえに, 四角形 ABCD は必ず平行四辺形である。
(ii) AB＝CD, ∠B＝∠D とすると, △ABC と △CDA は, 2辺1対角が等しい
から, 合同または ∠ACB と ∠CAD が補角の関係にある。
図1のように, 合同のときは平行四辺形 ABCD になるが, 補角の関係にあると
きは四角形 ABC′D′ のようになり, 必ずしも平行四辺形になるとは限らない。
(iii) AB＝CD, OA＝OC とすると, ∠AOB＝∠COD であるから, △ABO と
△CDO は, 2辺1対角が等しいから, 合同または ∠ABO と ∠CDO が補角の関
係にある。
図2のように, 合同のときは平行四辺形 ABCD になるが, 補角の関係にあると
きは, 四角形 ABCD′ のようになり, 必ずしも平行四辺形になるとは限らない。
(iv) 図3のように, ∠B＝∠D, OB＝OD とすると, OA＝OC のときは平行四辺
形 ABCD になるが, OA≠OC のときは ∠B＝∠D′, O′B＝O′D′, AC⊥BD′ と
すると, 四角形 ABCD′ のようになり, 必ずしも平行四辺形になるとは限らない。

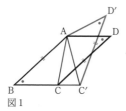 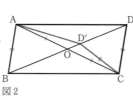 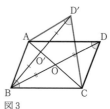

図1　　　　　　　　　図2　　　　　　　　　図3

参考 (1) △AOD≡△COB を証明した後, AD＝BC, AD∥BC から, 1組の対辺
が平行で, かつその長さが等しいことを示してもよい。

p.141 **18.** **答** (1) $x＝70$ (2) $x＝118$ (3) $x＝36$ (4) $x＝74$
解説 (1) ∠ACD＝45°
(2) ∠C＝90° であるから, ∠PQC＝90°－34°＝56°　　ゆえに, $x＝56＋62$
(3) AC⊥BD より, ∠ABD＝90°－54°＝36°　　△ABD で, AB＝AD
(4) AD∥BC より, ∠BDA＝∠DBC＝38°
△DAC で, ∠DAC＝$\frac{1}{2}${180°－(38°＋70°)}

19. **答** (1) 長方形 (2) ひし形 (3) 正方形
20. **答** (ア), (ウ), (オ)

21. 答 (1) □ABCD で，∠A＝90° とすると，∠A＝∠C＝90°（□ABCD の対角）
AD∥BC（仮定）より，∠A＋∠B＝180°（同側内角）であるから，∠B＝90°
よって，∠D＝∠B＝90°
ゆえに，4つの角の大きさが等しいから長方形である。
(2) □ABCD で，AB＝AD とすると，
AB＝DC，AD＝BC（ともに □ABCD の対辺）であるから，AB＝BC＝CD＝DA
ゆえに，4つの辺の長さが等しいからひし形である。
解説 (1) 1つの内角が直角である平行四辺形は長方形である。
(2) 隣り合う辺の長さが等しい平行四辺形はひし形である。

p.142 **22.** 答 (1) $x=15$，$y=105$　(2) $x=104$，$y=44$
解説 (1) $x°＝∠OAB－∠OAE$
△AFO は正三角形となるから，∠FOA＝60°
△OFE で，OE＝OF より，$∠FEO＝\frac{1}{2}(180°－∠EOF)$
(2) △GFB で，GF＝GB より，∠BGF＝180°－2∠FBG
また，∠FGD＝360°－∠BGF－∠BGD

23. 答 $x=60$，$y=120$
解説 頂点 D を通り辺 AB に平行な直線と，辺 BC との交点を E とすると，
△DEC は正三角形となる。

p.143 **24.** 答 (1) △ABC と △DCB において，
BC＝CB（共通）　　AB＝DC（□ABCD の対辺）　　AC＝DB（仮定）
よって，△ABC≡△DCB（3辺）　　ゆえに，∠B＝∠C
また，AB∥DC（仮定）より，∠B＋∠C＝180°（同側内角）
よって，∠B＝∠C＝90°
ゆえに，□ABCD は，1つの内角が直角であるから長方形である。
(2) △AMB と △DMC において，
AM＝DM，BM＝CM（ともに仮定）　　AB＝DC（□ABCD の対辺）
よって，△AMB≡△DMC（3辺）　　ゆえに，∠A＝∠D
AB∥DC（仮定）より，∠A＋∠D＝180°（同側内角）
よって，∠A＝∠D＝90°
ゆえに，□ABCD は，1つの内角が直角であるから長方形である。

25. 答 (1) ∠BAC＝∠DAC（仮定）
AD∥BC（仮定）より，∠DAC＝∠BCA（錯角）
ゆえに，∠BAC＝∠BCA
よって，△ABC は二等辺三角形であるから，BA＝BC
ゆえに，□ABCD は，隣り合う辺の長さが等しいからひし形である。
(2) 右の図の △ABE と △ADF において，
AE＝AF（仮定）
∠ABE＝∠ADF（□ABCD の対角）
∠AEB＝∠AFD（＝90°）
ゆえに，△ABE≡△ADF（2角1対辺）
よって，AB＝AD
ゆえに，□ABCD は，隣り合う辺の長さが等しい
からひし形である。

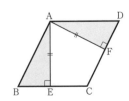

26. **答** 右の図で, AE∥DC とすると, 四角形 AECD は,
2組の対辺がそれぞれ平行であるから平行四辺形である。
ゆえに, AE＝DC ……①
△ABE で, AE∥DC より, ∠AEB＝∠C (同位角)
∠B＝∠C (仮定) より, ∠AEB＝∠B
よって, △ABE は二等辺三角形であるから,
AB＝AE ……② ①, ②より, AB＝DC
ゆえに, 台形 ABCD は, 平行でない1組の対辺の長さが等しいから等脚台形である。
参考 1つの底の両側の角が等しい台形を, 等脚台形と定義する場合もある。この問題集では, まとめ④ (→本文 p.140) を定義とする。

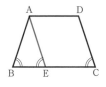

p.144 **27.** **答** 右の図
(解説) 対角線 AC の垂直二等分線と辺 BC, AD との
交点が P, Q である。また, 対角線 AC と BD との交
点を O とすると, O を中心とする半径 OA の円と,
直線 PQ との交点が R, S である。

28. **答** 線分 AD と EF との交点を G とする。
△AEG と △AFG において,
AG は共通 ∠EAG＝∠FAG (仮定)
∠EGA＝∠FGA (＝90°)
よって, △AEG≡△AFG (2角夾辺)
ゆえに, AE＝AF
また, EF は線分 AD の垂直二等分線であるから, EA＝ED, FA＝FD
よって, AE＝ED＝DF＝FA
ゆえに, 四角形 AEDF は, 4つの辺の長さが等しいからひし形である。
参考 △AEG≡△AFG より, EG＝FG
また, AG＝DG, AD⊥EF (ともに仮定)
ゆえに, 四角形 AEDF は, 対角線がそれぞれの中点で垂直に交わることを示してもよい。

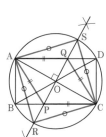

29. **答** 点 M を通り辺 AD に垂直な直線と, 辺 AD, BC との交点をそれぞれ E,
F とする。
△MEP と △MFQ において,
∠MEP＝∠MFQ＝90° MP＝MQ (仮定)
∠PME＝∠QMF (対頂角)
よって, △MEP≡△MFQ (斜辺と1鋭角 または
2角1対辺) ゆえに, ME＝MF ……①
△AME と △BMF において,
四角形 ABFE は長方形であるから, AE＝BF
∠MEA＝∠MFB (＝90°)
これと①より, △AME≡△BMF (2辺夾角) よって, AM＝BM ……②
同様に, △DME≡△CMF (2辺夾角) より, DM＝CM ……③
②, ③と AD＝BC (長方形 ABCD の対辺) より, △MAD≡△MBC (3辺)

30. **答** AB∥DC (仮定) より, ∠DAB＋∠ADC＝180° (同側内角)
よって, △AFD で, ∠FAD＋∠FDA＝$\frac{1}{2}$∠DAB＋$\frac{1}{2}$∠ADC＝90°

ゆえに，∠AFD＝180°−90°＝90° ……①
同様に，∠BEA＝∠CHB＝∠DGC＝90° ……②
また，∠HEF＝∠BEA＝90°（対頂角）……③
∠FGH＝∠DGC＝90°（対頂角）……④
①，②，③，④より，四角形 EFGH は，4 つの角の大きさが等しいから長方形
である。

31. ［答］右の図のように，点 P，Q から辺 CD，AD にそ
れぞれ垂線 PE，QF をひき，線分 PE と SQ との交点を
G とする。
△PRE と △QSF において，
PE＝AD（長方形 APED の対辺），
QF＝BA（長方形 ABQF の対辺），
AD＝BA（正方形 ABCD の辺）より，PE＝QF ……①
∠PER＝∠QSF（＝90°）……②
また，PR⊥QS（仮定）より，∠EPR＝90°−∠PGQ
PE⊥QF より，∠FQS＝90°−∠PGQ　　ゆえに，∠EPR＝∠FQS ……③
①，②，③より，△PRE≡△QSF（2 角夾辺）
ゆえに，PR＝QS

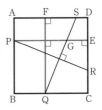

32. ［答］△OEB と △OFC において，OB＝OC（正方形 ABCD の対角線）
∠OBE＝∠OCF（＝45°）　∠EOB＝∠FOC（＝90°−∠BOF）
ゆえに，△OEB≡△OFC（2 角夾辺）
よって，△OEB＝△OFC
ゆえに，（四角形 OEBF）＝△OEB＋△OBF＝△OFC＋△OBF＝△OBC

ゆえに，四角形 OEBF の面積は，正方形 ABCD の面積の $\frac{1}{4}$ である。

［参考］△OAE≡△OBF（2 角夾辺）を示してもよい。

p.145 **33.** ［答］右の図のように，線分 AM の延長上に，
DM＝AM となる点 D をとる。
点 D と B，点 D と C を結ぶ。
BM＝CM（仮定）より，四角形 ABDC は対角線が
それぞれの中点で交わるから平行四辺形である。
□ABDC は，∠A＝90° より 1 つの内角が直角であ
るから長方形である。
よって，AD＝BC ……①

ゆえに，AM＝$\frac{1}{2}$AD，BM＝CM＝$\frac{1}{2}$BC と①より，AM＝BM＝CM である。

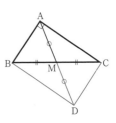

p.146 **34.** ［答］右の図で，頂点 A を通り対角線 DB
に平行な直線と，辺 CB の延長との交点を F
とすると，四角形 AFBD は，2 組の対辺がそ
れぞれ平行であるから平行四辺形である。
よって，AF＝DB
AC＝DB（仮定）であるから，AF＝AC
よって，△AFC は二等辺三角形であるから，∠AFC＝∠ACF
また，AF∥DB より，∠AFC＝∠DBC（同位角）
ゆえに，∠ACF＝∠DBC ……①

△ABC と △DCB において，
BC＝CB（共通）　　AC＝DB（仮定）
これと①より，△ABC≡△DCB（2辺夾角）　　よって，AB＝DC
ゆえに，台形 ABCD は，平行でない1組の対辺の長さが等しいから等脚台形である。

35. 答 (1) 3点 A，F，G を通る平面は，頂点 D を通る。

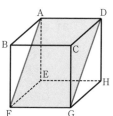

AD＝FG，AF＝DG より，四角形 AFGD は，2組の対辺の長さがそれぞれ等しいから平行四辺形である。
また，辺 AD と面 ABFE は垂直であるから，
AD⊥AF
ゆえに，1つの内角が直角であるから，切り口の四角形 AFGD は長方形である。

(2) 3点 A，P，H をふくむ平面と辺 FG との交点を Q とすると，面 AEHD と面 BFGC が平行であるから，
AH∥PQ

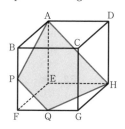

ゆえに，四角形 APQH は台形である。
AH∥PQ，AE∥BF より，∠FPQ＝∠EAH＝45°
よって，△FQP は直角二等辺三角形であるから，
FP＝FQ　　また，FP＝BP（仮定）
ゆえに，Q は辺 FG の中点である。
△ABP と △HGQ において，
AB＝HG（立方体の辺）
P，Q は正方形 BFGC の辺の中点であるから，BP＝GQ
∠ABP＝∠HGQ（＝90°）
ゆえに，△ABP≡△HGQ（2辺夾角）
よって，AP＝HQ　　しかし，辺 AP と HQ は平行ではない。
ゆえに，切り口の四角形 APQH は等脚台形である。

p.147 **36.** 答 (1) 28cm² (2) 6cm² (3) 15cm²

p.148 **37.** 答 △PAB と △PCB において，
BP は共通，AO＝CO（▱ABCD の対角線）
ゆえに，線分 AC は線分 BP で2等分されるから，△PAB＝△PCB

38. 答 △AQP，△CQP
解説 △ABP と △AQP において，
AP は共通，BQ∥PA より，△ABP＝△AQP
△AQP と △CQP において，
QP は共通，QP∥AC より，△AQP＝△CQP

p.149 **39.** 答 △ABC と △DBC において，
BC は共通，AD∥BC（仮定）より，△ABC＝△DBC
△PAB＝△ABC－△PBC，△PCD＝△DBC－△PBC
ゆえに，△PAB＝△PCD

40. 答 点 A と C，点 D と E を結ぶ。
△BEC と △DEC において，
EC は共通，BD∥EC（仮定）より，△BEC＝△DEC ……①

△DEC と △DAC において，
DC は共通，AE∥DC（仮定）より，△DEC＝△DAC ……②
△DAC と △ABD において，
AD は共通，AD∥BC（仮定）より，△DAC＝△ABD ……③
①，②，③より，△BEC＝△ABD

41. 答 点 P を通り辺 AB（または DC）に平行な直線と，辺 AD，BC との交点を
それぞれ E，F とし，点 B と E，点 C と E を結ぶ。
AB∥EF より，△ABP＝△ABE ……①

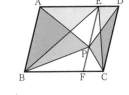

四角形 ABFE は平行四辺形であるから，

$$△ABE＝\frac{1}{2}□ABFE ……②$$

①，②より，$△ABP＝\frac{1}{2}□ABFE$

同様に，$△CDP＝\frac{1}{2}□EFCD$

ゆえに，$△ABP＋△CDP＝\frac{1}{2}(□ABFE＋□EFCD)＝\frac{1}{2}□ABCD$

42. 答 点 M を通り辺 AB に平行な直線と，辺 AD の延長，辺 BC との交点をそ
れぞれ E，F とし，点 B と E を結ぶ。
△DME と △CMF において，
DM＝CM（仮定）
∠DME＝∠CMF（対頂角）

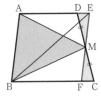

AE∥BC（仮定）より，∠EDM＝∠FCM（錯角）
ゆえに，△DME≡△CMF（2 角夾辺）
よって，△DME＝△CMF
ゆえに，（台形 ABCD）＝□ABFE

また，四角形 ABFE は平行四辺形であるから，$△ABM＝△ABE＝\frac{1}{2}□ABFE$

ゆえに，△ABM の面積は台形 ABCD の面積の $\frac{1}{2}$ である。

別解 線分 AM の延長と辺 BC の延長との交点を N とする。
△AMD と △NMC において，
MD＝MC（仮定）
∠AMD＝∠NMC（対頂角）

AD∥BN（仮定）より，
∠ADM＝∠NCM（錯角）
よって，△AMD≡△NMC（2 角夾辺）
ゆえに，AM＝NM
よって，△ABN で，BM は中線である

から，$△ABM＝\frac{1}{2}△ABN$

△ABN＝（四角形 ABCM）＋△NMC
＝（四角形 ABCM）＋△AMD＝（台形 ABCD）

ゆえに，△ABM の面積は台形 ABCD の面積の $\frac{1}{2}$ である。

43. （答）点 A と C，点 A と P を結ぶ。
△ABF と △ABP において，
AB は共通，PF∥AB（仮定）より，
△ABF＝△ABP ……①
△ABP と △PBC は，BP が共通で，対角線 AC は
線分 BP で 2 等分されるから，
△ABP＝△PBC ……②
①，②より，△ABF＝△PBC

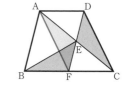

p.150 **44.** （答）点 A と F を結ぶ。
△DFC と △AFC において，
FC は共通，AD∥FC（仮定）より，△DFC＝△AFC
△DEC＝△DFC－△EFC，△AFE＝△AFC－△EFC
であるから，△DEC＝△AFE
△BFE＝△DEC（仮定）より，△BFE＝△AFE
また，EF は共通
ゆえに，AB∥EF　　すなわち，AB∥DF

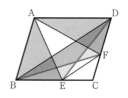

45. （答）点 B と F，点 D と E を結ぶ。
△ABE と △DBE において，
BE は共通，AD∥BE（▱ABCD の対辺）より，
△ABE＝△DBE ……①
また，△AFD と △BFD において，
FD は共通，AB∥DF（▱ABCD の対辺）より，
△AFD＝△BFD ……②
①，②と △ABE＝△AFD（仮定）より，△DBE＝△BFD
また，BD は共通
ゆえに，BD∥EF

p.151 **46.** （答）(1)① 点 A と C を結ぶ。
② 頂点 D を通り線分 AC に平行な直線と，辺 BC との交点を P とする。
(2)① 点 A と C，点 A と D を結ぶ。
② 頂点 B を通り線分 AC に平行な直線と，直線 CD との交点を Q，頂点 E を通
り線分 AD に平行な直線と，直線 CD との交点を R とする。

(1)

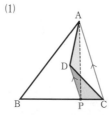

(2)

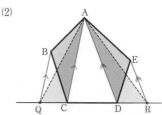

47. （答）（方法）① 点 A と P を結ぶ。
② 辺 BC の中点を M とする。
③ 点 M を通り線分 AP 平行な直線と，辺 AC との交点を Q とする。
④ 点 P と Q を結ぶ。

（証明）BM＝CM より，$\triangle ABM = \triangle ACM = \dfrac{1}{2}\triangle ABC$

$\triangle APQ$ と $\triangle APM$ において，
AP は共通，AP∥QM より，$\triangle APQ = \triangle APM$
よって，

（四角形 ABPQ）＝$\triangle ABP + \triangle APQ = \triangle ABP + \triangle APM = \triangle ABM = \dfrac{1}{2}\triangle ABC$

ゆえに，線分 PQ は $\triangle ABC$ の面積を 2 等分する。

p.152 **48.** 〔答〕点 A と Q，点 C と Q を結ぶ。
Q は対角線 BD の中点であるから，
$\triangle RBQ = \triangle RQD$，$\triangle CBQ = \triangle CQD$
$\triangle RQA$ と $\triangle RQC$ において，
RQ は共通，AP＝PC（仮定）より，
$\triangle RQA = \triangle RQC$
よって，$\triangle RCD = \triangle RQD + \triangle CQD - \triangle RQC$
$= \triangle RBQ + \triangle CBQ - \triangle RQA = \triangle ABQ + \triangle CBQ$
BQ＝QD より，

$\triangle ABQ + \triangle CBQ = \dfrac{1}{2}\triangle ABD + \dfrac{1}{2}\triangle CDB = \dfrac{1}{2} \times$（四角形 ABCD）

ゆえに，$\triangle RCD = \dfrac{1}{2} \times$（四角形 ABCD）

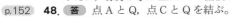

<hr>

7章の問題

p.153 **①** 〔答〕(1) $x=62$　(2) $x=49$　(3) $x=84$

〔解説〕(1) $\triangle CDE$ で，CD＝CE より，$\angle CDE = \dfrac{1}{2}(180° - 76°) = 52°$

AB∥DC より，$x° = \angle CDB$
(2) OA＝OB＝OC＝OD より，四角形 ABCD は長方形であるから，
$\angle DAB = 90°$
$\angle OAD = \angle ODA = 41°$ であるから，$x+41 = 90$
(3) AB∥DM，AD∥BM より，四角形 ABMD は平行四辺形であるから，
AD＝BM
よって，AD＝MC，AD∥MC より，四角形 AMCD も平行四辺形であるから，
AM∥DC
AB∥DM より，$\angle DMC = \angle ABM = 64°$
同側内角の和は 180° であるから，$32+64+x = 180$

② 〔答〕$\triangle ABC \equiv \triangle DEF$（仮定）より，$\angle B = \angle E$
BC∥FE（仮定）より，$\angle E = \angle EDC$（錯角）
よって，$\angle B = \angle EDC$
同位角が等しいから，AB∥ED
同様に，$\angle C = \angle FDB$ より，AC∥FD
ゆえに，四角形 AGDH は，2 組の対辺がそれぞれ平行であるから平行四辺形である。

（**別解**）△ABC≡△DEF（仮定）より，

∠A＝∠D ……①， ∠B＝∠E ……②， ∠C＝∠F ……③

点 G を通る直線 BC（または EF）の平行線 GX をひく。

FE∥GX より， ∠XGD＝∠F（同位角）

GX∥BC より， ∠AGX＝∠B（同位角）

よって， ∠AGD＝∠XGD＋∠AGX＝∠F＋∠B ……④

同様に，点 H を通る直線 BC（または EF）の平行線をひくと，

∠DHA＝∠E＋∠C ……⑤

②，③，④，⑤より， ∠AGD＝∠DHA ……⑥

①，⑥より，四角形 AGDH は，2 組の対角の大きさがそれぞれ等しいから平行四辺形である。

3 （**答**）(1) △APD で，AC∥PD（仮定）より，∠PDA＝∠DAC（錯角）

また， ∠DAC＝∠PAD（仮定） よって， ∠PDA＝∠PAD

ゆえに，△APD は PA＝PD の二等辺三角形である。

(2) (1)より， AP＝DP また，CQ＝AP（仮定）より，DP＝CQ

DP∥CQ（仮定）であるから，四角形 PDCQ は，1 組の対辺が平行で，かつその長さが等しいから平行四辺形である。

ゆえに，PQ∥BC

4 （**答**）(1) AB⊥AC (2) AB＝AC

（**解説**）(1) 四角形 ANCM はひし形であるから，AC⊥MN

また，AM∥BN，AM＝BN より，四角形 ABNM は，1 組の対辺が平行で，かつその長さが等しいから平行四辺形である。

よって， MN∥AB ゆえに， AB⊥AC

(2) 四角形 ANCM は長方形であるから，AC＝MN

また，(1)と同様に，▱ABNM より，AB＝MN ゆえに，AB＝AC

5 （**答**）AG∥EP，AE∥GP（ともに仮定）より，四角形 AEPG は，2 組の対辺がそれぞれ平行であるから平行四辺形である。

ゆえに，△AEP＝△PGA 同様に，▱PHCF より，△PHC＝△CFP

また，▱ABCD より，△ABC＝△CDA

（四角形 EBHP）＝△ABC－△AEP－△PHC

（四角形 GPFD）＝△CDA－△PGA－△CFP

ゆえに，（四角形 EBHP）＝（四角形 GPFD）

p.154 **6** （**答**）(1) △ACD と △FEA において，

AD＝FA，AE＝AB（ともに直角二等辺三角形の等しい辺）

AB＝DC（▱ABCD の対辺） よって， DC＝AE

AB∥DC（仮定）より， ∠CDA＝180°－∠DAB（同側内角）

また， ∠EAF＝360°－90°－90°－∠DAB＝180°－∠DAB

ゆえに， ∠CDA＝∠EAF

よって， △ACD≡△FEA（2 辺夾角） ゆえに， AC＝FE

(2) (1)より， ∠CAD＝∠EFA

△AFH で， ∠HFA＋∠HAF＝∠CAD＋∠HAF＝180°－90°＝90°

よって， ∠FHA＝90° ゆえに， AH⊥FE

7 **答** (1) 右の図で，四角形 AOCQ，OBPC は，4つ
の辺の長さが等しいからひし形である。
よって，AQ∥OC∥BP，AQ=OC=BP
ゆえに，四角形 ABPQ は，1組の対辺が平行で，か
つその長さが等しいから平行四辺形である。
(2) (1)より，AB=PQ　　(1)と同様に，▱ARPC より，
AC=PR，▱BCQR より，BC=QR
ゆえに，△ABC≡△PQR（3辺）

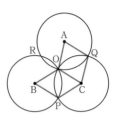

8 **答** ∠ABC=$a°$ とすると，∠ADC=$a°$
∠HBE=∠FDG=$a°$+45°×2=$a°$+90°
∠HAG=∠FCE=360°−(180°−$a°$)−45°×2=$a°$+90°
よって，∠HBE=∠FDG=∠HAG=∠FCE ……①
△HBE と △FCE において，
HB=FC，BE=CE（ともに仮定）　①より，∠HBE=∠FCE
よって，△HBE≡△FCE（2辺夾角）……②
同様に，△HBE≡△FCE≡△FDG≡△HAG（2辺夾角）
ゆえに，HE=FE=FG=HG ……③
また，②より，∠BEH=∠CEF
∠BEC=90° であるから，
∠HEF=∠HEC+∠CEF=∠HEC+∠BEH=90° ……④
③，④より，四角形 EFGH は，4つの辺の長さが等しく，1つの内角が直角であ
るから正方形である。

9 **答** (1) 点 E は頂点 D と辺 AB について対称
であるから，QE=QD
よって，QC+QD を最小にするには，
QC+QE を最小にすればよい。
辺 AB 上の点で，かつ線分 EC と辺 AB との交
点以外の点を Q″ とすると，△Q″EC で，
Q″E+Q″C>EC となる。
よって，QC+QE が最小になるのは，線分 EC
上に点 Q があるときである。
ゆえに，線分 EC と辺 AB との交点が Q′ である。
(2) 8cm

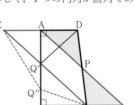

(解説) (2) 線分 AP の延長と辺 BC の延長との交点を R とする。
△PDA と △PCR において，
DP=CP（仮定）　∠APD=∠RPC（対頂角）
AD∥CR（仮定）より，∠ADP=∠RCP（錯角）
よって，△PDA≡△PCR（2角夾角）　ゆえに，AD=RC，AP=RP
よって，EA=AD=CR　また，EA∥CR
ゆえに，四角形 ECRA は，1組の対辺が平行で，かつその長さが等しいから平
行四辺形である。
よって，EC=AR
ゆえに，Q′C+Q′D=Q′C+Q′E=EC=AR=2AP=8

8章　データの分布と比較

p.156
1. （答）(1)(i) 第1四分位数 17，第2四分位数 21，第3四分位数 25
(ii) 第1四分位数 26.5，第2四分位数 29.5，第3四分位数 33
(iii) 第1四分位数 16，第2四分位数 20，第3四分位数 31
(2)(i) 範囲 16，四分位範囲 8，四分位偏差 4
(ii) 範囲 18，四分位範囲 6.5，四分位偏差 3.25
(iii) 範囲 25，四分位範囲 15，四分位偏差 7.5

2. （答）$a=5$, $b=10$
（解説）第1四分位数が4，第3四分位数がb，四分位範囲が6であるから，
$b-4=6$

平均値が6.4であるから，$\dfrac{1+3+4+5+5+a+8+b+11+12}{10}=6.4$

3. （答）$a=38$，$b=41$，$c=43$，四分位範囲 5点
（解説）a，b，c以外のデータを値の小さい順に並べると，
36　39　40　43　44　45
中央値が41点であるから，小さいほうから5番目の値は41である。
$a<b<c$ より，aは41より小さい値で，cは41より大きい値であるから，bの値が中央値である。

また，第1四分位数が38.5点であるから，$\dfrac{a+39}{2}=38.5$

平均値が41点であるから，$36+39+40+43+44+45+a+b+c=41\times9$

4. （答）$a=18$, 27
（解説）a以外のデータを値の小さい順に並べると，
15　16　18　20　20　21　22　25　26　28　29
この11個のデータの中央値は21mであるから，

(i) $a<21$ のとき，第3四分位数は，$\dfrac{25+26}{2}=25.5$

四分位範囲が7.5mであるから，第1四分位数は，$25.5-7.5=18$
よって，$\dfrac{18+a}{2}=18$　　$a=18$

(ii) $a=21$ のとき，四分位範囲は $\dfrac{25+26}{2}-\dfrac{18+20}{2}=6.5$ となり，問題に適さない。

(iii) $a>21$ のとき，第1四分位数は $\dfrac{18+20}{2}=19$，第3四分位数は $19+7.5=26.5$
よって，$\dfrac{26+a}{2}=26.5$　　$a=27$

p.158 **5.** 答

(i)

(ii)
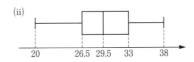

(iii)
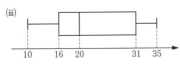

6. 答 $a=169$, $b=178$, $c=193$

(解説) a, b, c 以外のデータを値の小さい順に並べると，

163 163 165 170 172 176 180 180 198 204 227

a, b, c $(a<b<c)$ をふくめたデータの個数は 14 個であるから，小さいほうから 4 番目の値が第 1 四分位数，11 番目の値が第 3 四分位数である。

また，中央値は 7 番目と 8 番目の値の平均値であるから，$\dfrac{176+b}{2}=177$

7. 答 (イ), (オ)

(解説) (ア) 数学で 80 点以上 85 点未満の生徒がいるかはわからない。また，いたとしても，その生徒が英語でも 80 点以上 85 点未満かはわからない。

(ウ) 数学は中央値が 65 点以上 70 点未満であるから，条件を満たさない。

(エ) 英語は，中央値は 70 点より大きいが，得点の低いほうから 50 番目の生徒が 70 点以上かはわからない。

8. 答 (1) A (2) B (3) B

(解説) (2) 四分位範囲が小さいほど，箱ひげ図の箱の長さは短くなる。

(3) 中央値は，値の小さい順に並べたときの，30 番目と 31 番目の値の平均値である。A と C の中央値は整数であるから，30 番目と 31 番目の値が等しい場合も考えられ，平均点より得点の高い生徒がちょうど 30 人とは限らない。B の中央値は 6.5 点であるから，30 番目と 31 番目の得点は異なる値である。

よって，30 番目の得点は 6 点以下，31 番目の得点は 7 点以上である。

p.160 **9.** 答 (1) 第 1 四分位数 50 % 以上 60 % 未満，中央値 60 % 以上 70 % 未満，第 3 四分位数 80 % 以上 90 % 未満

(2) (ウ)

(解説) (1) データの個数が 30 個であるから，値の小さい順に並べたときの 8 番目の値が第 1 四分位数，23 番目の値が第 3 四分位数である。中央値は 15 番目と 16 番目の値の平均値であるから，両方の値がふくまれる階級である。

(2) (1)より，(ア)は中央値の階級が，(イ)は第 1 四分位数と第 3 四分位数の階級が，それぞれ適さない。

p.161 **10.** 答 (エ)

(解説) ヒストグラムの度数を調べると，第 1 四分位数は 7 分以上 10 分未満，中央値は 10 分以上 13 分未満，第 3 四分位数は 13 分以上 16 分未満，最大値は 22 分以上 25 分未満の階級に，それぞれある。

11. 答 (1)—(イ), (2)—(ア), (3)—(ウ)

(解説) (1)はヒストグラムの右側に，(3)はヒストグラムの左側に，それぞれ山がある。

════════════════════════ **8章の問題** ════════════════════════

p.162 **①** **答** (1) 第1四分位数 20.0m，第2四分位数 21.1m，第3四分位数 22.5m

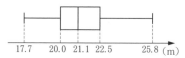

(2) 20.8m，21.4m

② **答** $a=1$，$b=3$，$c=6$

(解説) a，b，c 以外のデータを値の小さい順に並べると，

2 2 2 3 3 3 3 3 4 4 4 4 4 5 5 5 6

箱ひげ図より，最小値が1冊であるから，$a<b<c$ より，$a=1$

中央値が3.5冊であるから，小さいほうから10番目の値は3で，11番目の値は4である。

第1四分位数が3冊であるから，5番目と6番目の値はともに3である。

よって，$b=3$

また，第3四分位数が4.5冊であるから，15番目の値は4で，16番目の値は5となるから，c は5または6である。

平均値が3.6冊であるから，データの値の合計は，$3.6 \times 20 = 72$

c 以外のデータの値の和は66であるから，$c+66=72$

③ **答** A−(イ)，B−(ア)，C−(ウ)

(解説) 表より，A組は42人であるから，第1四分位数は小さいほうから11番目の値となり，50点以上55点未満である。

B組とC組はともに41人であるから，中央値は小さいほうから21番目の値となり，それぞれ60点以上65点未満，65点以上70点未満である。

p.163 **④** **答** (1) C組 (2) A組 (3) B組

(解説) (2) A組とB組で最も速い生徒の記録は同じであり，第1四分位数の値はA組のほうが小さいから，A組が勝つと考えられる。

(3) 各組12人であるから，速いほうから3番目と4番目の記録の平均値は第1四分位数，6番目と7番目の記録の平均値は中央値である。よって，第1四分位数と中央値の和を比べればよいから，B組が勝つと考えられる。

⑤ **答** (イ)，(エ)

(解説) (イ) 3月のデータの最大値よりも，8月のデータの最小値のほうが大きい。

(エ) 5月から9月までの中央値は，すべて 20℃ より高い。

9章　場合の数と確率

p.164　**1.** 答 (1) 21 通り　(2) 108 通り

2. 答 (1) 15 通り　(2) 12 通り
解説 (2) 行きは（3×2）通り，帰りは（1×2）通りある。
（3×2）×（1×2）

p.165　**3.** 答 (1) 8 通り　(2) 15 通り　(3) 30 通り
解説 (3) 星が A グループで外側が B グループの場合と，星が B グループで外側
が A グループの場合がある。　3×5＋5×3

4. 答 16 通り
解説 4 枚の硬貨の表と裏の出方は 2 通りずつある。　2×2×2×2

5. 答 27 通り
解説 A さん，B さん，C さんの手の出し方は 3 通りずつある。
3×3×3

p.166　**6.** 答 (1) 180 個　(2) 27 個　(3) 60 個
解説 0 は，百の位には使うことができない。
(1) 百の位は 0 以外の 5 通り，十の位と一の位は 6 通りずつある。　5×6×6
(2) それぞれの位に使える数は 3 通りある。　3×3×3
(3) 一の位は 2 通り，百の位は 5 通り，十の位は 6 通りある。　2×5×6

7. 答 12 通り
解説 4 チームの県のグループは，広島県と岡山県と山口県と島根県，広島県と
岡山県と山口県と鳥取県，広島県と岡山県と島根県と鳥取県の 3 通りある。
それぞれに対して広島県は A，B の 2 通り，岡山県は A，B の 2 通りある。
3×2×2

8. 答 (1) 125 通り　(2) 50 通り　(3) 27 通り
解説 (1) 5×5×5　　(2) 2×5×5　　(3) 3×3×3

p.167　**9.** 答 19 通り　　解説

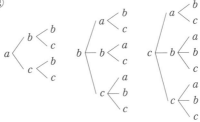

10. 答 15 個　　解説

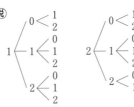

11. **答** (1) 2 通り (2) 9 通り

解説 箱を **1**，**2**，**3**，**4**，ボールを①，②，③，④として，樹形図をかくと，下のようになる。

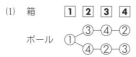

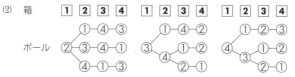

12. **答** (1) 67 個 (2) 74 個

解説 (1) 2 の倍数は，$100=2×50$ より 50 個ある。
3 の倍数は，$100=3×33+1$ より 33 個ある。
2 と 3 の最小公倍数 6 の倍数は，$100=6×16+4$ より 16 個ある。
ゆえに，求める個数は，$(50+33)-16=67$
(2) 5 の倍数は，$100=5×20$ より 20 個ある。
2 と 5 の最小公倍数 10 の倍数は，
$100=10×10$ より 10 個ある。
3 と 5 の最小公倍数 15 の倍数は，
$100=15×6+10$ より 6 個ある。
2 と 3 と 5 の最小公倍数 30 の倍数は，
$100=30×3+10$ より 3 個ある。
ゆえに，求める個数は，
$(50+33+20)-(16+10+6)+3=74$

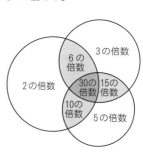

p.168 **13.** **答** (1) 120 (2) 840 (3) 24 (4) $n(n-1)$
(5) 120

解説 (1) $6×5×4$ (2) $7×6×5×4$ (3) $4×3×2×1$ (4) $n×(n-1)$
(5) $5×4×3×2×1$

p.169 **14.** **答** (1) 6 通り (2) 6 通り

解説 (1) 箱 A に赤，箱 B に白を入れる方法を（赤，白）と表すと，全部で
（赤，白），（赤，青），（白，赤），（白，青），（青，赤），（青，白）の 6 通り。
(2) 箱 A に赤，箱 B に白，箱 C に青を入れる方法を（赤，白，青）と表すと，
全部で（赤，白，青），（赤，青，白），（白，赤，青），
（青，赤，白），（青，白，赤）の 6 通り。

別解 (1) 箱 A には異なる 3 個の球から 1 個を取って入れ，箱 B には残りの 2 個
から 1 個を取って入れる方法は，異なる 3 個のものから 2 個を取ってできる順列
であるから，${}_3P_2=3×2$
(2) (1)と同様に，異なる 3 個のものから 3 個を取ってできる順列であるから，
${}_3P_3=3×2×1$

15. **答** 60 種類

解説 ${}_5P_3=5×4×3$

16. （答）720 通り
（解説）$_6P_6=6\times5\times4\times3\times2\times1$

17. （答）720 通り
（解説）$_{10}P_3=10\times9\times8$

p.170 **18.** （答）(1) 2184 通り　(2) 360 通り　(3) 1620 通り
（解説）(1) $_{14}P_3=14\times13\times12$　(2) $_9P_2\times5=9\times8\times5$
(3) 3 人とも男子である選び方は $_9P_3$ 通り，3 人とも女子である選び方は $_5P_3$ 通り。
ゆえに，$_{14}P_3-(_9P_3+_5P_3)=2184-(9\times8\times7+5\times4\times3)$

19. （答）(1) 720 通り　(2) 144 通り
（解説）(1) $_6P_6=6\times5\times4\times3\times2\times1$　(2) $_4P_4\times_3P_3=4\times3\times2\times1\times3\times2\times1$

20. （答）(1) 360 個　(2) 60 個　(3) 156 個　(4) 120 個
（解説）(1) $_6P_4=6\times5\times4\times3$
(2) 一の位は 5 である。千の位と百の位と十の位は，残りの 5 つの数から 3 つを取って並べる。　ゆえに，$1\times_5P_3=1\times5\times4\times3$
(3) 千の位が 5 または 6 である場合は $(2\times_5P_3)$ 通りある。
千の位が 4 の場合は，百の位は 3，5，6 のいずれかであるから $(3\times_4P_2)$ 通りある。　ゆえに，$2\times_5P_3+3\times_4P_2=2\times60+3\times4\times3$
(4) 千，百，十，一の位の数の和が 3 の倍数であれば，その整数は 3 の倍数になる。
和が 3 の倍数となる 4 つの数の取り方は，1 と 2 と 3 と 6，1 と 2 と 4 と 5，1 と 3 と 5 と 6，2 と 3 と 4 と 6，3 と 4 と 5 と 6 の 5 通りある。
それぞれの組から 4 けたの整数は $_4P_4$ 通りできる。
ゆえに，$5\times_4P_4=5\times4\times3\times2\times1$

p.171 **21.** （答）(1) 12 通り　(2) 48 通り　(3) 36 通り
（解説）(1) 両端の父母の並び方は $_2P_2$ 通り，そのそれぞれに対して，子どもの並び方は $_3P_3$ 通りある。
ゆえに，$_2P_2\times_3P_3=2\times1\times3\times2\times1=12$
(2) 父母をまとめて 1 人と考えると，4 人の並び方は $_4P_4$ 通り，そのそれぞれに対して，父母の並び方は $_2P_2$ 通りある。
ゆえに，$_4P_4\times_2P_2=4\times3\times2\times1\times2\times1=48$
(3) 両端の子どもの並び方は $_3P_2$ 通り，そのそれぞれに対して，残り 3 人の並び方は $_3P_3$ 通りある。
ゆえに，$_3P_2\times_3P_3=3\times2\times3\times2\times1=36$

22. （答）(1)(i) 1080 個　(ii) 360 個　(iii) 540 個
(2)(i) 300 個　(ii) 108 個　(iii) 156 個
（解説）(1)(i) 千の位は 0 以外の 5 通り，残りの位は 6 通りずつある。
ゆえに，$5\times6\times6\times6=1080$
(ii) 5 の倍数になるのは，一の位が 0，5 のいずれかのときである。
千の位は 5 通り，残りの百と十の位は 6 通りずつある。
ゆえに，$2\times5\times6\times6=360$
(iii) 偶数になるのは，一の位が 0，2，4 の 3 通り，千の位は 5 通り，残りの位は 6 通りずつある。
ゆえに，$3\times5\times6\times6=540$

(2)(ⅰ) 千の位は 5 通り，残りの位は $_5P_3$ 通りある。

ゆえに，$5 \times _5P_3 = 5 \times 5 \times 4 \times 3 = 300$

(ⅱ) 5 の倍数になるのは，一の位が 0，5 のいずれかのときである。

一の位が 0 のときは，残りの位は $_5P_3$ 通りある。

一の位が 5 のときは，千の位は 4 通り，残りの位は $_4P_2$ 通りある。

ゆえに，$_5P_3 + 4 \times _4P_2 = 5 \times 4 \times 3 + 4 \times 4 \times 3 = 108$

(ⅲ) 偶数になるのは，一の位が 0，2，4 のいずれかのときである。

一の位が 0 のときは，残りの位は $_5P_3$ 通りある。

一の位が 2，4 のいずれかのときは，千の位は 4 通り，残りの位は $_4P_2$ 通りある。

ゆえに，$_5P_3 + 2 \times 4 \times _4P_2 = 5 \times 4 \times 3 + 2 \times 4 \times 4 \times 3 = 156$

(別解)(1)(ⅰ) 6 つの数から 4 つ取って，千の位から一の位まで並べると，その並べ方は $(6 \times 6 \times 6 \times 6)$ 通り，この中で千の位に 0 がはいる並べ方は $(6 \times 6 \times 6)$ 通りある。

ゆえに，$6 \times 6 \times 6 \times 6 - 6 \times 6 \times 6 = 1080$

(2)(ⅰ) 6 つの数から 4 つ取って，千の位から一の位まで並べると，その並べ方は $_6P_4$ 通り，この中で千の位に 0 がはいる並べ方は $_5P_3$ 通りある。

ゆえに，$_6P_4 - _5P_3 = 6 \times 5 \times 4 \times 3 - 5 \times 4 \times 3 = 300$

23. (答) (1) *baedc*　(2) 63 番目

(解説)(1) 最初の文字が *a*，*b* である文字列は，$_4P_4 = 24$（通り）ずつある。

よって，30 番目の文字列の最初の文字は *b* である。

ba からはじまる文字列は，$_3P_3 = 6$（通り）ある。

$24 + 6 = 30$ であるから，30 番目の文字列は *ba* からはじまる最後の文字列である。

ゆえに，求める文字列は *baedc* である。

(2) 最初の文字が *a*，*b* である文字列は，$_4P_4$ 通りずつある。

さらに，*ca*，*cb* からはじまる文字列は，$_3P_3 = 6$（通り）ずつある。

cda からはじまる文字列は，$_2P_2 = 2$（通り）ある。

cdb からはじまる文字列は，*cdbae*，*cdbea* の 2 つであるから，*cdbae* は
$2 \times _4P_4 + 2 \times _3P_3 + _2P_2 + 1 = 2 \times 24 + 2 \times 6 + 2 + 1 = 63$（番目）

24. (答) (1) 120 個　(2) 54 番目

(解説)(1) 各数のカードが 3 枚ずつあると考えると，3 けたの整数は全部で $(5 \times 5 \times 5)$ 個できる。

このうち，すべての位が同じ数である整数は 5 個ある。

ゆえに，求める個数は，$5 \times 5 \times 5 - 5 = 120$

(2) 百の位が 1，2 である 3 けたの整数は，$2 \times 5 \times 5 - 2 = 48$（個）ある。

百の位が 3 である 3 けたの整数を小さいほうから並べると，311，312，313，314，315，321 となるから，321 は $48 + 6 = 54$（番目）

p.172　**25.** (答) (1) 10　(2) 56　(3) 1　(4) 210

(解説) (1) $\dfrac{5 \times 4}{2 \times 1}$　(2) $\dfrac{8 \times 7 \times 6}{3 \times 2 \times 1}$　(3) $\dfrac{4 \times 3 \times 2 \times 1}{4 \times 3 \times 2 \times 1}$

(4) $_{10}C_6 = _{10}C_4 = \dfrac{10 \times 9 \times 8 \times 7}{4 \times 3 \times 2 \times 1}$

26. **答** (1) 10 通り　(2) 10 通り

解説 (1) 白と赤，　白と黄，　白と青，　白と紫，　赤と黄，　赤と青，　赤と紫，
黄と青，　黄と紫，　青と紫 の 10 通り。

(2) 白と赤と黄，　白と赤と青，　白と赤と紫，　白と黄と青，　白と黄と紫，
白と青と紫，　赤と黄と青，　赤と黄と紫，　赤と青と紫，　黄と青と紫 の 10 通り。
なお，花びんに入れない 2 本の花の組を書きあげてもよい。

別解 (1) 異なる 5 本の花の中から 2 本を花びんに入れるのは，異なる 5 色のも

のから 2 色を取ってできる組合せであるから，$_5C_2 = \dfrac{5 \times 4}{2 \times 1}$

(2) (1)と同様に，異なる 5 色のものから 3 色を取ってできる組合せであるから，

$_5C_3 = \dfrac{5 \times 4 \times 3}{3 \times 2 \times 1}$

参考 (2) 異なる 5 本の花の中から花びんに入れない 2 本を選ぶことと同じである

から，$_5C_2 = \dfrac{5 \times 4}{2 \times 1}$　と求めてもよい。

27. **答** 20 通り

解説 $_6C_3 = \dfrac{6 \times 5 \times 4}{3 \times 2 \times 1}$

p.174 **28.** **答** (1) 28　(2) 56

解説 (1) $_8C_2 = \dfrac{8 \times 7}{2 \times 1}$　　(2) $_8C_3 = \dfrac{8 \times 7 \times 6}{3 \times 2 \times 1}$

29. **答** (1) 4845 通り　(2) 1848 通り　(3) 4280 通り

解説 (1) $_{20}C_4 = \dfrac{20 \times 19 \times 18 \times 17}{4 \times 3 \times 2 \times 1}$

(2) 2 人の男子の選び方は $_{12}C_2$ 通り，2 人の女子の選び方は $_8C_2$ 通りある。

ゆえに，$_{12}C_2 \times _8C_2 = \dfrac{12 \times 11}{2 \times 1} \times \dfrac{8 \times 7}{2 \times 1}$

(3) 4 人とも男子の選び方は $_{12}C_4$ 通り，4 人とも女子の選び方は $_8C_4$ 通りある。

ゆえに，$_{20}C_4 - (_{12}C_4 + _8C_4) = 4845 - \left(\dfrac{12 \times 11 \times 10 \times 9}{4 \times 3 \times 2 \times 1} + \dfrac{8 \times 7 \times 6 \times 5}{4 \times 3 \times 2 \times 1} \right)$

別解 (3) 男子 3 人，女子 1 人の選び方は $(_{12}C_3 \times _8C_1)$ 通り，男子 1 人，女子 3
人の選び方は $(_{12}C_1 \times _8C_3)$ 通りあるから，

$_{12}C_3 \times _8C_1 + _{12}C_2 \times _8C_2 + _{12}C_1 \times _8C_3 = \dfrac{12 \times 11 \times 10}{3 \times 2 \times 1} \times \dfrac{8}{1} + 1848 + \dfrac{12}{1} \times \dfrac{8 \times 7 \times 6}{3 \times 2 \times 1}$

30. **答** (1) 252 通り　(2) 56 通り　(3) 196 通り

解説 (1) $_{10}C_5 = \dfrac{10 \times 9 \times 8 \times 7 \times 6}{5 \times 4 \times 3 \times 2 \times 1}$

(2) 幸子さんと恵さん以外の代表は，残り 8 人の中から 3 人を選ぶことになる。

ゆえに，$_8C_3 = \dfrac{8 \times 7 \times 6}{3 \times 2 \times 1}$

(3) 幸子さんと恵さんのうち，どちらか 1 人が代表になる選び方は $(_8C_4 \times 2)$ 通
り，両方が代表になる選び方は $_8C_3$ 通りある。

ゆえに，$_8C_4 \times 2 + _8C_3 = \dfrac{8 \times 7 \times 6 \times 5}{4 \times 3 \times 2 \times 1} \times 2 + 56$

(別解) (3) 幸子さんと恵さんの両方が代表にならない選び方は $_8C_5$ 通りある。

ゆえに, $_{10}C_5-_8C_5=_{10}C_5-_8C_3$

31. (答) (1) 210 個 (2) 175 個

(解説) (1) 直線 ℓ, m 上の点をそれぞれ 2 点選ぶから, $_5C_2\times_7C_2=\dfrac{5\times4}{2\times1}\times\dfrac{7\times6}{2\times1}$

(2) 2 つの頂点が直線 ℓ 上にある場合は $(_5C_2\times_7C_1)$ 個, 2 つの頂点が直線 m 上にある場合は $(_5C_1\times_7C_2)$ 個ある。

ゆえに, $_5C_2\times_7C_1+_5C_1\times_7C_2=\dfrac{5\times4}{2\times1}\times\dfrac{7}{1}+\dfrac{5}{1}\times\dfrac{7\times6}{2\times1}$

32. (答) 1260 通り

(解説) 9 冊の中から A さんへの配り方は $_9C_4$ 通り, 残り 5 冊の中から B さんへの配り方は $_5C_3$ 通り, さらに残り 2 冊の C さんへの配り方は $_2C_2$ 通りある。

ゆえに, $_9C_4\times_5C_3\times_2C_2=_9C_4\times_5C_2\times_2C_2=\dfrac{9\times8\times7\times6}{4\times3\times2\times1}\times\dfrac{5\times4}{2\times1}\times\dfrac{2\times1}{2\times1}$

33. (答) (1) 120 通り (2) 10 通り (3) 20 通り

(解説) (1) $_5P_5=5\times4\times3\times2\times1$

(2) 同じ色の球を入れる 3 つの箱の選び方は $_5C_3$ 通り, 残りの 2 つの箱に異なる色の球を入れる方法は 1 通りある。

ゆえに, $_5C_3\times1=_5C_2\times1=\dfrac{5\times4}{2\times1}\times1$

(3) 同じ色の球を入れる 2 つの箱の選び方は $_5C_2$ 通り, 残りの 3 つの箱に異なる色の球を入れる方法は 2 通りある。

ゆえに, $_5C_2\times2=\dfrac{5\times4}{2\times1}\times2$

p.175 **34.** (答) (1) 210 通り (2) 80 通り (3) 170 通り

(解説) (1) A 地点から D 地点まで行くのに進む 10 区間の中で, 下に進む 4 区間の選び方が求める数である。

ゆえに, $_{10}C_4=\dfrac{10\times9\times8\times7}{4\times3\times2\times1}=210$

(2) A 地点から B 地点までの行き方は $_4C_1$ 通り, B 地点から D 地点までの行き方は $_6C_3$ 通りある。

ゆえに, $_4C_1\times_6C_3=4\times\dfrac{6\times5\times4}{3\times2\times1}=80$

(3) A 地点から B 地点までの行き方は $_4C_1$ 通り, B 地点から C 地点までの行き方は 1 通り, C 地点から D 地点までの行き方は $_5C_2$ 通りある。

よって, BC 間を通る行き方は, $_4C_1\times1\times_5C_2=4\times1\times\dfrac{5\times4}{2\times1}=40$ (通り) ある。

ゆえに, 求める行き方は, $210-40=170$

p176 **35.** (答) (1) A が起こりやすい。 (2) B が起こりやすい。 (3) B が起こりやすい。

(4) A と B の起こりやすさは同じである。

p.177 **36.** (答) (1) $\dfrac{1}{4}$ (2) $\dfrac{3}{13}$

(解説) 52 枚のカードのうち, (1)はハートが 13 枚, (2)は絵札が 12 枚ある。

37. 答 (1) $\dfrac{5}{12}$ (2) $\dfrac{2}{3}$

解説 (2) 赤球か青球である確率は $\dfrac{5+3}{12}$

p.178 **38.** 答 (1) $\dfrac{1}{2}$ (2) $\dfrac{1}{3}$ (3) $\dfrac{5}{6}$

解説 目の出方は全部で6通りあり、どの出方も同様に確からしい。

(3) 1の目が出る確率は $\dfrac{1}{6}$ である。

ゆえに、求める確率は、$1-\dfrac{1}{6}$

39. 答 (1) $\dfrac{1}{3}$ (2) $\dfrac{2}{3}$ (3) $\dfrac{5}{8}$

解説 (1) 24の約数は8個ある。　ゆえに、$\dfrac{8}{24}$

(2) 2の倍数は12個あり、3の倍数は8個ある。2と3の最小公倍数6の倍数は4個ある。よって、2の倍数または3の倍数は 12+8−4＝16（個）ある。

ゆえに、$\dfrac{16}{24}$

(3) 24以下の素数は2, 3, 5, 7, 11, 13, 17, 19, 23 の9個ある。

ゆえに、$1-\dfrac{9}{24}$

40. 答 (1) $\dfrac{1}{3}$ (2) $\dfrac{1}{3}$

解説 じゃんけんの手の出し方は全部で 3×3＝9（通り）あり、どの出し方も同様に確からしい。

(1) Aさんが勝つ手の出し方は3通りある。

ゆえに、$\dfrac{3}{9}$

(2) 同じ手の出し方は3通りある。

ゆえに、$\dfrac{3}{9}$

別解 (2) どちらかが勝つ手の出し方は6通りあるから、勝負がつく確率は、

$\dfrac{6}{9}=\dfrac{2}{3}$

ゆえに、求める確率は、$1-\dfrac{2}{3}$

41. 答 (1) $\dfrac{3}{8}$ (2) $\dfrac{11}{16}$

解説 表と裏の出方は全部で 2×2×2×2＝16（通り）あり、どの出方も同様に確からしい。

(1) 表と裏が2枚ずつ出るのは ${}_4C_2=\dfrac{4\times3}{2\times1}=6$（通り）ある。

ゆえに、$\dfrac{6}{16}$

(2) 3枚が表で1枚が裏が出るのは $_4C_3=_4C_1=4$（通り），4枚とも表が出るのは1通りある。少なくとも2枚は表が出るのは，$6+4+1=11$（通り）ある。

ゆえに，$\dfrac{11}{16}$

別解 (2) 3枚が裏で1枚が表が出るのは4通り，4枚とも裏が出るのは1通りある。表が出るのが1枚以下である確率は，$\dfrac{4+1}{16}=\dfrac{5}{16}$

ゆえに，求める確率は，$1-\dfrac{5}{16}$

p.179 **42.** **答** (1) $\dfrac{1}{20}$ (2) $\dfrac{2}{5}$

解説 並び方は全部で $_5P_5=120$（通り）ある。

(1) Aが左端にBが右端に並ぶのは，$_3P_3=6$（通り）ある。

(2) A，Bをまとめて1人と考えると，4人の並び方は $_4P_4=24$（通り），そのそれぞれに対して，AとBの並び方は $_2P_2=2$（通り）ある。

ゆえに，$\dfrac{24\times2}{120}$

43. **答** (1) $\dfrac{15}{28}$ (2) $\dfrac{3}{7}$

解説 赤球を a, b, c, d, e, f, 白球を A, B と名づけて区別すると，8個の球から同時に取り出した2個の球の組は，全部で次の28通りある。

$$\{a,\ b\},\ \{a,\ c\},\ \{a,\ d\},\ \{a,\ e\},\ \{a,\ f\},\ \{a,\ A\},\ \{a,\ B\}$$
$$\{b,\ c\},\ \{b,\ d\},\ \{b,\ e\},\ \{b,\ f\},\ \{b,\ A\},\ \{b,\ B\}$$
$$\{c,\ d\},\ \{c,\ e\},\ \{c,\ f\},\ \{c,\ A\},\ \{c,\ B\}$$
$$\{d,\ e\},\ \{d,\ f\},\ \{d,\ A\},\ \{d,\ B\}$$
$$\{e,\ f\},\ \{e,\ A\},\ \{e,\ B\}$$
$$\{f,\ A\},\ \{f,\ B\}$$
$$\{A,\ B\}$$

(1) 2個とも赤球であるのは15通りある。

(2) 赤球1個，白球1個であるのは12通りある。

別解 球の取り出し方は全部で $_8C_2=28$（通り）ある。

(1) 2個とも赤球である取り出し方は，$_6C_2=15$（通り）ある。

(2) 赤球1個，白球1個の取り出し方は，$_6C_1\times_2C_1=6\times2=12$（通り）ある。

p.180 **44.** **答** (1) $\dfrac{1}{11}$ (2) $\dfrac{14}{33}$

解説 くじのひき方は全部で $_{12}C_2=66$（通り）ある。

(1) 2本とも当たりくじであるひき方は，$_4C_2=6$（通り）ある。

(2) 2本ともはずれくじであるひき方は，$_8C_2=28$（通り）ある。

45. **答** (1) $\dfrac{13}{102}$ (2) $\dfrac{7}{17}$

解説 カードのひき方は全部で $_{52}C_2=1326$（通り）ある。

(1) 1枚がハートで，1枚がスペードであるひき方は，

$_{13}C_1\times_{13}C_1=13\times13=169$（通り）ある。

(2) 2枚とも絵札でないひき方は，$_{40}C_2=780$（通り）ある。

ゆえに，$1-\dfrac{780}{1326}$

(別解) (2) 2枚とも絵札であるひき方は，$_{12}C_2=66$（通り）ある。

1枚が絵札で，1枚が絵札でないひき方は，$_{12}C_1\times_{40}C_1=12\times40=480$（通り）ある。

ゆえに，$\dfrac{66+480}{1326}$

46. (答) (1) $\dfrac{5}{6}$　(2) $\dfrac{3}{10}$

(解説) カードの取り出し方は全部で $_6P_2=30$（通り）ある。

(1) 1けたの整数は5個できる。

よって，2けたの整数は，$30-5=25$（個）できる。

(2) 取り出したカードに $\boxed{0}$ がふくまれる場合，2けたの整数で3の倍数になるのは 30 の1個ある。

取り出したカードに $\boxed{0}$ がふくまれない場合，3の倍数になるカードの組は

$\{\boxed{1}, \boxed{2}\}$，$\{\boxed{1}, \boxed{5}\}$，$\{\boxed{2}, \boxed{4}\}$，$\{\boxed{4}, \boxed{5}\}$ の4通り，それぞれの組から2けたの整数は2個できる。

よって，2けたの整数で3の倍数は，$1+4\times2=9$（個）できる。

(別解) 整数は全部で $_6P_2=30$（個）できる。

(1) 取り出したカードに $\boxed{0}$ がふくまれる場合，2けたの整数は5個できる。

取り出したカードに $\boxed{0}$ がふくまれない場合，2けたの整数は $_5P_2=20$（個）できる。

ゆえに，$\dfrac{5+20}{30}$

47. (答) (1) $\dfrac{1}{9}$　(2) $\dfrac{1}{3}$

(解説) じゃんけんの手の出し方は全部で $3\times3\times3=27$（通り）ある。

(1) Aさんだけが勝つ手の出し方は3通りある。

(2) 3人とも同じ手の出し方は3通り，3人すべてが異なる手の出し方は $_3P_3=6$（通り）ある。

ゆえに，$\dfrac{3+6}{27}$

(別解) (2) 1人だけが勝つ手の出し方は $3\times3=9$（通り），2人が勝つ（1人だけが負ける）手の出し方は $3\times3=9$（通り）ある。

ゆえに，$1-\dfrac{9+9}{27}$

48. (答) (1) $\dfrac{1}{3}$　(2) $\dfrac{1}{4}$

(解説) (1) 目の出方は全部で6通りある。

駒が頂点Cに移るのは，出た目が2または6のときである。

(2) 目の出方は全部で $6\times6=36$（通り）ある。

2回投げて駒が頂点Aに移るのは，出た目の和が4の倍数のときである。

目の和が4の倍数になる出方は9通りある。

p.182 **49.** 答 (1) $\dfrac{1}{3}$ (2) $\dfrac{5}{9}$

解説 目の出方は全部で $6\times6=36$（通り）ある。

(1) 目の和が 3, 6, 9, 12 のいずれかになる目の出方は 12 通りある。

(2) 目の積が 3 の倍数になるのは，2 つのさいころのうち，少なくとも一方が 3 または 6 の目であればよい。このような目の出方は 20 通りある。

別解 (2) 目の積が 3 の倍数にならないのは，2 つのさいころの目が 1, 2, 4, 5 のいずれかであればよい。

よって，目の積が 3 の倍数にならないのは $4\times4=16$（通り）ある。

ゆえに，$1-\dfrac{16}{36}$

50. 答 $\dfrac{47}{442}$

解説 カードのひき方は全部で ${}_{52}C_2$ 通りある。2 枚ともダイヤであるひき方は ${}_{13}C_2$ 通り，2 枚とも絵札であるひき方は ${}_{12}C_2$ 通りある。また，2 枚ともダイヤの絵札であるひき方は ${}_3C_2$ 通りある。 ゆえに，$\dfrac{{}_{13}C_2+{}_{12}C_2-{}_3C_2}{{}_{52}C_2}$

51. 答 (1) $\dfrac{1}{2}$ (2) $\dfrac{4}{5}$

解説 代表の選び方は全部で ${}_6C_3$ 通りある。

(1) A 以外の代表を 5 人の中から 2 人選ぶ。その選び方は ${}_5C_2$ 通りある。

(2) B が代表になる選び方は ${}_5C_2$ 通り，C が代表になる選び方も ${}_5C_2$ 通りある。また，B と C がともに代表になる選び方は ${}_4C_1$ 通りある。

ゆえに，$\dfrac{{}_5C_2+{}_5C_2-{}_4C_1}{{}_6C_3}$

別解 (2) B と C がともに代表にならない選び方は ${}_4C_3$ 通りある。

ゆえに，$1-\dfrac{{}_4C_3}{{}_6C_3}$

52. 答 (1) $\dfrac{5}{18}$ (2) $\dfrac{7}{18}$ (3) $\dfrac{5}{9}$

解説 カードのひき方は全部で ${}_9C_2$ 通りある。

(1) 2 枚のカードに 8 をふくむ場合は ${}_8C_1$ 通りある。8 をふくまない組は，$\{2, 4\}$，$\{4, 6\}$ の 2 通りある。 ゆえに，$\dfrac{{}_8C_1+2}{{}_9C_2}$

(2) 2 枚のカードに 6 をふくむ場合は ${}_8C_1$ 通りある。6 をふくまない組は，$\{2, 3\}$，$\{2, 9\}$，$\{3, 4\}$，$\{3, 8\}$，$\{4, 9\}$，$\{8, 9\}$ の 6 通りある。

ゆえに，$\dfrac{{}_8C_1+6}{{}_9C_2}$

(3) 積が 6 の倍数になるのは ${}_8C_1+6=14$（通り），8 の倍数になるのは ${}_8C_1+2=10$（通り）ある。積が，6 と 8 の最小公倍数 24 の倍数になるのは，$\{3, 8\}$，$\{4, 6\}$，$\{6, 8\}$，$\{8, 9\}$ の 4 通りある。 ゆえに，$\dfrac{14+10-4}{{}_9C_2}$

p.184　**53.** 答 (1) $\dfrac{1}{18}$　(2) $\dfrac{1}{6}$　(3) $\dfrac{29}{36}$

解説 目の出方は全部で $6 \times 6 = 36$（通り）ある。

(1) 直線 AD の傾きは $\dfrac{5-4}{4-1} = \dfrac{1}{3}$ であるから，直線 ℓ が辺 AD に平行となるのは ℓ の傾きが $\dfrac{1}{3}$ のときである。傾きが $\dfrac{1}{3}$ になる $\dfrac{a}{b}$ は，$\dfrac{1}{3}$，$\dfrac{2}{6}$ の 2 通りある。

ゆえに，$\dfrac{2}{36} = \dfrac{1}{18}$

(2) 直線 ℓ が正方形 ABCD の面積を 2 等分するのは，ℓ が対角線の交点を通るときである。対角線の交点は，線分 AC の中点であるから，x 座標は $\dfrac{1+5}{2} = 3$，y 座標は $\dfrac{4+2}{2} = 3$，すなわち $(3, 3)$ となる。よって，直線 ℓ の傾きは $\dfrac{3}{3} = 1$ になる。傾きが 1 になる $\dfrac{a}{b}$ は，$\dfrac{1}{1}$，$\dfrac{2}{2}$，$\dfrac{3}{3}$，$\dfrac{4}{4}$，$\dfrac{5}{5}$，$\dfrac{6}{6}$ の 6 通りある。

ゆえに，$\dfrac{6}{36} = \dfrac{1}{6}$

(3) 直線 ℓ が正方形 ABCD と共有点をもつのは，ℓ が対角線 AC と交わるときである。直線 OC の傾きは $\dfrac{2}{5}$，OA の傾きは 4 である。よって，直線 ℓ が対角線 AC と共有点をもつのは，ℓ の傾きが $\dfrac{2}{5}$ 以上 4 以下のときである。$\dfrac{2}{5} \leqq \dfrac{a}{b} \leqq 4$ になる $\dfrac{a}{b}$ は 29 通りある。　ゆえに，$\dfrac{29}{36}$

参考 (3) 次のように求めてもよい。

直線 ℓ の傾き $\dfrac{a}{b}$ が $\dfrac{2}{5}$ 未満または 4 より大きくなるのは 7 通りあるから，直線 ℓ が正方形 ABCD と共有点をもたない確率は $\dfrac{7}{36}$ である。

ゆえに，求める確率は，$1 - \dfrac{7}{36} = \dfrac{29}{36}$

54. 答 (1) $\dfrac{1}{6}$　(2) $\dfrac{4}{9}$　(3) $\dfrac{5}{36}$

解説 2 回投げたときの目の出方は全部で $6 \times 6 = 36$（通り）ある。また，3 回投げたときの目の出方は全部で $6 \times 6 \times 6 = 216$（通り）ある。

さいころを 2 回投げたとき，1 回目に a，2 回目に b の目が出ることを (a, b) と表す。

(1) 2 回目にはじめて頂点 O に止まるのは，目の和が 5 になる場合，または 1 回目に 5 以外の目が出て，目の和が 10 になる場合である。

目の和が 5 になる場合は，$(1, 4)$，$(2, 3)$，$(3, 2)$，$(4, 1)$ の 4 通りある。

1 回目に出る目が 5 以外で，目の和が 10 になる場合は，$(4, 6)$，$(6, 4)$ の 2 通りある。

ゆえに，$\dfrac{4+2}{36} = \dfrac{1}{6}$

(2) 1回も頂点 O に止まらずに，2回目に頂点 B$_1$，B$_2$，B$_3$，B$_4$ のいずれかに止まるのは，1回目に5以外の目が出て，目の和がそれぞれ6，7，8，9になる場合である。

頂点 B$_1$ に止まるのは（1，5），（2，4），（3，3），（4，2）の4通り，

頂点 B$_2$ に止まるのは（1，6），（2，5），（3，4），（4，3），（6，1）の5通り，

頂点 B$_3$ に止まるのは（2，6），（3，5），（4，4），（6，2）の4通り，

頂点 B$_4$ に止まるのは（3，6），（4，5），（6，3）の3通りある。

ゆえに，$\dfrac{4+5+4+3}{36}=\dfrac{4}{9}$

(3) 3回目にはじめて頂点 O に止まる場合を，2回目に頂点 B$_1$，B$_2$，B$_3$，B$_4$ のいずれかに止まる場合と，2回目に頂点 A$_1$，A$_2$，A$_3$，A$_4$ のいずれかに止まる場合に分けて考える。

(2)より，2回目に頂点 B$_1$，B$_2$，B$_3$ のいずれかに止まる場合は，3回目にそれぞれ4，3，2が出ればよいから，13通りある。

また，2回目に頂点 B$_4$ に止まる場合は，3回目に1か6が出ればよいから，$3 \times 2 = 6$（通り）ある。

1回も頂点 O に止まらずに，2回目に頂点 A$_1$，A$_2$，A$_3$，A$_4$ のいずれかに止まる場合は，1回目に5以外の目が出て，目の和がそれぞれ11，2と12，3，4になるときである。

2回目に頂点 A$_1$ に止まるのは（6，5）の1通り，頂点 A$_2$ に止まるのは（1，1），（6，6）の2通り，頂点 A$_3$ に止まるのは（1，2），（2，1）の2通りあり，3回目にそれぞれ4，3，2が出ればよい。

また，2回目に頂点 A$_4$ に止まるのは（1，3），（2，2），（3，1）で，3回目に1か6が出ればよいから，$3 \times 2 = 6$（通り）ある。

ゆえに，$\dfrac{13+6+1+2+2+6}{216}=\dfrac{5}{36}$

55. （答）(1) $\dfrac{3}{5}$　(2) $\dfrac{2}{5}$

（解説）三角形は全部で $_6C_3$ 個できる。

(1) 3つの頂点が円周上にある直角三角形の斜辺は円の直径になる。AD，BE，CF を斜辺とする直角三角形は4個ずつある。

よって，直角三角形は $3 \times 4 = 12$（個）できる。

ゆえに，$\dfrac{12}{_6C_3}=\dfrac{3}{5}$

(2) ∠A を頂角とする二等辺三角形は，△ABF と △ACE の2個ある。他の5つの角についても，その角を頂角とする二等辺三角形は2個ずつある。

△ACE と △BDF は正三角形である。

重複を考えて，異なる二等辺三角形は $2 \times 6 - 2 \times 2 = 8$（個）できる。

ゆえに，$\dfrac{8}{_6C_3}=\dfrac{2}{5}$

（注）(1) 3つの頂点が円周上にある直角三角形の斜辺が円の直径になることは，「新Aクラス中学数学問題集3年」（→7章，本文 p.165）でくわしく学習する。

p.186 **56.** 答 (1)

得点	10 点	5 点	3 点	計
確率	$\dfrac{1}{13}$	$\dfrac{3}{13}$	$\dfrac{9}{13}$	1

(2) 4 点

(解説) (1) エース，絵札，2〜10 をひく確率はそれぞれ $\dfrac{1}{13}$, $\dfrac{3}{13}$, $\dfrac{9}{13}$ である。

(2) （期待値）＝$10\times\dfrac{1}{13}+5\times\dfrac{3}{13}+3\times\dfrac{9}{13}$

57. 答 (1)

表が出る硬貨の枚数	2 枚	1 枚	0 枚	計
確率	$\dfrac{1}{4}$	$\dfrac{1}{2}$	$\dfrac{1}{4}$	1

(2) 1 枚

(解説) (1) 2 枚の硬貨の表と裏の出方は，（表，表），（表，裏），（裏，表），
（裏，裏）の 4 通りある。

(2) （期待値）＝$2\times\dfrac{1}{4}+1\times\dfrac{1}{2}+0\times\dfrac{1}{4}$

58. 答 不利である

(解説) くじを 1 本ひいたときの賞金と，その確率を表にする。

賞金	500 円	200 円	80 円	50 円	計
確率	$\dfrac{1}{20}$	$\dfrac{1}{10}$	$\dfrac{7}{20}$	$\dfrac{1}{2}$	1

くじ 1 本あたりの価値（期待値）は，$500\times\dfrac{1}{20}+200\times\dfrac{1}{10}+80\times\dfrac{7}{20}+50\times\dfrac{1}{2}$

9章の問題

p.187 **1** 答 (1) 360 通り　(2) 480 通り

(解説) (1) $_6P_4$

(2) A のぬり方は 6 通りある。B は A と異なる色をぬるから，ぬり方は 5 通り，
C は A，B と異なる色をぬるから，ぬり方は 4 通りある。同様に，D のぬり方は
4 通りある。
ゆえに，$6\times5\times4\times4$

2 答 (1) 24 個　(2) 36 個　(3) 12 個　(4) 24 個

(解説) (1) 一の位の数は 2，4 の 2 通り，そのそれぞれに対して残りの位の数の使
い方は $_4P_2$ 通りある。
ゆえに，$2\times_4P_2$

(2) 百の位の数は 3，4，5 の 3 通り，そのそれぞれに対して残りの位の数の使い
方は $_4P_2$ 通りある。
ゆえに，$3\times_4P_2$

(3) 整数が4の倍数になるのは，その整数の下2けたの数が4の倍数になるときであるから，12，24，32，52の4通りある。百の位の数の使い方はそれぞれ3通りある。
ゆえに，4×3
(4) 各位の数の和が3の倍数であれば，その整数は3の倍数になる。
3の倍数になる3つの数の組は，$\{1, 2, 3\}$，$\{1, 3, 5\}$，$\{2, 3, 4\}$，$\{3, 4, 5\}$の4通りある。それぞれの組から3けたの整数は${}_3\mathrm{P}_3$通りできる。
ゆえに，$4\times{}_3\mathrm{P}_3$

3 **(答)** (1) 12通り (2) 120通り (3) 72通り
(解説) (1) 正三角形になる頂点の組は，$\{1, 3, 5\}$，$\{2, 4, 6\}$の2通りある。そのそれぞれの組について，目の出方は${}_3\mathrm{P}_3$通りある。　ゆえに，$2\times{}_3\mathrm{P}_3$
(2) 6個の頂点から異なる3つの頂点を決めればよい。　ゆえに，${}_6\mathrm{C}_3\times{}_3\mathrm{P}_3$
(3) 直角三角形は，1と4，2と5，3と6を結ぶ線分を斜辺とする三角形であり，それぞれ4個できるから(3×4)個ある。　ゆえに，$4\times3\times{}_3\mathrm{P}_3$

4 **(答)** (1) 120通り (2) 45通り
(解説) (1) ${}_5\mathrm{P}_5$
(2) 封筒に書いてある数とカードに書いてある数で1だけが一致する場合を考えると，右のように9通りある。一致する数が2，3，4，5の場合も同様である。
ゆえに，9×5

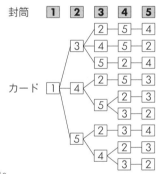

5 **(答)** (1) $\dfrac{7}{40}$ (2) $\dfrac{5}{6}$
(解説) カードの取り出し方は全部で${}_{10}\mathrm{C}_3$通りある。
(1) 3つの数のうち1つが8，残り2つは7以下の数であるから，取り出し方は${}_7\mathrm{C}_2$通りある。
(2) 3つとも5以上である取り出し方は${}_6\mathrm{C}_3$通りあるから，最小の数が5以上である確率は$\dfrac{{}_6\mathrm{C}_3}{{}_{10}\mathrm{C}_3}$である。
ゆえに，求める確率は，$1-\dfrac{{}_6\mathrm{C}_3}{{}_{10}\mathrm{C}_3}$

p.188 **6** **(答)** (1) 360通り (2) $\dfrac{1}{15}$ (3) $\dfrac{1}{5}$
(解説) (1) ${}_6\mathrm{P}_4$
(2) OとEが両端になる並べ方は2通りある。その内側の並べ方は，残り4文字から2文字を選んで並べるから，${}_4\mathrm{P}_2$通りある。　ゆえに，$\dfrac{2\times{}_4\mathrm{P}_2}{{}_6\mathrm{P}_4}$
(3) OとE以外の2文字の選び方は${}_4\mathrm{C}_2$通りあり，選んだ4文字を1列に並べる方法は${}_4\mathrm{P}_4$通りある。OとEをふくむ4文字の並べ方は，$({}_4\mathrm{C}_2\times{}_4\mathrm{P}_4)$通りある。OとEの並べ方の順序を考えて，OがEより左側になる並び方は$\dfrac{{}_4\mathrm{C}_2\times{}_4\mathrm{P}_4}{2}=72$（通り）ある。

7 **答** (1) $\dfrac{4}{27}$　(2) $\dfrac{2}{9}$　(3) $\dfrac{13}{27}$

解説 じゃんけんの手の出し方は全部で $3 \times 3 \times 3 \times 3 = 81$（通り）ある。

(1) 4人のうち勝つ1人の選び方は $_4C_1$ 通りある。

その1人が勝つ手の出し方は3通りある。

ゆえに，$\dfrac{_4C_1 \times 3}{81}$

(2) 4人のうち勝つ2人の選び方は $_4C_2$ 通りある。

その2人が勝つ手の出し方は3通りある。

ゆえに，$\dfrac{_4C_2 \times 3}{81}$

(3) 勝負がつかないのは，次のいずれかの場合である。

(i) 4人がともに同じ手の出し方をする，(ii) グー，チョキ，パーの手が同時に出て，4人のうちの2人が同じ手の出し方をする。

(i)の場合，同じ手の出し方は3通りあり，(ii)の場合，同じ手を出す人の選び方は $_4C_2$ 通り，手の出し方は6通りある。

ゆえに，$\dfrac{3 + {_4C_2} \times 6}{81}$

別解 (3) 4人のうち勝つ3人の選び方は $_4C_3$ 通りあり，手の出し方は3通りある。

また，(1)，(2)より，求める確率は，$1 - \dfrac{_4C_1 \times 3 + {_4C_2} \times 3 + {_4C_3} \times 3}{81}$

8 **答** (1) $\dfrac{1}{6}$　(2) $\dfrac{5}{18}$

解説 目の出方は全部で $6 \times 6 = 36$（通り）ある。

(1) 頂点Cで点PとQが出会うのは，大きいさいころの目が1か4で，小さいさいころの目が3のときであるから，(2×1) 通りある。

頂点Aで点PとQが出会うのは，大きいさいころの目が2か5で，小さいさいころの目が2か6のときであるから，(2×2) 通りある。

ゆえに，$\dfrac{2 \times 1 + 2 \times 2}{36}$

(2) △APQが二等辺三角形になるのは，次のいずれかの場合である。

(i) 点Pが頂点Cに，点Qが頂点Eに移動する場合，(ii) 点Pが頂点Cに，点Qが頂点Dに移動する場合，(iii) 点Pが頂点Bに，点Qが頂点Eに移動する場合。

(i)の場合，大きいさいころの目が1か4，小さいさいころの目が1か5であるから，(2×2) 通りある。

(ii)の場合，大きいさいころの目が1か4，小さいさいころの目が4であるから，(2×1) 通りある。

(iii)の場合，大きいさいころの目が3か6，小さいさいころの目が1か5であるから，(2×2) 通りある。

ゆえに，$\dfrac{2 \times 2 + 2 \times 1 + 2 \times 2}{36}$

9 **答** (1) $\dfrac{2}{9}$ (2) $\dfrac{4}{9}$ (3) $\dfrac{4}{45}$

(解説) 球の取り出し方は全部で $_{10}P_2$ 通りある。

(1) a, b の一方が9になるのが18通りある。その他の球の取り出し方 $(a,\ b)$ は，$(3,\ 6)$，$(6,\ 3)$ の2通りある。

ゆえに，$\dfrac{18+2}{_{10}P_2}$

(2) $a+b$ が偶数になるのは，a, b がともに偶数，またはともに奇数のときである。a, b がともに偶数の場合も，ともに奇数の場合も，球の取り出し方は $_5P_2$ 通りある。

ゆえに，$\dfrac{2 \times {}_5P_2}{_{10}P_2}$

(3) $(a-2b)(a-3b)=0$ になるのは，$a-2b=0$ または $a-3b=0$ のときである。

$a=2b$ となる球の取り出し方 $(a,\ b)$ は，$(2,\ 1)$，$(4,\ 2)$，$(6,\ 3)$，$(8,\ 4)$，$(10,\ 5)$ の5通りある。

$a=3b$ となる球の取り出し方 $(a,\ b)$ は，$(3,\ 1)$，$(6,\ 2)$，$(9,\ 3)$ の3通りある。

ゆえに，$\dfrac{5+3}{_{10}P_2}$

注 (3) 2次方程式の解法については，「新Aクラス中学数学問題集3年」（→3章，本文 p.57）でくわしく学習する。

10 **答** (1)

得点	10点	8点	6点	計
確率	$\dfrac{1}{7}$	$\dfrac{4}{7}$	$\dfrac{2}{7}$	1

(2) $\dfrac{54}{7}$ 点

(解説) (1) 球の取り出し方は全部で $_7C_2=21$（通り）ある。

2個とも赤球である取り出し方は $_3C_2=3$（通り），

赤球1個，白球1個である取り出し方は $_3C_1 \times {}_4C_1=12$（通り），

2個とも白球である取り出し方は $_4C_2=6$（通り）ある。

ゆえに，得点が10点，8点，6点である確率はそれぞれ $\dfrac{3}{21}$，$\dfrac{12}{21}$，$\dfrac{6}{21}$

(2) （期待値）$=10 \times \dfrac{1}{7}+8 \times \dfrac{4}{7}+6 \times \dfrac{2}{7}$